Extinguishing Agent

제3판

소화약제화학

이재욱·정태현 공저

화수목

Preface

새로이 개정판을 내며….

과학 기술과 문명의 발달에 따른 산업의 규모와 형태가 다양화되고 대형화되고 있다. 이에 발맞추어 화재의 발생 건수도 매년 증가하고, 피해의 규모도 점차 대형화되어 가고 있으며, 물적·인적 피해가 큰 폭으로 증가되고 있다. 이를 억제하고 예방하기 위해 화재현장에 사용되는 소화약제에 관한 물리적·화학적 성질을 정확히 이해하고, 활용할 수 있어야 한다. 또한, 재해로부터 생명과 재산을 보호하기 위해서 화재의 예방에 대한 보편적 교육과 국민의식개혁이 아직도 많이 필요하며, 소방시설과 소방관련직종 뿐만 아니라 생활안전에 대해서도 투자와 연구개발이 병행되어야 한다. 현재 이러한 추세를 반영하여 국내의 여러 대학에 소방 및 안전 관련 학과들이 우수한 소방 및 안전관리 전문가들을 양산하고 있으며, 산업 현장에서도 산업재해예방법 및 안전관리법 등에 따라 소방 관련자들의 업무고도화를 위한 전문적인 교육을 수행하고 있다. 이에 필자는 소방안전 및 관련학과에서의 강의와 학생들과의 질의응답 등을 바탕으로 관련 자료들을 참고하여 본 교재를 준비하였다. 또한, 화재현장에 사용되는 소화약제들의 역할을 보다 이해하기 쉽도록 하고, 소방 관련 학과의 학생 및 관련 공무원, 산업현장의 소방 관련 종사자 및 소방 관련 자격증을 준비하는 수험생들을 위해서 1판에서의 내용을 보다 충실히 보강하였다.

학생들은 본 교재를 통해, 소화공학이나 소방 엔지니어의 업무, 그리고 소방 종사자들이 되기 위해 필수적인 소화약제학에 대한 지식을 얻게 될 수 있을 것이며, 향후 전문 소방인 및 안전관리자로써 준비를 잘 할 수 있을 것이다. 끝으로 필자는 학습자들이 소방과 소화활동에 대해서 보다 잘 이해할 수 있게 되기를 바라며, 소방업무 및 생산현장의 안전관리자로서의 경력을 충실히 쌓아 나가는데 도움이 될 수 있기를 바란다.

CONTENTS

CHAPTER 01

기초 화학

1. 물질의 종류 (물질의 상태와 변화)
2. 일반화학의 기본 법칙
3. 용액 및 용해도
4. 원자와 분자 (결합과 그 분류)
5. 산과 염기
6. 산화와 환원
7. 유기화합물
8. 유기 화합물의 명명
9. 지방족 화합물
10. 방향족 화합물

CHAPTER 01

Extinguishing Agent

기초 화학

INTRODUCTION

물질이 열과 빛을 동반하는 급격한 산화반응을 연소라 한다. 좀 더 자세히 설명하면, 가연성물질이 점화원에 의해 공기 중의 산소와 반응하면 발열반응에 의해 열을 발생하게 되어 온도가 높아지므로 원자 및 분자의 운동에너지가 증가하게 된다. 운동에너지가 증가함에 따라 복사선이 나타나며, 이 열복사선은 온도가 상승하면 파장이 짧아지면서 가시광선영역의 파장에 이르게 되어 발광반응을 감지할 수 있게 된다. 이러한 현상을 연소라 한다.

화재는 연소현상을 동반한 재난사고로 현재에 들어서는 건축물이 대규모·고층화되고, 산업시설의 발달 등에 따른 화학물질·전기 ·가스 등 각종 위험물질 취급과 같은 주변 여건의 변화로 인해 화재의 양상이 다양화되고 대형화되는 추세에 있다. 이를 예방하고 진압하기위해 적정한 방법의 소화설비와 소화약제가 필요하고 소화활동에 필요한 기구설비 및 장치를 의무화하고 있다.

소화의 정의는 가연성물질을 공기 중에서 점화원에 의해 산소 또는 산화제 등과 접촉하여 발생되는 연소현상을 중단시키는 것을 말하며, 화재를 발화온도 이하로 낮추거나, 산소 공급의 차단, 연쇄반응을 억제하는 행위도 소화라고 할 수 있다. 이렇듯 소화활동을 위해 필요한 약제를 소화약제라 하며 기술기준에 따른 정의는 소화설비에 사용되는 소화성능이 있는 고체, 액체, 기체의 물질을 지칭한다(1).

본 장에서는 국가화재안전기준과 위험물안전관리법을 바탕으로 화재를 진압하고 예방하기위해 필요한 기본적인 물리·화학적 이론과 더불어 소화설비에 대한 기초지식을 함양함에 목적을 두고 있다.

1 물질의 종류 (물질의 상태와 변화)

1) 물질과 물체의 분류

물질(substance, material, matter)이란 일정한 질량을 가지고 공간을 점유하는 것으로 물체를 구성하는 본질을 뜻하며 원자, 분자 및 이온들이 모여서 이루어져 있는 것을 말한다. 물질을 기하학적 형태를 가진 공간점유물로 보는 경우, 이를 물체(body)라 한다. 물체를 만드는 재료가 물질이며, 물질은 질량과 물리적 공간을 가지고 있다.

(1) 물질의 분류

물질은 화학적 성분에 따라 크게 순수물질과 혼합물(혼합물질)로 분류된다. 순수물질은 다시 단체(원소)와 화합물로 나뉘며, 혼합물은 균일 혼합물과 불균일 혼합물로 나뉜다.

① 순수물질

물리적 조작이나, 증발·증류 등인 상태 변화에 의하여, 2가지 물질로 분리할 수 없는 물질로 홑원소 물질, 화합물은 순수물질이다. 즉, 증류수, 염화나트륨, 산소 등과 같이 한 종류의 물질만으로 되어있으며 고유한 빛, 냄새, 맛, 비중, 주어진 압력에서 일정한 녹는점(melting point, m.p.), 끓는점(boiling point, b.p.) 등을 갖는 물질을 말한다.

가) 단체

- 한 가지 원소로 된 단체 예 : H_2, O_2, Fe, O_3, P_4, 다이아몬드, 흑연

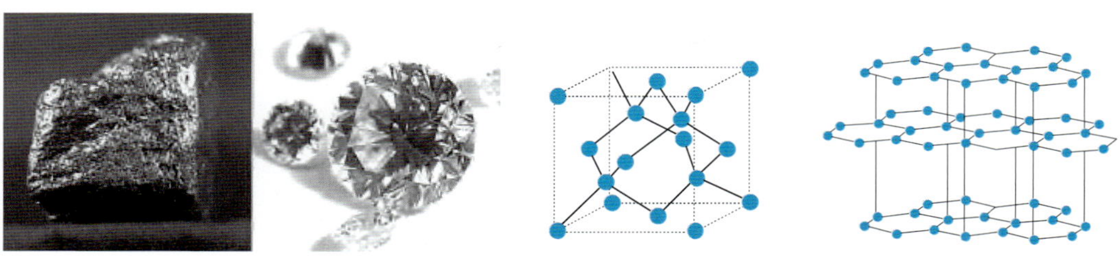

(a) 흑연과 다이아몬드　　(b) 흑연과 다이아몬드의 분자구조

그림 1-1 흑연과 다이아몬드

나) 화합물

- 화학변화에 의하여 2종 또는 그 이상인 원소의 홑물질로 나눌 수 있는 것, 또는 2종 이상인 원자의 화학결합에 의하여 생긴 순수물질을 말한다.

예 : H_2O, NaCl, CO_2 등

② 혼합물

물리적인 방법 또는 증발·증류 등 상태 변화에 의하여, 2종 또는 그 이상인 물질(홑물질 또는 화합물)로 분리할 수 있는 물질을 혼합물이라 한다. 순수물질의 상대개념으로 혼합물을 이루는 각 홑물질 또는 화합물을 혼합물의 성분이라 한다. 자연에 존재하는 물질의 거의 대다수는 혼합물이다.

가) 균일 혼합물

두 종류 이상의 순물질이 섞여서 된 물질로 조성이 일정한 혼합물.

예 : 공기, 소금물, 설탕물 등

- 순물질이 고르게 섞여져 되어 있는 것.

나) 불균일 혼합물

- 순물질이 고르게 섞여 있지 않은 것. 예 : 우유, 화강암, 흙탕물 등

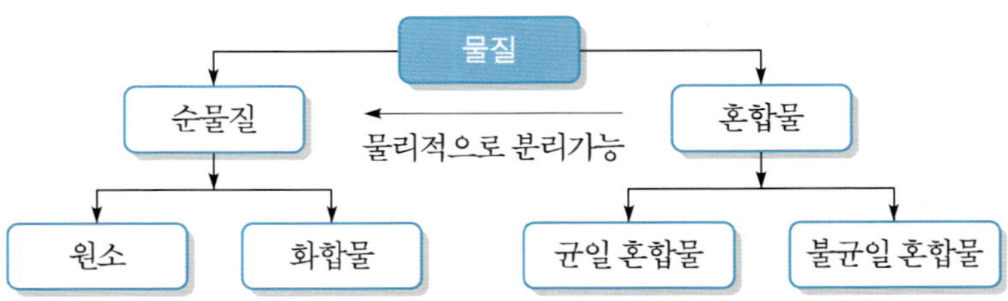

그림 1-2. 화학적 성분에 의한 물질의 분류

(2) 단체와 동소체

성분 원소는 같지만 서로 다른 특징을 가지는 물질들은 자연계에 많이 존재한다. 예로써 흑연과 다이아몬드를 들 수 있으며, 황린과 적린도 좋은 예이다.

① 원소 (element)

화학원소의 준말로 물질을 구성하는 가장 기본적인 성분으로 특정한 원자에 의하여 대표되는 물질이다. 현재는 원자번호 1인 수소에서 103인 로렌슘에 이르기까지 103종의 존재가 공인되어있다.

② 단체 (simple substance)

홑물질 혹은 홑소물질이다. 순수물질로서, 화학변화에 의하여 2종 또는 그 이상인 물질로 나눌 수 없는 것을 말한다. 단일 원소로 이루어져 있으며, H_2, O_2, Fe, O_3, P_4, 다이아몬드, 흑연 등을 예로 들 수 있다.

③ 동소체

동일 원소가 원자의 배열 또는 결합 양식이 다른 여러 가지 단체(홑물질)로 존재할 때, 이러한 단체를 동소체라 하며, 연소 생성물을 통해서 동소체임을 확인할 수 있다. (성질이 다른 이유는 원자의 배열상태가 서로 다르기 때문이다)

가) 동소체란 말은 화합물에는 적용되지 않는다.(H_2O, H_2O_2는 같은 원소로 되어 있지만 동소체는 아니다)

나) 순물질임을 확인하려면 고체일 때는 주로 녹는점을, 액체일 때는 끓는점을 측정하여 확인할 수 있다.

표 1-1 성분원소에 따른 동소체의 분류

성분원소	동소체	연소생성물
황(S_8)	사방황, 단사황, 고무상황	SO_2
탄소(C)	다이아몬드, 흑연, 숯, 활성탄	CO_2
산소(O_2)	산소, 오존	조연성원소
인(P_4)	황린, 붉은인	P_2O_5

예제 1-1

산소와 오존, 흑연과 다이아몬드 등은 성분원소는 같으나 모양이나 성질이 다른 동소체이다. 물과 과산화수소도 동소체라고 할 수 있는가?

풀이

동소체라 할 수 없다. 물(H_2O)과 과산화수소(H_2O_2)는 단체가 아니다.

(3) 혼합물의 분리와 정제

혼합물을 섞여있는 물질의 성질의 차이를 이용해서 순물질로 나눌 수 있으며, 이러한 조작을 '분리(separation)'라 하며, 불순물을 제거하여 순물질을 만드는 것은 '정제(purification)'라고 한다. 분리에는 화학적 분리와 물리적 분리가 있다. 화학적 분리 예 : $FeS_2 \rightarrow SO_2 \rightarrow SO_3 \rightarrow H_2SO_4$

① 고체와 액체의 분리

가) 여과 (filtration) : 액체에 녹지 않는 고체를 분리시킬 때 사용하는 방법이다.

예 : 소금과 모래 (물에 대한 용해성의 차이)

나) 증발 (drying) : 액체에 녹는 고체를 분리시킬 때 주로 사용한다.

예 : 소금물에서 소금과 물의 분리

② 고체 혼합물의 분리

가) 재결정 (recrystallization) : 결정성 물질을 용매에 녹인 후 다시 결정으로서 석출시키는 조작으로 정제하는 방법으로 주로 사용된다. 결정을 석출시키기 위해서는, 온도에 따른 용해도의 차이 및 용매를 증발하여 농축한다.

예 : 염화칼륨과 염화나트륨 섞여 있을 때 분리하는 방법

나) 승화 (sublimation) : 승화성 있는 물질과 승화성이 없는 물질을 분리하는 방법이다.

예 : 요오드와 모래의 혼합물을 분리하는 방법

③ 액체 혼합물의 분리

가) 분별증류 : 끓는점의 차이가 크며 서로 섞이는 액체에 대한 분리방법이다.

예 : 물과 알코올, 액체 공기로부터 산소와 질소의 분리 등

나) 분별깔대기법 : 비중이 서로 다르며 서로 섞이지 않는 액체를 분리할 때 주로 사용된다. 예 : 물과 에테르, 물과 석유 등

④ 그 외 : 크로마토그래피법, 이온교환 수지법, 흡착법, 투석, 흡수법 등이 있다.

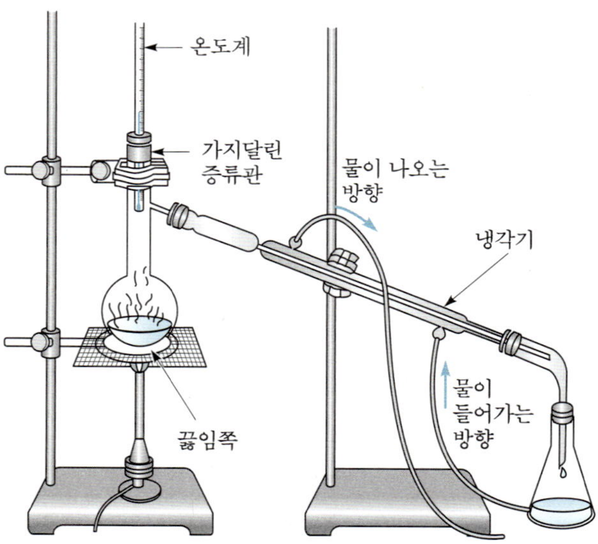

그림 1-3 분별증류 실험장치의 예

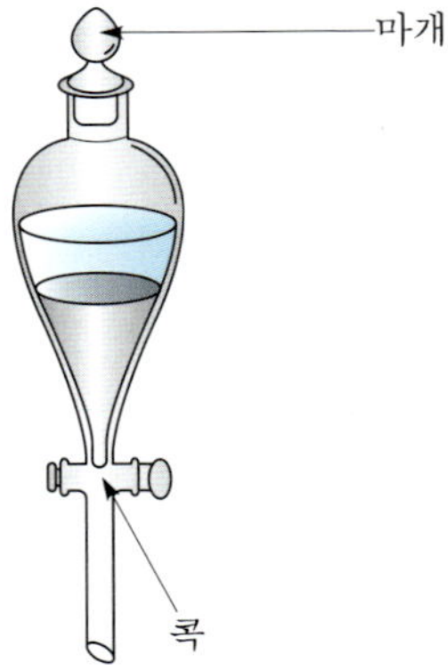

그림 1-4 분별깔때기

2) 물질과 에너지

(1) 물질의 상태와 에너지

모든 물질은 그 본래의 성질에는 변함이 없이 온도와 압력, 에너지에 따라 고체, 액체, 기체 상태로 존재하며, 이러한 고체, 액체, 기체 세 가지 상태를 물질의 상태(State of matter)라고 한다. 모든 물질의 상태 변화에는 반드시 에너지 변화가 수반되어야만 기체에서 액체 혹은 액체에서 고체 등으로 상변화가 일어난다.

기체의 경우, 큰 압축성을 가지며, 원자·이온·분자가 무질서하게 끊임없이 움직이고 상대밀도도 작다. 반면 액체와 고체의 경우는 압축성이 작으며, 기체에 비해 원자·이온·분자의 집적도가 크고 상대밀도도 크다. 그림 1-5에는 압력과 온도에 따라 물질의 상이 구분되어짐을 그래프로 나타내었다.

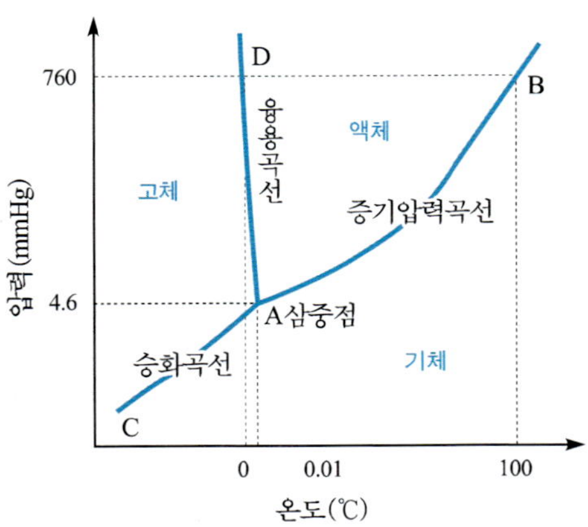

그림 1-5 압력과 온도에 따른 물질의 상태

(2) 물질의 상태

물질은 세 가지 상태로 존재하며, 그 상태는 아래 그림 1-6에 간략히 나타내었다.

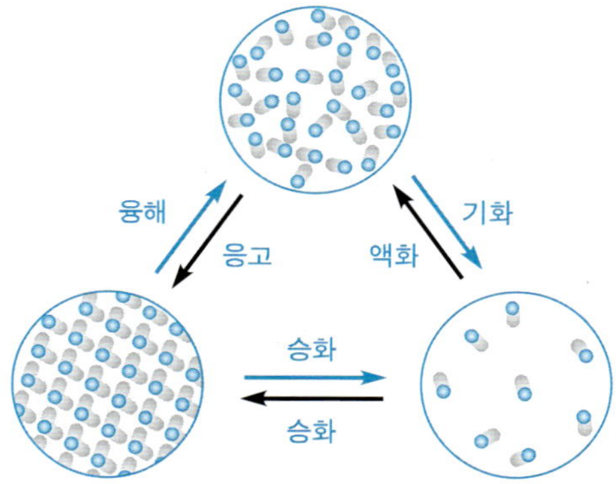

그림 1-6 물질의 상태

물질의 에너지 크기는 고체<액체<기체이며, 물질의 상태가 액체에서 고체, 혹은 기체에서 액체 등으로 상태의 변화가 일어나는 것을 상전이(phase transition)이라 한다. 상전이에는 에너지의 변화가 반드시 수반된다. 즉, 고체에 열을 가하면 고체내부 분자들의 운동 에너지 및 내부에너지의 증가로 인해 분자간 거리가 멀어져 액체가 되고, 계속 열을 가하면 더욱 멀어져 기체가 된다. 고체가 액체로 되는 변화를 융해, 액체가 고체로 되는 변화를 응고, 고체가 기체로 되는 변화 또는 기체가 고체로 되는 변화를 승화, 액체가 기체로 되는 변화를 기화, 기체가 액체로 되는 변화를 액화라 한다. 그림 1-7에 분자간 인력과 운동, 그 에너지 크기를 고려한 기체, 액체, 고체를 간략히 그림으로 나타내었다.

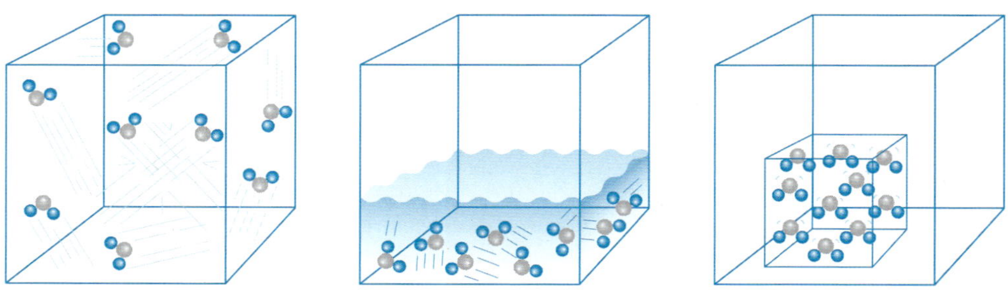

(a) 기체 : 무작위 운동 및 매우 약한 분자간의 인력　(b) 액체 : 유동적인 분자 운동　(c) 고체 : 제한된 부피에서 운동 및 아주 강한 분자간 인력

그림 1-7 분자간 인력과 운동, 그 에너지 크기를 고려한 기체, 액체, 그리고 고체

모든 물질은 열을 흡수하거나 방출하면서 온도 변화가 일어난다. 그러나, 기체에서 액체로 혹은 고체에서 액체로 상태의 변화가 일어나는 과정에서는 온도의 변화없이 에너지의 출입만 발생한다. 예로서 1atm에서 순수한 물의 끓는점은 100℃이고, 이 때압력의 변화를 주지 않는다면 물은 아무리 끓어도 100℃를 넘지 못한다. 이 온도에서 액체상태의 물은 기체로 상전이가 일어나고 상전이가 완전히 일어나기 전까지 온도의 변화는 없다. 즉, 100℃에서 액체상태의 물과 기체상태의 물이 공존하면서 상변화가 일어나고 여기에 주어지는 에너지를 잠열(latent heat) 혹은 상전이열이라 하는 것이다. 상전이 되는 상태에 따라 증발열(기화열), 융해열, 승화열 등으로 구분하여 나타낸다. 특히, 액체에서 기체로의 상전이열(증발열)은 여러 소화약제들이 나타내는 냉각소화작용의 근거가 되며, 물의 증발열은 약 540kcal/kg으로 다른 소화약제보다 가장 큰 값을 가진다. 즉, 물이 증발하기위해 물1kg당 약540kcal의 열을 주위로부터 흡수하므로 가연물 등의 온도를 떨어뜨리는 효과를 가지고 있다는 의미이다. 아래 표 1-2는 각 소화약제의 액체상태에서의 비열과 증발열을 나타내었다.

표 1-2 소화약제별 액체상태 비열과 증발열

소화약제	화학식	비열(cal/g-K)	증발열(cal/g)
물	H_2O	1.00	539
할론1301	CF_3Br	0.21	0.18
할론2402	$C_2F_4Br_2$	0.18	0.09
HCFC-123	CF_3CHCl_2	0.24	0.27
HFC-23	CHF_3	0.37	0.22
FC3-1-10	C_4F_{10}	0.25	0.01
FIC 1311	CF_3I	0.09	0.13

3) 측정과 단위

물질을 연구하기 위해서는 그 물질의 물리적 성질을 측정하여야 한다. 따라서, 물질에 대한 길이, 부피, 온도, 질량 등을 정량적인 숫자로 나타낼 필요가 있으며, 정량적인 값들은 양의 수치와 함께 단위를 함께 적어 나타내주어야 한다.

측정이란 알고하는 물질(실험)에서 길이, 부피, 질량, 온도 등을 정량적으로 나타내기 위한 것이다. 이를 위해서는 단위와 차원이라는 개념이 필요하다. 차원은 측정의 기본 개념으로 길이(Length), 시간(Time), 질량(Mass), 온도(temperature) 등과 같이 측정될 수 있는 특성을 말한다. 단위는 차원을 나타내는 구체적인 표현수단으로 길이의 경우, cm, m, mm 등으로 나타내고 시간을 h, min. 등으로 나타내는 것을 말한다. 단위는 그 차원이 같을 때에만 더

하거나 뺄 수 있으며, 그 물리적 의미를 가질 수 있다. 일반적으로 SI(Systeme Internatiole d'Unites) 단위계를 적용하여 사용하지만, 미국공학단위계를 사용해야 할 경우도 있으므로 계산의 편의를 위하여 같은 단위로 환산할 필요가 있다.

(1) 단위

현재 사용되고 있는 단위계는 질량을 기준으로 하는 절대단위계와 중력을 기준으로 하는 중력(공학)단위계를 포함하는 기본단위와 기본단위로부터 유도되는 유도단위계로 구분된다. 기본단위는 총 7가지이며, 전류와 광도를 제외한 나머지 5가지의 단위가 주로 사용된다. 일반적으로 표 1-3은 공학에 사용되는 SI단위의 기본단위(a), 고유명사를 가진 유도단위(b), 보조단위(c)단위를 나타내었다.

표 1-3 단위계

(a) 기본단위

물리량	SI단위	명칭
길이(Length)	m	meter
질량(Mass)	kg	kilogram
시간(second)	s	second
온도(temperature)	K	Kelvin
전류	A	ampere
물질의 량	mol	molar
광도	cd	candela

(b) 고유명사를 갖는 독립단위 및 조립단위

물리량	SI단위	비고
힘	N	Newton $1N=1kg{\cdot}m/s^2$
압력, 응력	Pa	Pascal $1Pa=1N/m^2$
에너지, 일, 열량	J	Joule $1J=1N{\cdot}m$
일률	W	Watt 1W=1J/s

(c) 보조단위

물리량	SI단위	비고
평면각	rad	Radian
입체각	sr	steradian

(2) 절대단위

질량(kg), 길이(m), 시간(sec)을 기본량으로 하여 나타낸 것이며, 힘의 단위로는 뉴튼(N)을 사용하고, 일의 단위로는 줄(J, Joule)을 사용한다.

① MKS 단위계

기본단위로는 길이는 미터(m), 질량은 킬로그램(kg), 시간은 초(sec)로 하며, 힘의 단위는 뉴튼(N)을 사용한다.

1N = 질량 1kg×가속도 $1cm/s^2$으로 표기하며, 기본적인 SI단위계이다.

② CGS 단위계

기본단위로는 길이는 센티미터(cm), 질량은 그램(g), 시간은 초(s)로 하며, 힘의 단위는 다인(dyne)을 사용한다.

1dyne = 질량 1g×가속도 $1cm/s^2$으로 나타낼 수 있다.

(3) 유도단위

기본단위로부터 유도되는 단위로 기존단위의 조합으로 이루어진다. 예를 들면, 힘 (force) N, 일(work) J, 마력(horse power) h_p, 속도(velocity) m/s, 비중량(specific weight) kg_f/cm^3, 밀도(density) kg/m^3, 체적 m^3 등이다.

(4) 절대단위계의 적용

① 길이, 부피

SI단위계를 적용할 경우, 일반적으로 미터법이라 하고 10의 거듭제곱(10^1, 10^2, 10^3 등)으로 나타내는 단위접두어를 사용한다. 아래 표 1-4에 SI단위계와 미국공학단위계에서의 길이와 부피에 대한 관계를 나타내었다. 또한, 10의 멱을 간략히 나타내기 위해 표 1-5에 복수단위 접두어에 대한 표현을 나타내었다.

표 1-4 길이, 면적, 부피에 대한 SI단위계과 미국공학단위계의 관계

	SI 기본단위계	SI단위계와 미국공학단위계와의 관계
길이	m	1m = 100cm = 1,000mm = 3.2808ft = 39.37in.
		1ft = 12in. = 0.3048m = 30.48cm = 1/3yd
부피	m^3	$1m^3$ = 1,000Liter = $106cm^3$ = 10^6cc = $35.3145ft^3$ = 264.17gal
		$1ft^3$ = $1728in.^3$ = $0.028317m^3$ = 28.317Liter =7.4805gal

표 1-5 복수단위 접두어

인수	접두어	기호	인수	접두어	기호
10^1	deka*	da	10^{-1}	deci*	d
10^2	hecto*	h	10^{-2}	centi*	c
10^3	kilo	k	10^{-3}	milli	m
10^6	mega	M	10^{-6}	micro	μ
10^9	giga	G	$10–^9$	nano	n
10^{12}	tera	T	10^{-12}	pico	p
10^{15}	penta	P	10^{-15}	femto	f
10^{18}	exa	E	10^{-18}	atto	a

(※ 참고 : *는 면적 및 부피 이외는 거의 사용하지 않는다.)

② 밀도 및 비중

물질의 밀도는 주어진 온도와 압력에서 그 물질이 가지는 고유한 물성치로 단위부피당 질량으로 나타낸다. 고체와 액체의 부피는 온도와 압력에 비교적 무관하여 밀도의 변화가 거의 없으며, 일반적으로 비압축성이라고 표현한다. 반면, 기체의 경우는 온도와 압력에 따라 민감하게 그 값이 변하며, 압축성유체라고도 한다.

$\rho = m/V$ (m : 질량, V : 부피)

물질의 비중(specific gravity)은 그물질의 밀도와 특정한 조건에 있는 기준물질의 밀도와의 비로 나타내며, 단위는 없다. 즉,

$\gamma = \rho/\rho_{ref}$

여기서, ρ : 측정하고자 하는 물질의 밀도
ρ_{ref} : 기준물질의 밀도

고체와 액체에 대한 기준물질은 대부분 1atm, 4℃의 물이 사용되며, 이 때 물의 밀도는 1.0g/cc, 1,000kg/m^3 및 62.431b/ft^3 등으로 나타낼 수 있다. 기체의 경우, 기준물질은 1atm, 0℃의 공기를 사용하며, 기체 물질의 분자량을 공기의 평균분자량으로 나누어 줌으로써 비중을 구할 수 있다. 기체에 대한 비중을 구하기 위해서는 공기의 평균분자량을 알아야 한다. 공기 중 질소(N_2)와 산소(O_2)의 몰조성은 각각 79%, 21%를 이용하여 공기의 평균분자량을 구하면,

$$\overline{M_{air}} = y_{N_2}M_{N_2} + y_{O_2}M_{O_2}$$
$$= 0.79 \times 28 + 0.21 \times 35$$
$$\fallingdotseq 29g/mol$$

이 된다. 기체에 대한 비중은 뒷 절에서 설명하는 이상기체 상태방정식을 통하여 알아보도록 한다.

③ 압력

압력은 힘이 작용하는 면적에 대한 그 힘의 비이다. 일반적으로 비압축성유체에 대한 압력은 밀도와 중력가속도 그리고 높이의 곱으로도 나타낸다.

$$\mathrm{P} = \mathrm{F/A} = \rho\mathrm{gh}$$

여기서, P : 압력 (force/area)
ρ : 밀도
g : 중력가속도
h : 유체의 높이.

SI단위계에서는 압력을 파스칼(Pascal, Pa)로 나타내지만 기압(atmosphere, atm)이나 $\mathrm{kgf/cm^2}$, 수은주의 높이(mmHg, Torr)로 나타내기도 한다. 또한, 미국공학단위계를 적용하여 (psi) (pound force per square inch)로 나타내기도 하며, 각각의 관계는 아래와 같다.

$$1\mathrm{atm}(1\text{기압}) = 760\mathrm{mmHg} = 1.033\mathrm{kg/cm^2} = 10.33\mathrm{mH_2O}$$
$$= 101{,}325\mathrm{Pa} = 101.3\mathrm{kPa} = 1.01325\,\mathrm{bar}$$
$$= 14.7\mathrm{psi}\ \left(\mathrm{psi} = 1\mathrm{b_f/in}^{\ 2}:\ \text{pound force } per\ square\,inch\right)$$
$$\left(1\,\mathrm{lb_f} = 32.174\ \mathrm{lb \cdot ft/s^2}\right)$$

또한, 공학적으로 사용하는 압력은 절대압력이란 계념을 가진다. 절대압력은 절대진공(0기압)을 기준으로 측정하는 압력으로 위치나 기온 등의 인자에 상관없이 변하지 않는 불변의 값이 된다. 일반적으로 압력계를 통해서 읽는 값을 계기압(gauge pressure)이라 하며, 대기압을 0으로 계산한 값이다. 따라서, 계기압에 대기압을 더하면 절대압이 된다. 즉,

절대압력(P_{abs}) = 대기압(P_{atm}) + 계기압(P_{gauge})

④ 온도

일반적으로 사용하는 온도단위는 섭씨온도와 화씨온도가 있다. 섭씨온도는 Celcius에 의해서 물의 어는점을 0℃, 물의 끓는점을 100℃로 하여 100등분한 것으로 전 세계적으로 통용되는 온도이다. 화씨온도는 Fahrenheit에 의해서 물의 어는점을 32˚F, 물의 끓는점을 212˚F로 하여 총 180등분하여 나타낸 단위계이다. 이 외에 물리화학적인 의미에서 사용되는 온도단위로 절대온도가 있다. 이 온도체계는 물체의 에너지상태나 운동상태가 없는 상태를 기준으로 하는 것으로 물리화학적으로 상당히 중요한 단위체계이다. 절대온도는 Kelvin 온도라 하며, 섭씨온도에 273을 더하여 그 값을 구한다. Kelvin 절대온도는 K라고 쓰며, 상첨자 o는 쓰지 않는다. 이 외에 Rankin온도라고 하는 절대온도가 있으며, 이는 ˚R로 표시한다. 섭씨온도와 화씨온도 그리고 절대온도에 대한 상관관계를 아래 식으로 나타내었다.

$$T(^\circ F) = 1.8\ T(^\circ C) + 32$$

$$T(K) = T(^\circ C) + 273.14\text{(혹은 273)}$$

$$T(^\circ R) = 1.8T(K) = T(^\circ F) + 459.67\text{(혹은 460)}$$

참고

섭씨와 화씨의 관계는 섭씨0℃일 때 화씨는 32 ° F이고, 100℃일 때, 화씨는 212 ° F이므로 좌표상의 두 점을 통한 식으로 쉽게 그 관계를 나타낼 수 있다.
즉, (0,32)와 (100,212)를 잇는 직선의 방정식을 구함으로써 섭씨와 화씨의 관계식을 나타낼 수 있다. 그림에서처럼 x축을 섭씨, y축을 화씨로 하여 직선의 기울기를 구하면,

$$\text{기울기} = \frac{212-32}{100-0} = 1.8$$

y축 절편 = 32

∴ y=1.8x + 32

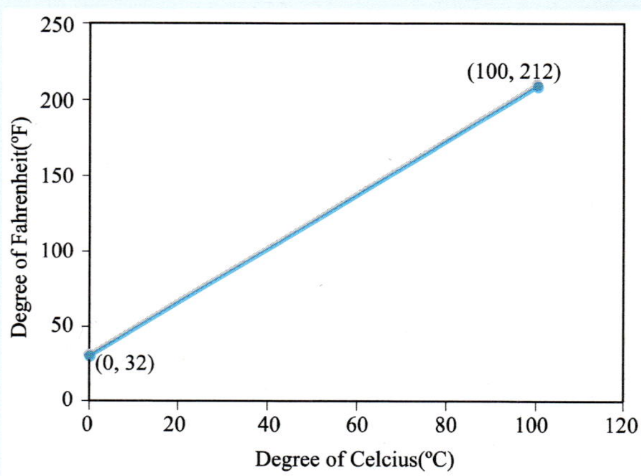

예제 1-2

(a) 20℃에서 벤젠(C_6H_6)의 밀도가 0.88g/cc이다. 벤젠이 0.25L가 있을 때, 벤젠의 질량은 얼마인가?

(b) 실온에서 수소(H_2)기체의 밀도가 0.082mg/cc이다. 수소기체가 0.1kg이 존재할 경우, 그 부피는 몇 m^3 인가?

풀이

(a) 0.25 L = 250mL = 250 cc　　　∴ 0.88g/cc × 250cc = 220g

(b) 0.082mg/cc = 0.000082g/cc, 0.1kg = 100g

∴ 100g × 1/(0.000082g/cc) = 1,219,512 cc = 1,219.5 Liter = $1.22m^3$

예제 1-3

아래 표시된 값을 ( )속의 단위로 환산하시오.

(a) 15.5 lb/ft^3 → (kg/m^3)
(b) 15psi → (mmHg)
(c) 210.0 K → (°F)
(d) 25 $lb_m \cdot ft/min^2$ → ($kg \cdot cm/s^2$)

풀이

(a)

$$\frac{15.5}{}\left|\frac{lb}{ft^3}\right|\frac{0.454kg}{1\ lb}\left|\frac{1ft^3}{(0.3048m)^3}\right.$$

→ $248.509kg/m^3$

(b)

$$\frac{15}{}\left|\frac{psi}{}\right|\frac{760\ mmHg}{14.7\ psi}$$

→ 775.51mmHg

(c) 210.0K → T(℃) = 210 − 273 = −63

∴ T(°F)= 1.8×(−63)+32 = −81.4°F

(d)

$$\frac{25}{}\left|\frac{lb \cdot ft}{min.^2}\right|\frac{0.454kg}{1\ lb}\left|\frac{30.48cm}{1ft}\right|\frac{1min.^2}{(60s)^2}$$

→ $0.096kg \cdot cm/s^2$

2 일반화학의 기본 법칙

1) 원자에 관한 법칙

(1) 질량보존의 법칙 (Law of conservation of mass)

반응물질의 총질량의 합과 생성물질의 총질량의 합은 같다는 것으로 아래 반응식의 예를 통해서 알 수 있다.

$$2H_2 + O_2 \rightarrow 2H_2O$$
$$(4g) + (32g) = (36g)$$

핵반응에서는 반응 전후의 질량이 다르지만, 에너지를 질량과 등가인 것으로 하여 포함시키면, 넓은 뜻에서 보존법칙이 성립한다고 볼 수 있다.

(2) 일정성분비의 법칙(2)

화합물을 구성하는 각 성분원소의 질량의 비는 일정하다는 법칙을 일정성분비의 법칙이라 한다. 물질이 순수하다면 한 가지 물질은 자연적으로 생성된 것이나 인공적으로 만든 것이나 항상 동일한 질량비를 가진다. 예를 들어 산소와 수소로 이루어진 물 분자의 수소 : 산소의 질량비는 1 : 8 의 비율로 일정하다. 아래에 그 예를 화학식으로 나타내었다.

예 : $2H_2 + O_2 \rightarrow 2H_2O$ 수소 : 산소의 질량비=4g : 32g 질량비 = 1 : 8

(3) 배수비례의 법칙(3)

2가지 원소 A, B가 화합하여 2가지 이상인 화합물이 생길 때, 각 화합물에서의 A의 일정량에 대한 B의 양은 간단한 정수비가 된다는 법칙을 말한다.

예 : CO와 CO_2 (1 : 2), SO_2와 SO_3 (2 : 3) $FeCl_2$와 $FeCl_3$ (2 : 3) 등과 같이 간단한 정수배가 성립된다.

2) 분자에 관한 법칙

(1) 기체 반응의 법칙(4)

화학반응에서 반응물질 및 생성물질이 모두 기체일 때, 등온·등압 하에서 이들 기체의 부피 사이에는 간단한 정수비가 성립한다는 법칙이다. 예 : $3H_2$(3부피) + N_2 (1부피) → $2NH_3$(2부피)

위 화학식은 수소 3mol과 질소 1mol이 반응하여 2mol의 암모니아가 생성됨을 의미하며, 기체인 경우에는, 수소 3Liter가 질소 1Liter와 반응하면 2Liter의 암모니아가 생성됨을 말한다. 혹은, 수소 3cc가 질소 1cc와 반응하면 2cc의 암모니아가 생성된다는 뜻이며, 기체인 경우, 화학반응식의 계수비에 따라 부피비도 동일함을 말해준다.

(2) 아보가드로의 법칙 (Avogadro's law)[6]

등온·등압 하에서의 모든 기체는 부피가 같으면 같은 수의 분자를 포함한다는 법칙을 말하며, 일반적으로 모든 기체 1mol은 표준상태 (0℃, 1atm)에서 22.4Liter의 부피와 6.02×10^{23}개의 분자를 가진다는 것이 핵심이다.

3) 기체

고체와 달리 일정한 모양과 부피를 갖지 않으며, 액체처럼 유동성을 가지고 있지만 용기 전체에 확산되고, 액체보다 훨씬 압축되기 쉬운 상태에 있는 물체의 상태를 말한다(압축성유체). 본 교재에서 다루는 기체는 이상기체를 기준으로 한다.

(1) 이상기체에 대한 일반적 가정

가) 기체분자는 끊임없이 여러 방향으로 직선운동을 한다.
나) 분자 자체의 부피는 무시한다.
다) 일정 온도에서 모든 기체의 운동에너지는 같다.
라) 분자 사이에는 인력이 거의 작용하지 않는다.
마) 기체분자의 충돌은 완전탄성체이다.

(2) 보일의 법칙 (Boyle's law)

용기 속의 기체는 모든 방향으로 활발한 운동을 하고 있기 때문에 용기 벽에 충돌하여 힘을 주는데, 이를 그 기체의 압력이라고 한다. 외부에서 힘을 가하여 기체의 부피를 감소시키면, 기체 밀도의 증가와 더불어 충돌횟수도 증가하므로 기체의 압력은 증가하게 된다. 반대로 외부의 힘을 줄이게 되면 부피가 늘어나며 충돌횟수는 상대적으로 감소하게 되므로 기체의 압력은 감소하게 된다. 즉, 일정온도에서 압력과 부피는 서로 반비례한다는 것으로 아래 식과 같이 간단히 나타낼 수 있다.

$$PV = C \text{ (일정)}$$

이를 이해를 돕기 위해 도식적으로 나타내면 그림 1-8과 같다.

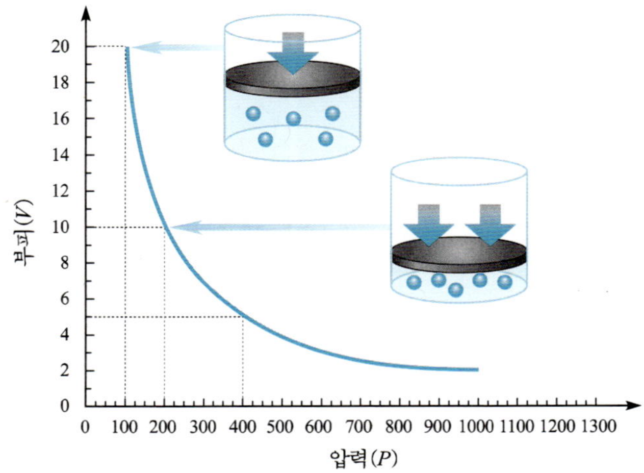

그림 1-8 Boyle의 법칙에 대한 도식적 이해

이를 압력 vs. 부피, 압력×부피 vs. 압력 혹은 부피, 부피의 역수 vs. 압력의 관계를 그래프로 나타내면 아래와 같다.

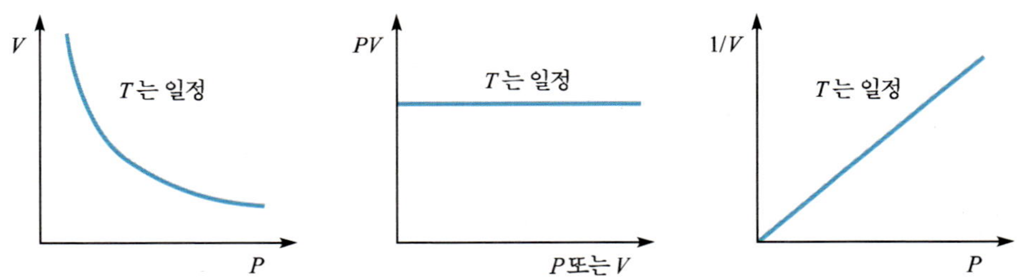

그림 1-9 기체에 대한 압력 vs. 부피, 압력×부피 vs. 압력, 부피의 역수 vs. 압력의 관계

(3) 샤를의 법칙 (Charles's law)

기체의 압력이 일정할 때 부피와 온도의 비례관계를 설명한 법칙으로 다음의 식으로 나타낼 수 있다.

$$V/T = C(\text{상수})$$

또한, 이해를 돕기 위해 도식적으로 나타내면 그림 1-10과 같다.

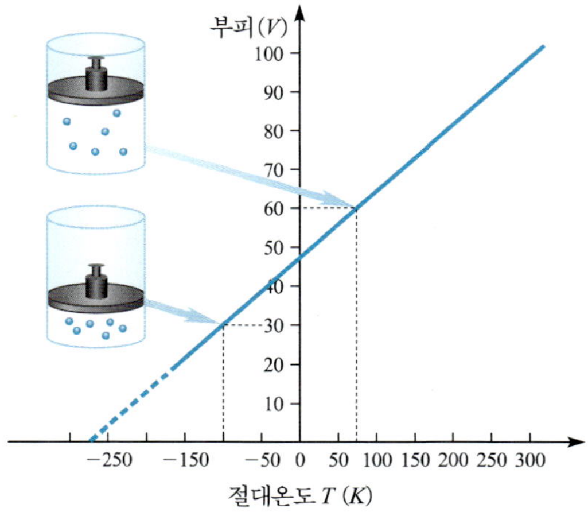

그림 1-10 Charles의 법칙에 대한 도식적 이해

1-10의 그림에서 부피와 온도간의 관계가 직선적으로 표현이 되고 이를 연장한 외삽법으로 열역학적으로 추정하면 −273℃에 이르게 되고 이를 절대온도 0 K라 한다. 따라서, 섭씨온도에 273을 더해줌으로써 열역학적인 절대온도(K)를 구할 수 있게 되는 것이다.

샤를의 법칙을 부피 vs. 온도 및 부피를 온도로 나눈 값 vs. 온도의 그래프를 아래에 나타내었다.

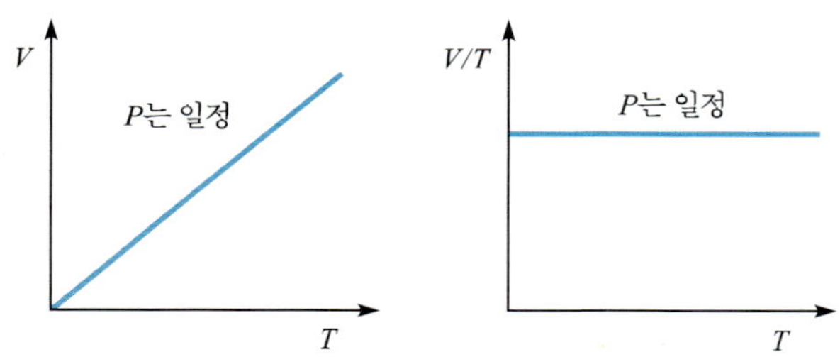

그림 1-11 기체에 대한 부피 vs. 온도, 1/부피 vs. 온도와의 관계

(4) 보일-샤를의 법칙 (Boyle-Charles's law)

온도가 일정할 때 기체의 압력은 부피에 반비례한다는 보일의 법칙과 압력이 일정할 때 기체의 부피는 온도에 비례한다는 샤를의 법칙을 조합하여 만든 법칙이다. 즉, 일정량의 기체의 부피는 절대온도에 비례하고, 압력에 반비례함을 나타낸다.

$P_1V_1/T_1 = P_2V_2/T_2$ (하첨자 1, 2는 상태에 대한 표시)

참고

휴대용가스버너용 연료통이나 에어스프레이를 사용할 경우, 용기 내부의 기체가 분출됨에 따라 용기부피의 변화는 없지만 내부압력은 감소하게 되므로 온도가 감소하게 된다. 따라서, 용기가 차가워진다.

(5) 이상기체 상태방정식

아보가드로법칙(Avogadro's law)과 보일-샤를의 법칙을 조합하여 성립한 것으로 압력은 부피에 반비례하고 몰수와 절대온도에 비례한다는 법칙을 이상기체상태방정식이라 한다. 보일 - 샤를의 법칙으로부터 PV/T 의 값은 일정하고, 1몰의 기체는 표준상태(0℃, 1atm)에서 22.4 Liter의 부피를 가지므로 $PV/T=1\times22.4/273 = 0.082$ atm·Liter / mole·K 이 되고 이를 기체상수 R 이라 한다. 따라서, n 몰의 기체라면 $PV/T= n\cdot R$ 이 되고, 이항정리하면 $PV = nRT$가 된다. 이상기체 상태방정식은 실제 기체에 비해서 온도가 높고, 압력이 낮은 경우에 비교적 잘 맞음을 알 수 있다.

예제 1-4

수소 1g과 산소 16g의 혼합기체를 반응시켜 수증기를 만들었다. 이 때 반응하지 않고 남은 기체의 부피는 0℃, 1기압에서 몇 리터인가?

풀이

화학 변화에서 반응하는 물질의 질량의 총합은 생성된 물질의 질량의 총합과 같다는 법칙.

$2H_2 + O_2 \rightarrow 2H_2O$

(4g) +(32g) =(36g)

수소가 1g일 때 산소는 8g 밖에 반응하지 않는다. 따라서, 남은 기체는 산소이고 산소를 부피로 환산하면 다음과 같다.

32g : 22.4Liter = 8g : x Liter

x = 5.6Liter

예제 1-5

20℃에서 부피가 1Liter를 차지하는 기체를 압력의 변화 없이 3배로 팽창할 때 온도(K)는 얼마인가?
(단, 이상기체로 가정한다.)

풀이

$$\frac{V}{T} = \frac{V'}{T'} = \frac{1}{(20+273)} = \frac{3}{x} \quad \therefore x = 879\ K$$

참고

– 기체의 비중을 공기의 분자량으로 구할 수 있는 이유

이상기체상태방정식 PV=nRT에서 n=m/M

(m : 기체의 질량, M : 기체의 분자량) 이므로 $PV = \frac{m}{M}RT \rightarrow \frac{m}{V} = \frac{PM}{RT} = \rho$ 가 된다.

기준 물질이 공기이므로 공기의 밀도는 $\rho_{air} = \frac{PM_{air}}{RT}$ 가 된다.

따라서, 기체의 비중 $\gamma = \frac{\rho}{\rho_{air}} = \frac{\left(\frac{PM}{RT}\right)}{\left(\frac{PM_{air}}{RT}\right)} = \frac{M}{M_{air}}$ 가 되므로 측정하고자 하는 기체의 분자량을 공기의 분자량(평균분자량 = 29)로 나누어 줌으로써 쉽게 구할 수 있다.

(6) 달톤의 분압법칙 (Dalton's law)

기체는 고체나 액체와 달리 주어진 공간에 완전히 분산된 상태로 존재하게 된다. 동일한 몰 수의 기체 A와 B를 같은 공간에 두었을 때, 이들 A와 B는 그 공간을 분산된 채 가득 채우게 될 것이다. 달톤의 분압법칙은 일정온도에서 혼합 기체가 나타내는 전체 압력은 그 성분 기체들의 부분 압력의 합과 같다는 법칙으로 아래 식으로 간략히 나타낼 수 있다.

$$P(\text{전압}) == p_1 + p_2 + p_3 \cdots\cdots\cdots = \sum p_i$$

여기서, $p_1 = n_1RT/V$이므로 $P = nRT/V = p_1n/n_1$로 다시 나타낼 수 있으며, 이를 이용하면 아래와 같이 전압과 분압의 관계를 통해 몰분율과 부피의 관계를 다시 정리해서 나타낼 수 있다.

p_A(A성분의 분압)=전체압력(P)×몰분율(y_A)

몰분율(y_i) = 성분기체의 몰수(부피)/혼합기체의 몰수(부피)

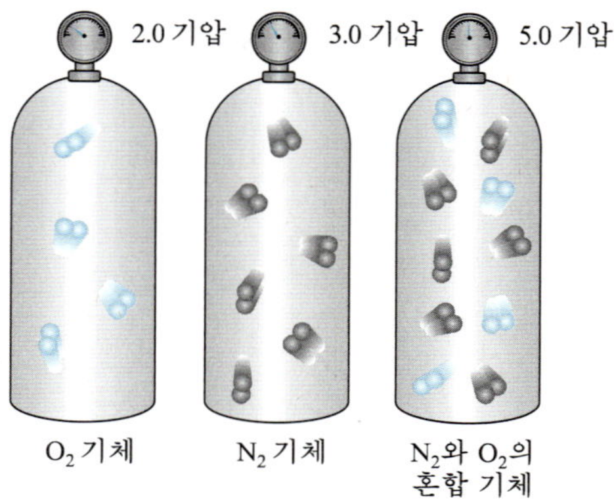

그림 1-12 Dalton의 분압법칙

예제 1-6

전체 압력이 745mmHg인 공기가 질소, 산소, 아르곤을 각각 몰분율 0.78, 0.207, 0.013로 이루어져 있다고 할 때, 각 기체들의 분압은 얼마인가?

풀이

(풀이) P=745mmHg, $y_{질소}$=0.78, $y_{산소}$=0.207, $y_{아르곤}$=0.013

∴ $P_{질소}$=0.78×745=581.1mmHg

$P_{산소}$=0.207×745=154.215mmHg

$P_{아르곤}$=0.013×745=9.685mmHg

예제 1-7

각각 5g의 질소와 이산화탄소가 들어있는 용기의 전체압력이 750mmHg이다. 각 기체의 부분압력은 얼마인가?

풀이

질소(N_2)의 분자량=28g/mol, 5g 질소 = 0.179mol

이산화탄소(CO_2)의 분자량 = 44g/mol, 5g의 이산화탄소=0.114mol

질소의 몰분율=0.179/(0.179+0.114)=0.611, 이산화탄소의 몰분율=1−0.611=0.389

$P_{질소}$=0.611×750=458.25mmHg

$P_{이산화탄소}$=0.389×750=291.75mmHg

4) 액체

(1) 증기압과 비등점

① 증기압

일정한 온도에서 액체상 또는 고체상과 평형상태에 있는 증기상의 압력을 말하며, 일반적으로 포화증기압을 말한다. 물은 1atm에서 100℃에서 끓으며 액체와 기체가 평형상태에 있으며, 이 때의 1atm이 바로 물의 증기압이 되는 것이다. 일반적으로 증기압은 같은 물질이라도 온도가 높아짐에 따라 커진다.

② 끓는점 (비점, 비등점)

액체 표면으로부터 증발이 일어날 뿐만 아니라, 액체 내부로부터 기화가 일어나 기포가 올라가기 시작하는 온도를 말한다. 끓는점은 액체의 증기압이 외부의 압력과 같아지는 온도이므로 외부의 압력에 따라 변화하게 되며, 일반적으로 외부의 압력이 커질수록 끓는점은 높아지지만 보통 1기압 하에서 끓는 온도를 그 액체의 끓는점이라 하고, b.p. 또는 bp로 간단히 나타낸다.

순수한 물질은 고유의 끓는점을 가지고 있으므로, 끓는점을 측정하면 물질의 순도를 판별할 수 있다. 일반적으로 다른 물질이 녹아 있는 용액은 순수한 액체보다 끓는점이 높다.

5) 고체

기체와 액체와 함께 물질이 가질 수 있는 상태 중에 하나이나, 기체나 액체와는 달리 일정한 형태를 유지할 수 있다. 전단응력이 가해지면 모양이 변화하는 방식으로 탄성력이 만들어져서 전단응력을 버텨낼 수 있는 점이 기체나 액체와는 다르다. 물질을 구성하는 원자나 분자 수준에서 일정한 결정구조를 가지는가에 따라서 결정질(Crystalline)고체와 비정질(Amorphous) 고체로 나눌 수 있으며, 결정질은 다시 다결정과 단결정으로 나뉜다.

결정질의 예) 염화나트륨 : 입방체의 결정으로 나트륨이온 Na^+과 염소이온 Cl^-이 서로 나란히 된 구조이며, 그 나트륨 이온과 염소이온의 간격은 동일하다.

비정질의 예) 유리, 플라스틱, 아교 등

액체를 가열하여 어느 일정한 온도에 달하면 녹기 시작하는데, 비결정성 고체는 결정이 약한 부분부터 단절 현상이 일어나기 때문에 녹는점도 각기 다르다. 반면 결정성 고체는 입자의 결합을 끊는 데 소요되는 힘이 같기 때문에 그 녹는점도 같아진다. 결정성 고체는 입자의 결합 배열 방식에 따라 공유(결합)결정, 분자결정, 이온결정 · 금속결정(금속결합)으로 나누기도 한다. ※ 결합력의 세기 : 원자성결정 > 이온성결정 > 금속성결정 > 분자성결정

3 용액 및 용해도

1) 용액

(1) 용액

녹이는데 사용하는 액체는 용매라 하고, 녹아들어가는 물질을 용질이라 하고, 용액은 용질이 용매에 용해되어 만들어진 균일한 혼합물이며, 정의에 따라 하나의 상이다.

예 : 용액(설탕물) = 용매(물) + 용질(설탕)

용액은 포화용액, 불포화용액 그리고, 과포화용액으로 구분할 수 있다. 포화용액은 일정온도와 압력에서 용매에 용질이 최대한 녹아 있는 상태의 용액을 말하며, 불포화용액은 용질이 용매에 더 녹아들어 갈 수 있는 상태의 용액을 말한다. 그리고, 과포화용액은 용질이 용매에 한도 이상으로 녹아 용질이 침전된 상태의 용액으로 가장 불안정한 상태의 용액이다.

2) 용해도

용질이 용매속에서 녹는 정도를 용해도(solubility)라 한다. 녹는 정도의 크기와 가능성을 불용성과 가용성 등으로 표현한다.

(1) 용해도

용매 100g에 녹아있는 용질의 무게(g)를 그 온도에서 용해도라고 아래 식으로 용해도와 % 농도를 각각 계산할 수 있다.

① $\text{용해도} = \dfrac{\text{용질의 질량}}{\text{용매의 질량}} \times 100$

② $\%\ \text{농도} = \dfrac{\text{용질의 질량}}{\text{용액의 질량}} \times 100$

(2) 고체의 용해도

고체는 압력에 영향을 크게 받지 않으며, 흡열물인 질산나트륨($NaNO_3$), 질산칼륨(KNO_3) 등과 같은 물질은 온도가 상승함에 따라 용해도가 증가하며, 발열물인 수산화칼슘($Ca(OH)_2$) 등은 온도가 상승함에 따라 용해도가 오히려 감소한다. 또한, 염화나트륨($NaCl$) 등과 같은 물질은 온도 변화에 크게 영향을 받지 않는 것도 있다.

(2) 기체의 용해도

기체의 용해도는 일반적으로 온도가 낮고 압력이 높을수록 용해도는 증가하고 압력의 변화는 액체나 고체의 용해도에 거의 영향을 미치지 않으나, 기체는 압력을 높이면 용해도는 증가한다. 기체의 용해도에 적용되는 법칙은 헨리(Henry)의 법칙으로 일정한 온도에서 일정량인 액체에 녹는 기체(용해도가 그리 크지 않은)의 질량은 그 기체의 압력(분압)에 비례하고 부피와는 무관함을 나타낸다.

① 헨리의 법칙에 잘 적용되는 기체(물에 대한 용해도가 적은 물질)
CO_2, Cl_2, H_2S, H_2 등

② 헨리의 법칙에 잘 적용되지 않는 기체(물에 잘 용해되는 물질)
NH_3, HCl, SO_2 등

예제 1-8

0℃에서 어떠한 물질이 녹아 있는 포화용액 100g이 있다. 이 수용액 중에 용질이 30g 녹아 있다면 이 용질의 용해도는?

풀이

$$\text{용해도} = \frac{\text{용질}}{\text{용매}} \times 100 = \frac{30}{70} \times 100 = 42.86$$

3) 용액의 농도

수용액에 존재하는 반응물의 양을 농도(concentration)이라 하며, 표현하는 단위에 따라 보통 %농도, 몰농도, 노르말농도, 그리고 몰랄농도로 나타낼 수 있다.

(1) 퍼센트(%) 농도

단순히 용액 전체 질량에 녹아 있는 용질의 질량비율을 나타낸 농도단위이다. 주로 공업적인 용도로 사용되지만, 그 개념은 일반적인 화학적 농도표기와 동일하다.

$$\%\ 농도 = \frac{용질(g)}{전체용액(g)} \times 100$$

(2) 몰농도 (Molarity, M)

몰농도는 화학에서 가장 많이 사용되는 것으로 용액 1 Liter속에 녹아 있는 용질의 양을 몰수로 나타낸 농도로 mol/l또는 M으로 표시한다.

$$M\ 농도 = \frac{질량(g)}{분자량(g)} \times \frac{1}{전체용액(l)}$$

(3) 노르말농도 (normaliry, N)

노르말농도는 전자를 주고받는 산화-환원반응에서 몰농도와는 다른 개념으로 사용되며, 용액 1 Liter에 있는 용질을 g당량수로 나타낸 농도 혹은 당량(equivalent)농도라고도 한다.

$$N\ 농도 = \frac{질량(g)}{1g당량(산,\ 염기)} \times \frac{1}{전체용액(l)}$$

※ 산과 염기의 당량 계산법

$$산의\ 당량 = \frac{분자량(+결정수)}{산의\ 염기도(H^{+}의수)}$$

$$염기의\ 당량 = \frac{분자량(+결정수)}{염기의\ 산도(OH^{-}의수)}$$

산과 염기의 당량구하는 법 (예)	
황산(H_2SO_4)의 당량 황산의 분자량 = 98 H의 갯수(산의 염기도) = 2 ∴ 황산의 당량 = 98/2 =49	수산화나트륨(NaOH)의 당량 수산화나트륨의 분자량 = 40 OH의 개수(염기의 산도) = 1 ∴ 수산화나트륨의 당량 = 40/1 =40

(4) 몰랄농도 (Molality, m)

몰농도(M)가 온도에 따라 변할 수 있는 성질을 가졌다는 점이 몰농도의 치명적 단점으로 이를 보완할 수 있는 농도가 필요할 수 있다. 이에 질량단위로 절대적으로 표현한 농도가 몰랄농도이며, 용매 1kg에 녹아 있는 용질의 몰수로 표현한다.

$$\text{m 농도} = \frac{\text{질량}(g)}{\text{분자량}(g)} \times \frac{1}{\text{용매}(kg)}$$

(5) 각 농도간의 관계

$$\text{N 농도} = \text{Mol 농도} \times \text{산도수 (염기도수 = '가'수)}$$

$$\text{M 농도} = \frac{\text{비중} \times 1000}{\text{분자량}(g)} \times \frac{\text{\%농도}}{100}$$

$$\text{N 농도} = \frac{\text{비중} \times 1000}{1g\text{당량}} \times \frac{\text{\%농도}}{100}$$

예제 1-9

10g의 $Na_2SO_4 \cdot 10H_2O$를 100g의 물에 용해시켰다. 이 용액의 퍼센트(%)농도는 약 얼마인가? (단, Na_2SO_4의 화학식량은 142.0 이다.)

풀이

10g의 $Na_2SO_4 \cdot 10H_2O$ 중에서 순수한 용질을 계산하면

322 : 142 = 10 : x, x = 4.41g

$$\% = \frac{\text{용질}}{\text{용액}} \times 100 = \frac{4.41}{100+10} = \frac{4.41}{110} = 4.01\%$$

예제 1-10

순 황산 9.8g을 물에 녹여 250ml로 한 용액은 몇 규정 농도인가? (단, 원자량은 각각 S=32, H=1, O=16이다.)

풀이

$$N = \frac{\text{질량}}{1g\text{당량}} \times \frac{1000ml}{\text{전체용액}ml} = \frac{9.8}{\frac{98}{2}} \times \frac{1000}{250} = 0.8$$

4 원자와 분자 (결합과 그 분류)

1) 원자구조

(1) 원자의 구성입자

원자는 아래 그림 1-13과 같이 작고 밀집된 원자핵과 그 주위를 돌고 있는 전자로 되어 있다.

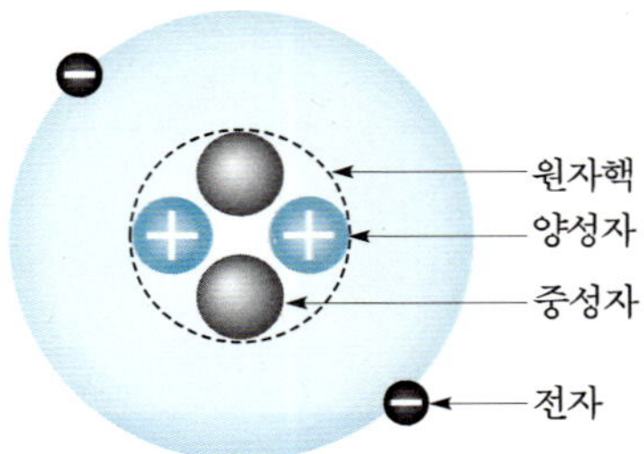

그림 1-13 원자의 구성

원자핵은 양으로 하전되어 있으며 원자의 대부분의 질량을 차지하며, 원자핵은 양성인 양성자(proton)과 중성인 중성자(neutron)과 중간자로 구성되어 있다.

원소의 원자번호는 원자핵의 양성자 수와 같고, 이것은 원자핵 주위를 돌고 있는 전자수와 같으며, 원자량은 원자핵의 양성자수와 중성자수의 합과 거의 같은데 이는 전자가 이들에 비하여 매우 가볍기 때문이다.

(2) 이온 (ion)

이온은 전기를 띤 원자 또는 원자단을 말하며, 중성원자가 전자를 잃으면 (+)이온, 전자를 얻으면(−)이온이 된다.

※ 원자단

NH_4^+나 SO_4^{2-}처럼 여러 개의 원자가 모여 마치 하나의 이온처럼 작용하면서 화학반응이 진행될 때 더 이상 쪼개지지 않는 원자들의 집단으로, 라디칼(radical)과 같은 뜻으로 쓰이지만 보다 넓은 의미임.

① 양이온(+) : 전자를 잃음(방출), (원자번호 = 양성자 수 = 전자 수)

Na (전자수가 11개) → Na^+ (전자수가 10개)

② 음이온(−) : 전자를 얻음(흡수)

Cl (전자수가 17개) → Cl^{-} (전자수가 18개)

예제 1-11

Fe^{3+}(원자번호 26)의 전자수는 얼마인가?

풀이

원자번호 = 전자수이므로 철의 전자수는 26개에서 전자3개를 잃으므로 Fe^{3+}이 되었다.

x = 26 − 3 = 23개

2) 원자의 전자배치

(1) 원자가

원자 또는 원자단이 특정한 원소 또는 원자단과 결합할 때의 그 특정한 원소 또는 원자단의 수를 말하며, 보통 수소를 표준으로 하여, 그 원자가를 1로 하고, 수소원자 n개와 결합하는 것의 원자가를 n으로 정한다. 예 : NH_3에서 N은 +3가 H_2O에서 O는 -2가의 원자가를 지닌다.

① 원자가는 주기율표의 족수와 밀접한 관계를 가지며 족수와 원자가는 다음 표 1-6과 거의 같다.

표 1-6 주기율표 족수에 따른 원자가

족 / 원자가	1족	2족	3족	4족	5족	6족	7족
(+)원자가	+1	+2	+3	+4 +2	+5 +3	+6 +4	+7 +5
(−)원자가				−4	−3	−2	−1

※ **화합물일 때** : (+)원자가 × 원자수 + (−)원자가 × 원자수 = 0

※ **'기'일 때** : (+)원자가 × 원자수 + (−)원자가 × 원자수 = 이온가 '수'

원소를 원자번호 순으로 나열하면 성질이 서로 비슷한 원소가 주기적으로 나타내는 성질을 원소의 주기율이라 하며, 이를 정리한 도표가 주기율표이며, 그림 1-12에 나타내었다.

참고

원소주기율표 : 러시아의 화학자 멘델레프 (Mendeleev)가 1869년 원소를 원자량 순으로 나열하면서 만들었으며, 현재 사용되고 있는 것은 영국의 화학자였던 모즐리에 의해 1913년에 완성되었다.

1A	2A	3B	4B	5B	6B	7B	8B	8B	8B	1B	2B	3A	4A	5A	6A	7A	8A
1 H 1.00794 Hydrogen																	2 Hc 4.002602 Helium
3 Li 6.341 Lithium	4 Be 9.012182 Beryllium											5 B 10.811 Boron	6 C 12.0107 Carbon	7 N 14.0067 Nitrogen	8 O 15.9994 Oxygen	9 F 18.9984032 Fluorine	10 Ne 20.1797 Neon
11 Na 22.989789 Sodium	12 Mg 24.3050 Magnesium											13 Al 26.9815386 Aluminum	14 Si 28.0855 Silicon	15 P 30.973762 Phosphorus	16 S 32.065 Sulfur	17 Cl 35.453 Chlorine	18 Ar 38.948 Argon
19 K 39.0983 Potassium	20 Ca 40.078 Calcium	21 Sc 44.955912 Scandium	22 Ti 47.867 Titanium	23 V 50.9415 Vanadium	24 Cr 51.9961 Chromium	25 Mn 54.938045 Manganese	26 Fe 55.845 Iron	27 Co 58.933195 Cobalt	28 Ni 58.6934 Nickel	29 Cu 63.546 Copper	30 Zn 65.38 Zinc	31 Ga 69.723 Gallium	32 Ge 72.64 Germanium	33 As 74.92160 Arsenic	34 Se 78.96 Selenium	35 Br 79.904 Bromine	36 Kr 83.798 Krypton
37 Rb 85.4678 Rubidium	38 Sr 87.62 Strontium	39 Y 33.90585 Yttrium	40 Zr 91.224 Zirconium	41 Nb 92.90638 Niobium	42 Mo 95.96 Molybdenum	43 Tc [98] Technetium	44 Ru 101.07 Ruthenium	45 Rh 102.90550 Rhodium	46 Pd 106.42 Palladium	47 Ag 107.8682 Silver	48 Cd 112.411 Cadmium	49 In 114.818 Indium	50 Sn 118.710 Tin	51 Sb 121.760 Antimony	52 Te 127.60 Tellurium	53 I 126.90447 Iodine	54 Xe 131.293 Xenon
55 Cs 132.90545 Cesium	56 Ba 137.327 Barium	57 La Lanthanides	72 Hf 178.49 Hafnium	73 TA 180.94788 Tantalum	74 W 183.84 Tungsten	75 Re 186.207 Rhenium	76 Os 190.23 Osmium	77 Ir 192.217 Iridium	78 Pt 195.084 Platinum	79 Au 196.966569 Gold	80 Hg 200.59 Mercury	81 Tl 204.3833 Thallium	82 Pb 207.2 Lead	83 Bi 208.98040 Bismuth	84 Po [209] Polonium	85 At [210] Astatine	86 Rn [222] Radon
87 Fr [223] Francium	88 Ra [226] Radium	89 Ac Actinides	104 Rf [267] Rutherfordium	105 Db [268] Dubnium	106 Sg [271] Seaborgium	107 Bh [272] Bohrium	108 Hs [270] Hassium	109 Mt [276] Meitnerium	110 Ds [281] Darmstadtium	111 Rg [280] Roentgenium	112 Uud [285] Ununbium	113 Uut [284] Ununtrium	114 Uuq [289] Ununquadium	115 Uup [288] Ununpentium	116 Uuh [293] Ununhexium	117 Uus [294] Ununseptium	118 Uuo [294] Ununoctium

Lanthanides	57 La 138.9054 Lanthanum	58 Ce 140.116 Cerium	52 Pr 140.90765 Praseody-mium	60 Nd 144.242 Neodymium	61 Pm [145] Promethium	62 Am 150.36 Samarium	63 Eu 151.964 Europium	64 Gd 157.25 Gadolinium	65 Tb 158.92535 Terbium	66 Dy 162.500 Pysprosium	67 Ho 164.93032 Holmium	68 Er 167.259 Erbium	69 Tm 168.93421 Thulium	70 Yb 173.054 Ytterbium	71 Lu 174.9668 Lutetium
Actinides	89 Ac [227] Actinium	90 Th 232.03806 Thorium	91 Pa 231.03588 Protactinium	92 U 238.02891 Uranium	93 Np [237] Neptunium	94 Pu [244] Plutonium	95 Am [243] Americium	96 Cm [247] Curium	97 Bk [247] Berkelium	98 Cf [251] Californium	99 Es [252] Einsteinium	100 Fm [257] Fermium	101 Md [258] Mendele-vium	102 No [259] Nobelium	103 Lr [262] Lawrencium

Alkali metal	Alkaline earth	Basic metal	Halogen	Noble gas	Nonmetal	Rare earth	Metalloid	Transition metal

그림 1-14 원소 주기율표

주기율표에 따른 특징은 같은 족일 경우, 원자 반지름이 클수록(주기율표에서 아래로 갈수록) 이온화 에너지가 감소하며, 같은 주기인 경우는 원자 반지름이 작을수록(주기율표에서 오른쪽으로 갈수록) 이온화 에너지가 증가한다. 그리고, 최외각 전자와 원자핵 간의 거리가 가까울수록 이온화 에너지는 커지는 특징을 가진다.

② 원자가와 화학식 : 화학식에서‘(+)원자가와 (−)원자가의 합이 항상 같다’라는 원리에서 화합물의 분자식을 알 수 있다.

(+)원자가 × 원자수 = (−)원자가 × 원자수 예 : Al^{+3} + O^{-2} — Al_2O_3

(2) 당량

① 원소의 당량

수소 1g 혹은 산소의 1/2g원자(8g)와 화합 혹은 반응할 수 있는 그 물질의 양을 1g당량(1당량)이라 정의한다.

가) 원자량 = 원자가 × 당량

나) 원소의 당량 = $\dfrac{\text{원자량}}{\text{원자가}}$

다) 원자가 = $\dfrac{\text{원자량}}{\text{당량}}$

표 1-7에 수소, 산소, 알루미늄에 대한 원자가와 당량에 대한 예를 나타내었다.

표 1-7 원자가와 당량의 예

원소	1g원자량	원자가	1g당량	화합물일때
수소	1.008g	1	1.008($\frac{1}{2}$몰)	HCl(H는 1가)
산소	32.00g	2	8.00($\frac{1}{4}$몰)	H_2O(O는 2가)
알루미늄	27.00g	3	9.00	$AlCl_3$(Al은 3가)

※ 모든 원소들은 반드시 당량 대 당량으로 반응한다.

예 : CO_2에서 탄소(C)의 g 당량은 12÷4 = 3g 이다.

② 당량과 전자와의 관계

어떤 원소의 x g이 산소 8.0g(산소원자의 1/2mol에 상당)과 화합 또는 치환반응을 일으킬 때 x를 그 원소의 당량이라고 한다. 일반적으로 원소의 당량은 원자량을 원자가로 나눈 값과 같다. 또는 어떤 원소가 전자 1몰(6.02×10^{23})을 받아들이거나 낼 수 있는 무게를 그 원소의 1g 당량이라 한다.

3) 화학식

화합물을 나타내는 가장 간단한 식은 화합물을 구성하는 원소 사이에 존재하는 일정성분비를 최소의 정수비로 표시하는 것이다. 이렇게 나타내는 방법을 실험식(empirical formula)이라 한다. 이 외에도 분자식(molecular formula)과 시성식(rational formula), 구조식(structural formula)으로 화합물을 나타낼 수 있으며, 각각에 대한 설명은 다음과 같다[7].

(1) 실험식

화합물을 구성하는 원소의 종류와 조성비를 나타낸 식으로 간단하게 분자식을 최소의 정수 비로 나타낸 식을 말한다. 화합물의 정량분석을 통해서 질량백분율을 얻을 수 있다면 이를 통해서 화합물의 화학식을 얻을 수 있다. 즉, 질량백분율에서 화합물을 100g기준으로 구성 원소들을 각각 g수로 표시를 한 후 각 원소의 원자량으로 나누어 줌으로써 화합물을 구성하는 원소간의 mol수의 비를 구하여 실험식을 구할 수 있다.

(2) 분자식

분자 속에 있는 원자의 종류와 수를 나타낸 식으로 같은 원소의 개수로 묶어놓은 화학식이다. 즉,

$$\text{분자식} = \text{실험식} \times n$$

실험식을 통해서 분자식을 알기 위해서는 화합물의 분자량을 반드시 알아야 한다.

(3) 시성식

분자 속에 들어 있는 기(functional group)를 구별해서 나타낸 식으로. 특성 원자단(=라디칼) 혹은 물질의 성질을 특정지우는 작용기들만 표시하고, 나머지는 분자식의 유형으로 나타낸 식이다.

(4) 구조식

분자 내의 원자 결합 상태를 결합수로 써서 나타낸 식으로 실제 분자의 구조를 나타내는 방식으로 단일결합, 이중결합, 삼중결합 등의 표현할 수 있다. 표 1-8에 아세트산과 에틸알코올, 아세틸렌에 대한 실험식, 분자식, 시성식과 구조식에 대한 예를 나타내었다.

예제 1-12

질량이 2.45g인 물질의 성분을 분석한 결과, 탄소가 2.0g, 수소가 나머지 0.45g이었다. 이 물질의 분자식을 구하시오.

풀이

2.45g 중 탄소(C) 2.0g이고, 수소가 0.45g이므로

탄소(C)의 질량백분율은 $\frac{2.0}{2.45} \times 100 = 81.63\%$

수소(H)의 질량백분율은 $\frac{0.45}{2.45} \times 100 = 18.37\%$

100g을 기준으로 탄소와 수소는 각각 81.63g, 18.37g 존재하므로, 각 원소의 원자량으로 mol수를 구하면,

탄소(C) : $\frac{81.63}{12.0} = 6.80$

수소(H) : $\frac{18.37}{1.0} = 18.37$

즉, 이 물질은 C6.8H18.37로 될 수 있음을 알 수 있다. 이를 탄소의 mol수 6.38로 나누어 주면 $CH_{2.7}$로 된다. 이를 정수화하기 위해 탄소와 수소에 각각 3을 곱해주면, $C_3H_{8.1}$로 되고 이는 C_3H_8임을 알 수 있다.

표 1-8 실험식과 분자식, 시성식, 구조식에 대한 예

구분	실험식	분자식	시성식	구조식
아세트산	CH_2O	$C_2H_4O_2$	CH_3COOH	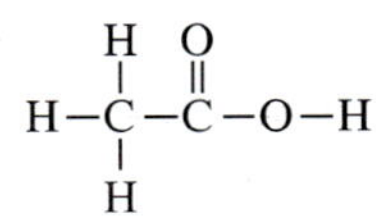
에틸알코올	C_2H_6O	C_2H_6O	$C_2H_5 \cdot OH$	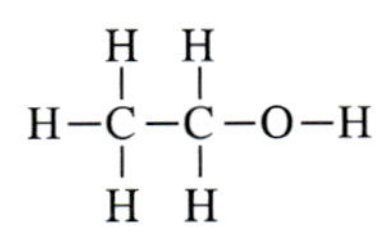
아세틸렌	CH	C_2H_2	CH · CH	H−C≡C−H

5 산과 염기

산 · 알칼리 소화약제는 산(acid)과 염기(base)의 반응을 통해 소화작용을 한다. 또한, 다른 소화약제들이 진행하는 화학반응을 알기 위해서는 산과 염기에 대해서 이해할 필요가 있다.

1) 산과 염기

(1) 일반적 정의 (Boyle의 정의)

산은 신맛을 가지며, 푸른 리트머스 종이와 메틸오렌지를 붉게 변화시킨다. 또한, 많은 금속과 반응하여 수소를 발생시키고, 염기와 작용하여 염과 물을 만든다. 이와 반대로 염기는 쓴맛이 있고 수용액은 미끈미끈하며, 붉은 리트머스 종이를 푸르게, 페놀프탈레인을 붉은색으로 변화시킨다.

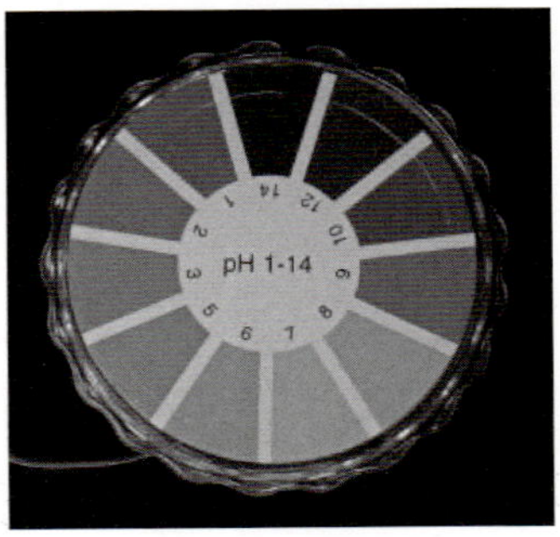

그림 1-15 리트머스 시험지

(2) 개념적 정의

Boyle의 일반적 정의 외에 개념적으로는 아레니우스(Arrhenius), 브뢰스테드&로우리(Brönsted & Lowry), 루이스(Lewis)로 구분되는 세 가지 관점으로 산과 염기를 정의한다. 아래 표 1-9에 각각에 대한 산과 염기의 개념적 정의를 예를 들어 나타내었다.

표 1-9 산과 염기의 개념적 정의

	산	염기
아레니우스	수용액에서 H^+을 내놓는 물질 예) $HCl \rightarrow H^+ + Cl^-$	수용액에서 OH^-를 내놓는 물질 예) $NaOH \rightarrow Na^+ + OH^-$
브뢴스테드&로우리	H^+를 주는 물질 예) $HCl + H_2O \rightleftharpoons H_3O^+ + Cl^-$ 산 염기 산 염기	H^+를 받아들이는 물질 예) $NH_3 + H_2O \rightleftharpoons NH_4^+ + OH^-$ 염기 산 산 염기
루이스	비공유 전자쌍을 받아 들일 수 있는 물질	비공유 전자쌍을 줄 수 있는 물질
	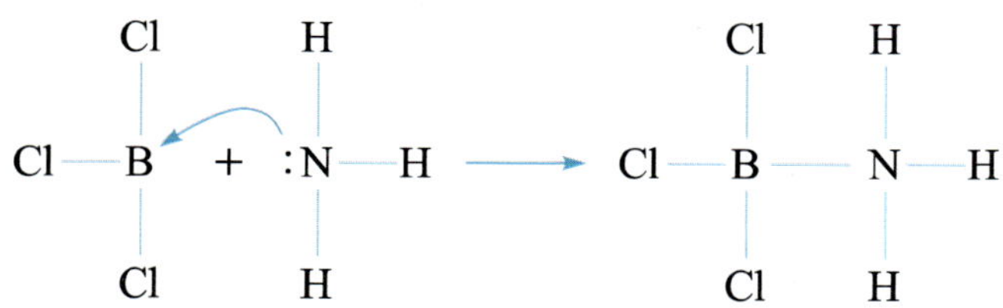	

2) 산과 염기의 종류

(1) 산의 종류

산은 수소산과 산소산으로 크게 구분한다. 수소산은 일반적으로 산소 원자를 포함하지 않은 산의 총칭으로 이온화하는 수소 외에 1개 또는 몇 개의 비금속을 포함한 HCl, H_2S, HBF_4, HCN과 같은 산 등이 있다. 산소산은 산소를 함유하는 무기산으로 수소산의 반대개념이다. 산소 이외의 원소가 산소와 결합한 기(基, functional group)에 의하여 생기는 산으로 질산 (HNO_3), 황산(H_2SO_4), 인산(H_3PO_4), 크롬산(H_2CrO_4) 등이 이에 해당한다[7].

표 1-10 대표적 강산과 약산

	강산	약산
1 염기산	HCl(염산), HNO_3(질산)	CH_3COOH (초산)
2 염기산	H_2SO_4(황산)	H_2CO_3(탄산), H_2S (황화수소산)
3 염기산	H_3PO_4(인산)	H_3BO_3(붕산)

3대 강산 : 염산, 황산, 질산 (HCl, H_2SO_4, HNO_3)

(2) 염기의 종류

염기는 수용액에서 수산화이온(OH^-)을 내어 놓는 정도에 따라 그 세기가 다르다. 이 능력이 뛰어난 염기를 강한염기라 하며 잘 내어 놓지 못하는 염기를 약한 염기라 한다[7].

표 1-11 대표적 강염기과 약염기

	강염기	약염기
1 산염기	NaOH(수산화나트륨), KOH	NH_4OH
2 산염기	$Ca(OH)_2$, $Ba(OH)_2$	
3 산염기		$Fe(OH)_3$

4대 강염기 : 수산화나트륨/칼륨/칼슘/바륨 (NaOH, KOH, $Ca(OH)_2$, $Ba(OH)_2$)

3) 산과 염기의 당량

앞서 언급한 바와 같이, 어떤 원소의 x g이 산소 8.0g과 화합 또는 치환반응을 일으킬 때 x를 그 원소의 당량이라고 한다. 일반적으로 원소의 당량은 원자량을 원자가로 나눈 값과 같고, 산과 염기의 당량은 아래 식으로 간단히 계산할 수 있다.

$$\text{산의 당량} = \frac{\text{분자량(+ 결정수)}}{\text{산의 염기도}(H^+\text{의 수})}$$

$$\text{염기의 당량} = \frac{\text{분자량(+ 결정수)}}{\text{염기의산도}(OH^-\text{의 수})}$$

4) 산과 염기의 반응

산과 염기의 반응은 일반적으로 중화반응이라 한다. 즉, 산과 염기가 당량씩 반응하는 것으로, 좁은 뜻으로는 수용액 속에서 산과 염기가 반응하여 염과 물을 만드는 것을 중화반응이라 한다. 다른 표현으로는 산-염기 반응이라고도 하며, 예를 들어 HCl(염산)과 NaOH(수산화나트륨)가 반응하여 NaCl(염화나트륨)과 H_2O(물)를 생성하는 반응이다. 그러나, 반드시 물이 생기는 것은 아니다. 즉, NH_3(암모니아)와 HCl(염산)이 반응하여 NH_4Cl(염화암모늄)을 생성하는 반응 $NH_3 + HCl \rightarrow NH_4Cl$도 중화반응이다.

5) 염 및 수소이온의 농도

(1) 염의 정의

염은 H_2SO4 + NaOH → $NaHSO_4$ + H_2O와 같이 산과 염기의 중화반응에 의해 생기는 물을 제외한 화합물 ($NaHSO_4$)을 염이라 한다. 또한, $Ca(OH)_2$ → $Ca(OH)NO_3$ 와 같이 염기의 수산기 일부 또는 전부가 산의 기로 치환된 것도 염이라 표현한다.

염은 HCl(산) + NaOH(염기) → NaCl(염) + H_2O(물)에서 NaCl과 같이 산의 음성 성분과 염기의 양성 성분으로 이루어지며, 일반적으로 녹는점이 높은 이온결정이 많고, 물이나 기타 용매에 녹아서 이온으로 해리하는 강한 전해질이다 (잘 녹지 않는 것도 녹아 있는 부분은 이온화되어 있다).

염은 중화하는 산의 수소가 완전히 금속이온으로 치환된 염을 정염, 산의 수소가 일부 남아 있는 염을 수소염 또는 산성염이라 부른다 (마찬가지로 염기쪽 수산기 또는 산소가 남아 있는 것을 염기성염이라 부른다).

※ 약산과 약염기의 생성

① 약산의 염 + 강산 → 강산의 염 + 약산

② 약염기의 염 + 강염기 → 강염기의 염 + 약염기

(2) 염의 가수분해

중화반응은 산과 염의 반응이며, 이와 반대로 반응이 진행될 때 가수분해 반응이라 한다. 즉, 염이 물에 녹아 산과 염기로 되는 현상을 말한다.

$$\text{염} + \text{물} \underset{\text{중화반응}}{\overset{\text{가수분해}}{\rightleftarrows}} \text{산} + \text{염기}$$

강산(염산, 황산, 질산)과 강염기(수산화나트륨/칼륨/칼슘/바륨)로 생긴 염은 가수분해 되지 않지만, 강산+약염기의 반응 및 약산+강염기의 반응은 가수분해가 된다.

예 : 강산+약염기 : NH_4Cl, $CuSO_4$, $AgNO_3$ 등

예 : 약산 + 강염기 : Na_2CO_3, Na_2S CH_3COONa, $NaHCO_3$ 등

6) 수소이온지수(power of hydrogen, pH)

(1) 수소이온지수(pH)

산, 염기의 세기를 나타내는 척도이고, 수소이온농도의 역수에 상용 대수 값을 pH 또는 수소이온지수라 한다. pH 7을 기준으로 그 값이 커지면 염기성, 반대로 작아지면 산성이라 하며, 아래와 같이 계산할 수 있다.

$$[H^+] = 10^{-pH}$$
$$pH = \log\frac{1}{[H^+]} = -\log[H^+]$$

산성 ← 중성 → 염기성

pH 0 ——— 7 ——— 14

① pH + pOH = 14

② [H+] = 10^{-x} (pH = x인 산의 수소이온농도 $[H^+]$)

③ 산성일 때 : pH = −log(N) (문제상에서 전리도가 주어지면 전리도를 곱한다)

④ 염기성일 때 : pH = 14 + log(N) (문제상에서 전리도가 주어지면 전리도를 곱한다)

예제 1-13

$OH^- = 1 \times 10^{-5}$mol/Liter 인 용액의 액성과 pH는 얼마인가?

풀이

염기성이므로 pH = 14 + log(N) = 14 + log(1×10^{-5}) = 9 ∴ 알칼리성.

예제 1-14

pH가 2인 용액은 pH가 4인 용액의 수소이온농도와 비교하여 몇 배의 용액이 되는가?

풀이

$$\frac{pH=2}{pH=4} = \frac{[H^+]=10^{-2}}{[H^+]=10^{-4}} = 100\text{배}$$ 이다.

7) 지시약 (indicator)

색이 변하는 pH의 범위는 지시약에 따라 다르므로, 이 변색을 일으키는 pH 범위를 지시약의 변색 범위라 한다(중화점을 찾는 색소). 지시약은 적정(滴定)에서 당량점을 판정하는 데 사용되는 시약으로 색의 변화, 형광의 생성・소멸, 화학발광, 탁함, 침전 생성 등의 현상을 직접 눈으로 관찰함으로써 종말점을 지시하는 것과 물리적 성질의 변화에 따라 종말점을 지시하는 것이 있다[7].

지시약으로 가장 널리 사용되고 있는 정색지시약에는 종말점에서 무색으로부터 유색으로 또는 유색으로부터 무색으로 바뀌는 1색지시약과, 어느 색으로부터 다른 색으로 바뀌는 2색지시약이 있다. 표 1-12에는 일반적으로 사용되고 있는 지시약을 나타내었으며, 그림 1-14에 각 지시약의 변색범위 등을 나타내었다.

표 1-12 대표적 지시약과 변색특징

지시약	산성(중성)알칼리성	변색범위	중화 적정
리트머스 시험지	적색(보라)청색	5 ~ 10	사용하지 않음
페놀프탈레인(P.P)	무색(무색)적색	8.3 ~ 10.0	약산, 강염기의 적정
메틸 오렌지(M.O)	적색(황색)황색	3.1 ~ 4.5	강산, 약염기의 적정
메틸 레드(M.R)	적색(주황)황색	4.2 ~ 6.3	강산, 약염기의 적정

지시약	변색범위 (pH) 1 2 3 4 5 6 7 8 9 10 11 12 13 14		pH 값
메틸 오렌지(M.O)	붉은색	오렌지색	3.1 ~ 4.5
메틸 레드(M.R)	붉은색	노란색	4.2 ~ 6.3
리트머스	붉은색	푸른색	4.5 ~ 8.3
브롬티몰 블루(BTB)	노란색	푸른색	6.0 ~ 7.6
페놀프탈레인(P.P)	무색	붉은색	8.3 ~ 10.0

그림 1-16 각 지시약의 변색범위

6 산화와 환원

산화와 환원 반응 (Oxidation-reduction reaction)은 화학반응 중에서 가장 중요한 반응 중 하나이다. 실제로 에너지를 얻기 이하여 이루어지는 화학반응은 모두 산화-환원 반응이다. 연료의 연소, 전지에 의한 전기의 발생 및 음식물의 대사도 산화-환원 반응에 속한다.

1) 산화와 환원

일반적으로 물질이 전자를 잃을 때 산화반응이라 하고, 전자를 얻을 때 환원반응이라 하며, 다음과 같이 산화-환원반응을 자세히 나누어 분류할 수 있다.

① 산화 반응

가) 산소와 화합하는 반응 : $C + O_2 \rightarrow CO_2$

나) 수소를 잃는 반응 : $H_2S + Cl_2 \rightarrow S + 2HCl$

다) 전자를 잃는 반응 : $Na \rightarrow Na^+ + e^-$

라) 산화수 증가하는 반응 : $Fe^{+2} \rightarrow Fe^{+3}$ $(+2 \rightarrow +3)$

② 환원 반응

가) 산소를 잃는 반응 : $CuO + H_2 \rightarrow Cu + H_2O$

나) 수소와 화합하는 반응 : $H_2 + Cl_2 \rightarrow 2HCl$

다) 전자를 얻는 반응 : $Cl_2 + 2e^- \rightarrow 2Cl^-$

라) 산화수가 감소하는 반응 : $Mn^{+7} \rightarrow Mn^{+2}$ $(+7 \rightarrow +2)$

③ 산화, 환원반응은 항상 동시에 일어난다.

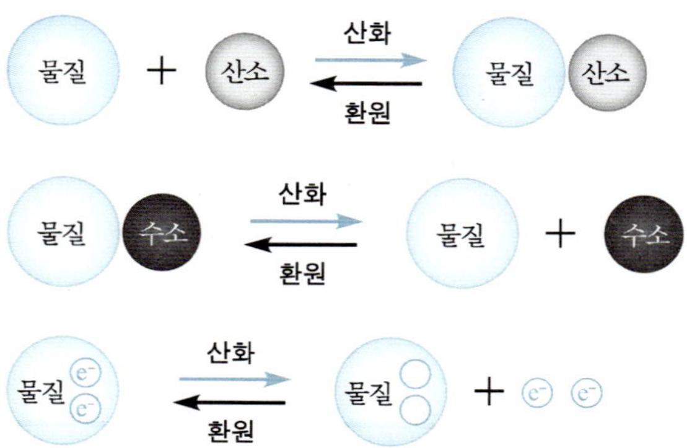

그림 1-17 산화-환원반응의 예

2) 산화제와 환원제

(1) 산화제

다른 물질을 산화시키는 능력을 지닌 물질을 산화제라 한다. 그 특징은 산소를 방출하기 쉬우며, 다른 물질에서 전자를 빼앗아 그 물질을 산화시키는 물질을 가리킨다(다른 물질을 산화시키고 자신은 환원되는 물질). 일반적으로 산화제는 i)이름에 '과'자가 붙는 것 예) $KMnO_4$(과망간산칼륨), H_2O_2(과산화수소), ii)할로젠원소(F, Cl, Br, I), iii)제2화합물(Fe_2O_3 산화 제2철, $HgCl_2$ 염화제2수은 등), iv)산소산(H_2SO_4, HNO_3) 등이다.

(2) 환원제

산화제와는 반대로 다른 물질을 환원시키는 물질로 어떤 물질을 환원시킬 때 환원제 자신은 전자를 잃고 산화된다(다른 물질을 환원시키고 자신은 산화되는 물질). 일반적으로 환원제는 i)이름에 '이'자가 붙는 것 예) SO_2(이산화황), Na_2SO_3(이황산나트륨=아황산나트륨), ii)금속성이 강한 단체 (K, Na, Ca, Mg), iii)제1화합물(FeO 산화제1철, Hg_2Cl_2 염화제1수은 등), iv)수소산 혹은 비산소산 (HI, HBr, H_2S 등) 등이다.

그림 1-18과 1-19는 산화와 환원반응에서 각각의 물질이 산화제와 환원제로 적용되는 예와 산화제와 환원제 역할에 대해 간략히 나타내었다.

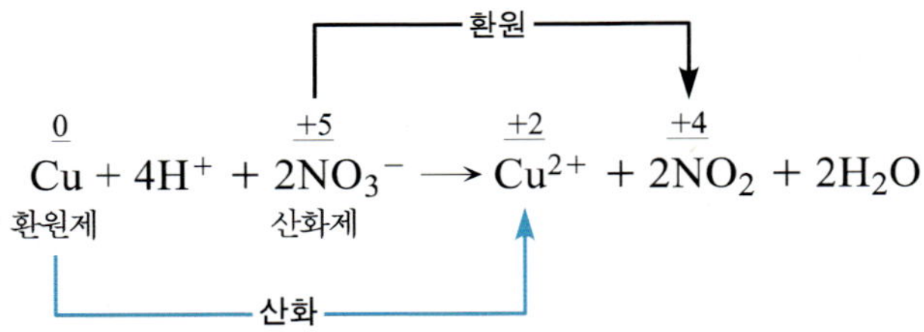

그림 1-18 반응에서의 각 물질들의 산화제와 환원제로서의 역할

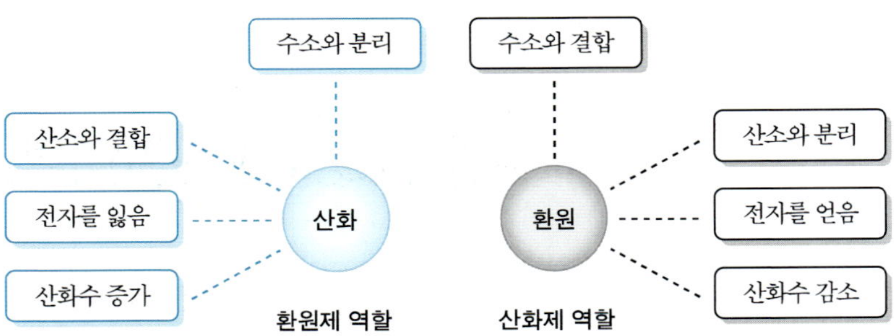

그림 1-19 산화제와 환원제의 역할

예제 1-15

다음의 산화환원반응에서 칼슘의 역할을 적으시오.

$Ca(s) + 2H_2O \rightarrow Ca(OH)_2(s) + H_2(g)$

풀이

Ca(칼슘)는 산화수가 0에서 +2로 증가하였으므로 산화되었고 환원제이다.

7 유기화합물

유류화재 및 가스화재는 일반적으로 유기화합물로 구성된 물질들의 화재로 이들에 대한 물성 등에 대한 것은 소화약제를 선정함에 있어서 중요하다. 따라서, 이들의 특징 등에 대해서 이해하는 것은 필수적이다.

1) 유기화합물

탄소화합물이라고도 하며, 독일 화학자 뵐러(Friedrich Wöhler)에 의해 개념이 현대적인 합성유기화학으로 발전되었다. 과거에는 유기화합물을 생명력이 있는 화합물로 인식이 되었지만 뵐러가 요소를 합성함에 따라 탄소의 화합물로 인식되어졌다. (예외 : CO, CO_2, 탄산염 등은 무기화합물로 취급함.)

(1) 유기화합물의 일반적 특성

유기화합물을 구성하는 주성분은 탄소(C)이며 H, O, N, S, N, P, 소량의 할로젠원소와 화합한다. 또한, 공유결합물질이므로 대부분 비전해질이다 (단, 포름산, 아세트산, 옥살산은 전해질이다). 이온반응이 아닌 분자와 분자사이의 반응이므로 반응속도가 느리며, 공기 중에서 완전연소하면 이산화탄소(CO_2)와 물(H_2O)로 된다. 물에는 잘 안 녹으며 유기용매(알코올, 에테르, 벤젠, 아세톤 등)에 잘 녹으며, 분자 간에 인력이 작아서 녹는점, 끓는점이 낮다 (대부분 녹는점이 300℃ 이하이다). 유기화합물은 무기화합물보다 이성질체 수가 많아 그 종류가 많다[(8),(9)].

참고

① 공유결합

결합하려는 원자들이 각각 전자를 내놓아 전자쌍을 만들고 이를 서로 공유하여 결합하는 것을 말한다.

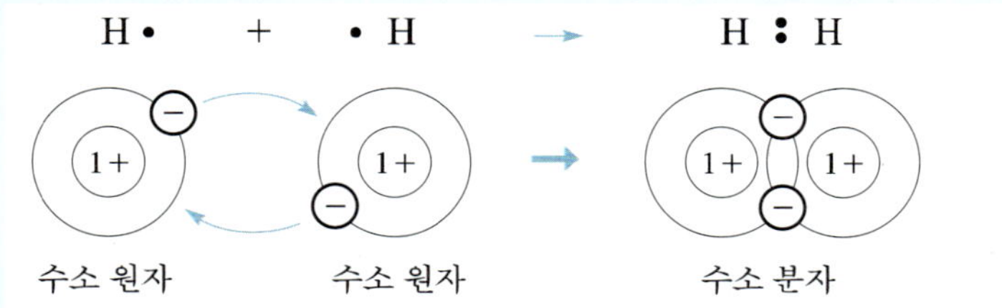

② 이온결합

금속 원자와 비금속 원자가 서로 전자를 주고받아 화학적으로 안정한 상태의 전자 배치를 갖게 되어 양이온과 음이온 사이에 정전기적인 인력이 작용하여 형성된 결합을 말한다.

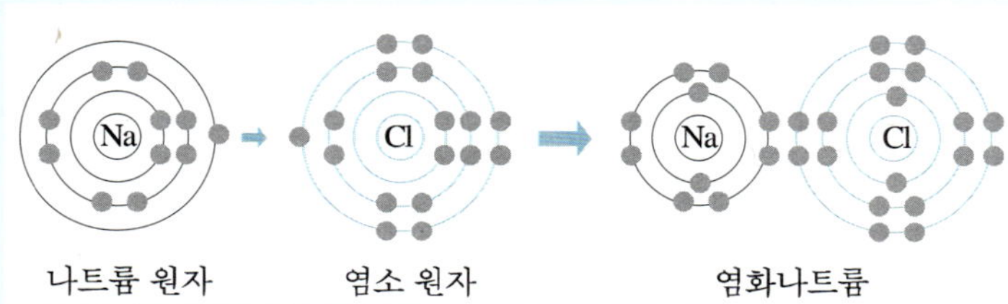

(2) 유기화합물의 분류

유기화합물은 크게 지방족과 방향족으로 나뉘며, 지방족은 다시 포화지방족 그리고 불포화지방족으로 나뉜다. 또한, 방향족은 치환족과 방향족, 이원소족으로 다시 나뉜다. 표 1-13에 탄화수소를 각각 구분하여 나타내었다.

표 1-13 탄화수소의 분류

<table>
<tr><th colspan="6">탄화수소</th></tr>
<tr><td colspan="3">사슬모양(지방족)</td><td colspan="3" rowspan="2">고리모양(방향족)</td></tr>
<tr><td>포화</td><td colspan="2">불포화</td></tr>
<tr><td rowspan="2">알칸
(단일결합)</td><td rowspan="2">알켄
(이중결합)</td><td rowspan="2">알킨
(삼중결합)</td><td>치환족</td><td>방향족</td><td>이원소족
(복소환체)</td></tr>
<tr><td>시클로알칸,
시클로알겐
(포화)</td><td>벤젠,
나프탈렌,
톨루렌(불포화)</td><td>피리딘</td></tr>
</table>

8 유기 화합물의 명명

1) 유기화합물 수에 관한 접두어

유기화합물을 표현함에 있어서 탄소의 수 등에 따라 그 명칭을 달리한다. 명명에 필요한 접두어를 표 1-14에 나타내었다.

표 1-14 유기화합물의 접두어

	수 표시	물질명표시
1	mono (모노)	metha (메타)
2	di (디, 다이)	etha (에타)
3	tri (트리, 트라이)	propa (프로파)
4	tetra (테트라)	buta (부타)
5	penta (펜타)	penta (펜타)
6	hexa (헥사)	hexa (헥사)
7	hepta (헵타)	hepta (헵타)
8	octa (옥타)	octa (옥타)
9	nona (노나)	nona (노나)
10	deca (데카)	deca (데카)

2) 유기물의 명명

유기화합물 중에서 사슬모양의 지방족탄화수소의 경우, 그 결합수에 따라 크게 3가지와 작용기로 나타낼 수 있다. 표 1-15에는 지방족탄화수소의 결합수와 탄소수에 따른 계열과 명명법 및 작용기에 따른 명명법을 나타내었다.

표 1-15 지방족탄화수소의 명명법

계열 / 일반식 / 탄소수	메탄계열 alkane(알칸)C–C (C_nH_{2n+2})	에틸렌계열 alkene(알켄)C=C (C_nH_{2n})	아세틸렌계열 alkine(알킨)C≡C (C_nH_{2n-2})	알킬계열 R–(알킬기) (C_nH_{2n+1})
1	CH_4 methane	–	–	CH_3–methyl기
2	C_2H_6 ethane	C_2H_4 ethene	C_2H_2 ethine	C_2H_5–ethyl 기
3	C_3H_8 propane	C_3H_6 propene	C_3H_4 propine	C_3H_7–propyl 기
4	C_4H_{10} butane	C_4H_8 butene	C_4H_6 butine	C_4H_9–butyl 기
5	C_5H_{12} pentaine	C_5H_{10} pentene	C_5H_8 pentine	C_5H_{11}–pentyl기

지방족탄화수소는 단일결합과 이중결합 등에 따라 그 인력과 구조적 차이로 인해 결합길이가 각각 다르다. 결합길이는 단일결합(C−C)이 1.54 Å로 가장 길고, 다음으로 이중결합(C=C)이 1.34 Å, 삼중결합이 1.2 Å이다. 참고로 벤젠의 결합길이는 1.4 Å이다. 결합력의 세기는 단일결합 > 벤젠 > 이중결합 > 삼중결합순이다[8],[9].

3) 유기화합물의 IUPAC(국제순수 및 응용화학연합)명과 관용명

유기화학의 발전과 탄소원자의 특이성으로 인해 다양한 유기화합물이 가능하기 때문에 단순한 명령체계의 한계를 가지므로 국제 순수 및 응용 화학연합(IUPAC)에서 새로운 명명체계를 만들었다. 현재는 이 방법을 이용하여 유기화합물들을 명명하며, 아래 표 1−16에 IUPAC 명명법과 더불어 관용명을 나타내었다.

표 1−16 IUPAC 명명법 및 관용명

C_nH_{2n}(2중 결합)	IUPAC명	관용명
C_2H_4	ethane (에텐)	ethylene (에틸렌)
C_3H_6	propene (프로펜)	propylene (프로필렌)
C_4H_8	butene (부텐)	butylene (부틸렌)
C_5H_{10}	pentene (펜텐)	pentylene (펜틸렌)
C_nH_{2n-2}(3중 결합)	**IUPAC명**	**관용명**
C_2H_2	ethine (에틴)	acetylene (아세틸렌)
C_3H_4	propine (프로핀)	methyl acetylene (메틸 아세틸렌)
C_4H_6	butine (부틴)	ethyle acetylene (에틸 아세틸렌)

4) IUPAC 명명법

IUPAC명명법은 우선 가장 긴 탄소 사슬(주사슬, main chain)의 탄화수소명을 기본으로 하고, 사슬 한 끝에서부터 각 탄소에 번호를 표시하여 각 가지의 위치, 수, 명칭을 기본명(탄소골격)앞에 붙인다.

예) $^{1}CH_3-^{2}CH_2-^{3}CH_2-^{4}CH_2-^{5}CH_3$: n−pentane (n−펜탄)

$^{1}CH_3-^{2}CH-^{3}CH_2-^{4}CH_2$: iso−pentane (iso−펜탄)

(2번 탄소에 CH_3 가지) 2−methylbutane (2−메틸부탄)

$^{1}CH_3-^{2}CH_3-^{3}CH_3-^{4}CH_3$: iso-hexane (iso-헥산)

```
       |       |
      CH3     CH3
```

2,3-dimethylbutane (2,3-디메틸부탄)

이중결합이 1개 있는 경우, 올레핀계열은 어미에 -ene를 붙인다.

예) $^{1}CH_3-^{2}CH=^{3}CH-^{4}CH_3$: 2-butene (2-부텐)

이중결합이 2개 있는 경우는 어미에 -adiene을 붙인다.

예) $^{1}CH_2=^{2}CH_2-^{3}CH_2=^{4}CH_2$: 1,3-butadiene (1,3-부타디엔)

예제 1-16

C_3H_8O의 가능한 이성질체의 구조식을 모두 적으시오.

풀이

(a) $CH_3-CH_2-CH_2-OH$

(b) $CH_3-CH_2-O-CH_3$

(c)
```
CH3-CH-CH3
    |
    OH
```

예제 1-2

2,2-dimethyl-propane의 구조식을 그리시오.

풀이

```
     CH3
     |
CH3-C-CH3
     |
     CH3
```

5) 중요한 작용기 의한 유기화합물의 분류

작용기는 공통된 화학적 특성을 가진 유기 화합물에서, 그 특성의 원인이 되는 원자단 또는 결합 양식이며, 결합의 수와 배치에 따라 각각 다른 화학반응을 나타낸다[8]. 표 1-17에 중요작용기의 화학식과 일반명 및 예를 나타내었다.

표 1-17 중요작용기의 화학식과 일반명

작용기		일반명	보기
이름	기호		
하이드록시기 (수산기)	$-OH$	알코올 페놀	메틸알코올 (CH_3OH) 페놀(C_6H_5OH)
알데하이드기 (포르밀기)	$-CHO$	알데하이드	포름알데하이드($HCHO$) 환원성(펠링 용액을 환원, 은거울 반응)
카르복실기	$-COOH$	카르복실산	아세트산(CH_3COOH) 산성, 알코올과 에스테르 반응
카르보닐기	$>CO$	케톤	아세톤(CH_3COCH_3) 저급은 용매로 사용
나이트로기	$-NO_2$	나이트로화합물	나이트로벤젠($C_6H_5NO_2$) 폭발성이 있고, 환원하면 아민이 된다.
아미노기	$-NH_2$	아민	아닐린($C_6H_5NH_2$) 염기성을 나타냄
술폰산기	$-SO_3H$	술폰산	벤젠 슬폰산($C_6H_5SO_3H$) 강산성을 나타냄
아세틸기	$-COCH_3$	아세틸화합물	아세트아닐리드($C_6H_5OC_2H_5$)
에터기 (에테르기)	$-O-$	에터 (에테르)	에틸에터($C_2H_5OC_2H_5$) 마취성, 휘발성, 인화성이 있음
에스터기 (에스테르기)	$-COO-$	에스터 (에스테르)	아세트산메틸(CH_3COOCH_3) 방향성, 가수분해됨
바이닐기 (비닐기)	$CH_2=CH-$	비닐	염화바이닐(CH_2CHCl) 첨가 및 중합반응을 잘함

※ 원어에 가까운 명명법을 현재 많이 적용하고 있으나, 본교재에서는 기존 명명법도 함께 사용함.

6) 이성질체

같은 원자가 그 원자가를 만족시키면 여러 방법으로 배치가 가능하며, 이러한 형태의 분자들을 이성질체라 한다. 즉, 분자식은 같으나 시성식이나 구조식(성질)이 다른 물질을 말한다.

예) C_2H_5OH (에틸알코올)과 $(CH_3)_2O$ (다이메틸에터, 디메틸에테르)

분자식 : C_2H_6O

구조식 : C_2H_5-OH (에틸알코올), CH_3-O-CH_3 (디메틸에테르)

(1) 이성질체의 종류

① 구조 이성질체 : 펜탄(C_5H_{12})에는 탄소 원자간의 결합 위치에 따라 구조가 서로 다른 n-(노르말), iso-(아이소, 이소), neo-(네오)의 화합물이 존재한다.

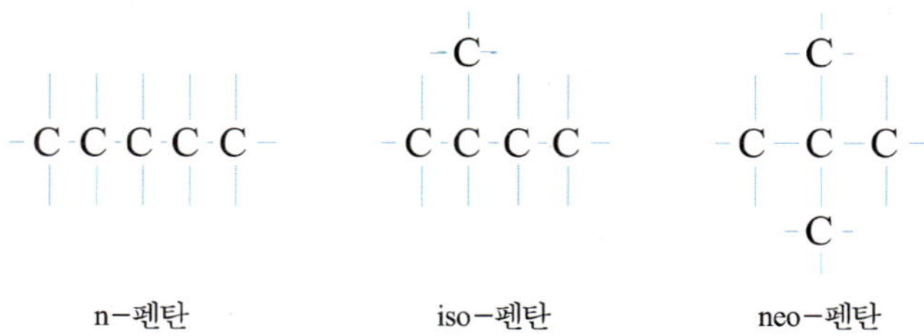

그림 1-20 펜탄의 구조이성질체

② 기하 이성질체 : 2중 결합을 갖고 있는 것으로 2중결합의 축을 경계로 하여 원자단이나 원자가 같은 쪽인 cis-(시스형)와 반대쪽인 trans-(트랜스형)이 있다. 아래에 디클로로에텐($C_2H_2Cl_2$)에 대한 cis와 trans형을 나타내었다.

그림 1-21 디클로로에텐의 기하이성질체

③ 광학 이성질체 : 카이랄성(비대칭성)분자가 갖는 이성질체이다. 거울상 이성질체라고도 한다. 거울상으로 만들어지는 두 이성질체는 작용기의 배열이 달라서 서로 겹쳐지지 않는다. 그림 1-22에 아미노산의 알라닌(Alanine)을 광학이성질체의 예로 나타내었다.

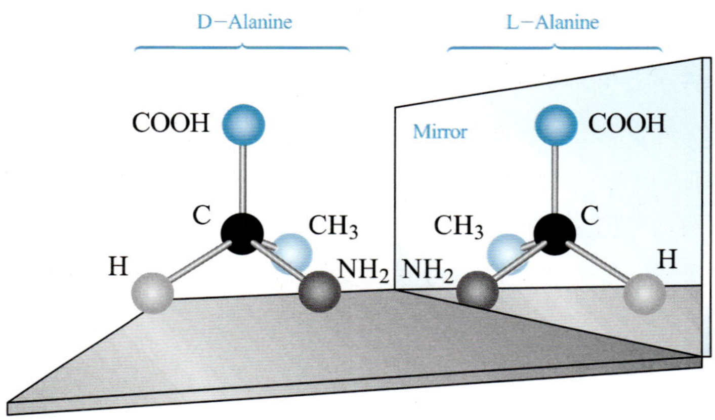

그림 1-22 알라닌 광학이성질체

예제 1-18

(a) 프로판올의 구조식을 그리시오.
(b) 두 개의 알킬기로 구성된 카르복실산의 구조식을 그리시오.
(c) tran-2-butene의 구조식을 그리시오.

풀이

(a) $CH_3CH_2CH_2-OH$

(b) CH_3CH_2-COOH

(c)

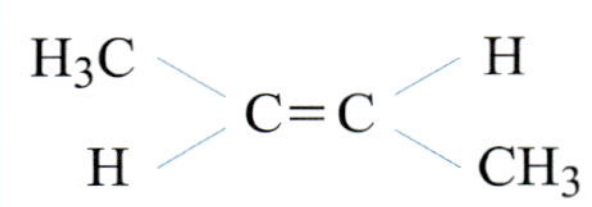

9 지방족 화합물

1) 지방족 탄화수소 (사슬모양)

지방족탄화수소는 크게 포화탄화수소와 불포화탄화수소로 나뉘며, 포화탄화수소는 주로 파라핀계 또는 메탄계 화합물이라고 하며, 사슬모양탄화수소라고도 한다. 불포화탄화수소는 이중결합을 함유하는 것(에틸렌계 탄화수소), 삼중결합을 함유하는 것(아세틸렌계 탄화수소), 이중결합, 삼중결합 모두를 함유하는 것이 있다[(8),(9)].

(1) 포화탄화수소 = 알칸족(AlKane) = 파라핀계 탄화수소

포화탄화수소는 이중결합이나 삼중결합이 없이 단일결합만으로 이루어진 것으로 파라핀계 혹은 메탄계라고도 하며, 그 표현식은 C_nH_{2n+2}이다. 이성질체는 탄소수가 3개 이하인 프로판까지는 이성질체가 없고, 탄소수가 4개 이상일 때부터 있다. 이성질체 수는 탄소수가 증가할수록 기하급수적으로 증가한다. 표 1-18은 포화탄화수소의 이성질체 수를 나타내었다.

표 1-18 포화탄화수소의 이성질체 수

화학식	C_4H_{10}	C_5H_{12}	C_6H_{14}	C_7H_{16}	C_8H_{18}	C_9H_{20}
이름	butane	pentane	hexane	heptane	octane	nonane
이성질체의 수	2개	3개	5개	9개	18개	36개

포화탄화수소의 궤도 함수는 SP^3 혼성 결합으로 단일결합이며, 반응성이 작아 안정된 화합물이고 치환반응을 잘하고, 결합길이(1.54 Å)가 가장 길다. 또한, 탄소수가 증가할수록 비중, 용융점, 비등점, 연소열이 높아지고 발화점이 낮아진다. 상온상압에서 C_1~C_4까지는 기체, C_5~C_{16}개까지는 액체, C_{17}개 이상은 고체로 존재한다[(7),(9)].

(2) 에틸렌계 탄화수소 = 알켄족(AlKene) = 올레핀계 탄화수소

불포화탄화수소 중 이중결합이 있을 경우는 보통 에틸렌계 혹은 올레핀계라 불리며 그 표현식은 C_nH_{2n} 이다. 궤도 함수는 SP^2 혼성 결합이며, 이중결합이 있어 치환반응 보다는 부가(=첨가)반응 또는 부가중합 반응을 하고 반응성은 포화탄화수소보다 크다. 탄소수가 많을수록 비중, 녹는점, 끓는점이 높아지고 구조 이성질체와 기하 이성질체를 가지고 있다. 불포화결합이 있음을 확인하는 검출은 적갈색 브롬(Br_2)이 무색으로 탈색됨을 확인함으로써 알 수 있다[(7),(9)].

(3) 아세틸렌계 탄화수소(불포화탄화수소) = 알킨족(Alkyne) 탄화수소

풀포화탄화수소 중 삼중결합이 있을 경우는 아세틸렌계라 하며, 일반식은 C_nH_{2n-2} 이다. 궤도 함수는 SP혼성 결합이며, 결합길이가 1.2 Å으로 가장 짧다. 또한, 반응성이 매우 커서 부가반응, 중합반응이 잘 일어난다[(9)].

(반응성의 크기 : 삼중결합 > 이중결합 > 단일결합)

아세틸렌계(알킨족)에 수소를 부가하면 에틸렌계(알켄족)을 거쳐 알칸족(메탄계)이 된다. 또한, 아세틴렌 3분자를 중합하면 방향족 화합물인 벤젠(C_6H_6)이 된다.

$$C_2H_2 \rightarrow C_2H_4 \rightarrow C_2H_6$$

10 방향족 화합물

방향족 화합물은 비교적 단순한 구조를 가지고 있으며, 여러 화학반응을 통해서도 손상을 입지 않는 공통적인 6개의 탄소단위를 포함한다. 분자 내에 벤젠 고리를 함유하는 유기 화합물을 말한다. 모체가 되는 화합물은 벤젠이며 방향족 화합물은 벤젠의 유도체이다. 벤젠 고리 2개 이상을 함유하는 방향족 화합물도 다수 존재하며, 비페놀, 디페닐메탄 등과 같이 2개 이상의 벤젠 고리가 각각 독자적으로 떨어져 있는 것과 나프탈렌, 안트라센 등과 같이 축합 고리식 구조를 갖는 것이 있다[(7),(9)].

1) 벤젠과 그 유도체

(1) 벤젠 (C_6H_6)

벤젠은 특별한 화학적 성질 때문에 방향족화합물들의 모체탄화수소이다. 무색이며, 비점 80.13℃인 휘발성 액체이며, 독특한 냄새를 가졌다. 일반적으로, 경유에서 분리하여 얻거나, 아세틸렌 3분자를 중합하여 얻는다.

$$3C_2H_2 \rightarrow C_6H_6$$

벤젠의 탄소원자는 고리 모양으로 되어 있으며, 단일결합 이중결합이 교대로 연결되어 있으므로 안정하며, 첨가반응보다는 치환반응이 잘 일어난다. 표 1-19는 벤젠의 직접 치환으로 생성된 화합물들을 나타내었으며, 표 1-20은 다단계 치환으로 생성된 화합물들을 나타내었다.

표 1-19 벤젠의 직접 치환체 (치환반응)

구조	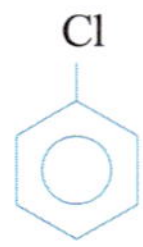 (클로로벤젠)	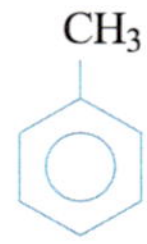 (메틸벤젠 ;톨루엔)
반응 명칭	할로젠화	알킬화반응(프리델-크래프트반응)
반응	$C_6H_6 + Cl_2 \rightarrow C_6H_5Cl + HCl$ Fe를 촉매로 Cl_2를 벤젠과 작용시켜, 치환반응이 일어나서 클로로벤젠 생성.	$C_6H_6 + CH_3Cl \rightarrow C_6H_5CH_3 + HCl$ 무수염화알루미늄을 촉매로 할로젠화알킬을 작용시키면, 알킬기가 치환되어 알킬벤젠 생성.
구조	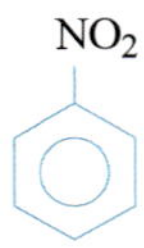 (니트로벤젠)	 (벤젠술폰산)
반응 명칭	니트로화(나이트로화)	술폰화
반응	$C_6H_6 + HNO_3 \rightarrow C_6H_5NO_2 + H_2O$ 진한 황산과 진한 질산의 혼합가열하면 니트로벤젠 생성.	$C_6H_6 + H_2SO_4 \rightarrow C_6H_5SO_3H + H_2O$ 발열황산을 가하고 가열하면 강한 산성물질인 벤젠술폰산 생성.

표 1-20 벤젠의 다단계 치환체 (치환반응)

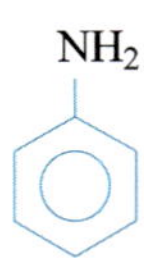 (아닐린)	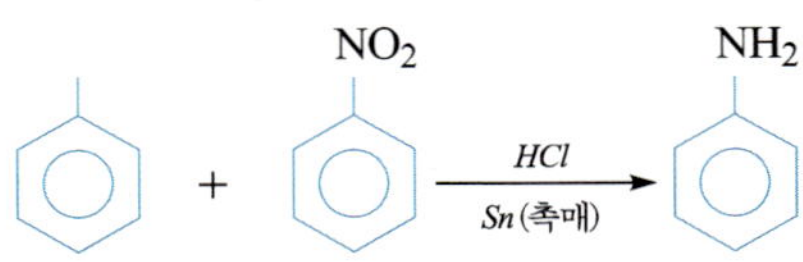 대표적인 방향족아민. 페닐아민 혹은 아미노벤젠이라고도 하며, 벤젠에서 유도되는 1차 아민. 특유의 냄새를 지닌 무색 액체로 벤젠과 함께 화학공업에 있어서 중요한 화합물로 간주된다.
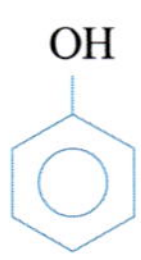 (페놀)	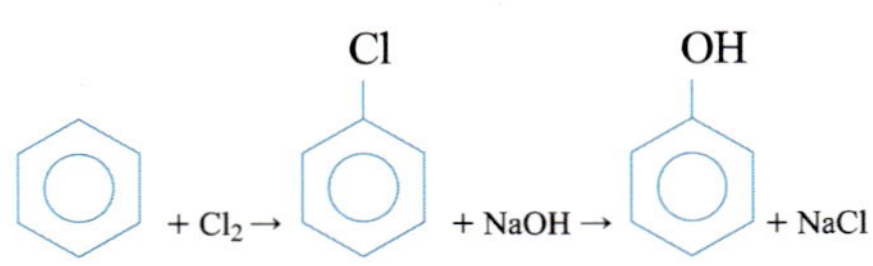 (클로로벤젠) ① 특유한 강한 냄새를 가진 무색의 결정이며 물에 약간 녹으며, 산성이다. ② 카르복실산과 반응하여 에스테르가 된다. ③ 공기나 햇빛을 쪼이면 적색으로 변하므로 갈색병에 보관해야 한다. ④ 염화제이철($FeCl_3$)과 만나면 보라색이 된다. ⑤ 진한 질산과 농황산으로 나이트로화시키면 피크린산[$C_6H_2OH(NO_2)_3$] 이 된다.

(2) 방향족 탄화수소의 이성질체

다른 사슬모양의 불포화탄화수소와 마찬가지로 방향족 탄화수소도 이성질체를 가진다. 2개의 치환기가 있으면 3가지 이성질체 구조가 가능하며, 이들은 접두사 오르토(ortho-), 메타(meta-), 파라(para-)로 말하며, 줄여서 *o*-, *m*-, *p*- 등으로 구별한다. 표 1-21에 클로로톨루엔에 대한 3가지 이성질체를 예로 나타내었다.

표 1-21 클로로톨루엔의 3가지 이성질체

오르토(ortho)의 구조	메타(meta)의 구조	파라(para)의 구조
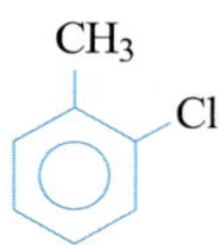	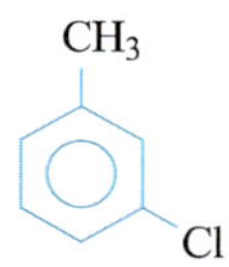	

(3) 톨루엔 ($C_6H_5CH_3$)

톨루엔의 분자식은 $C_6H_5CH_3$로 벤젠에서 하나의 수소와 메틸기($-CH_3$)가 치환된 형태이다. 상온에서 액체상태이며, 투명하고 독특한 냄새가 난다. 프리델크래프트 알킬화 반응(Friedel-Crafts reaction)을 통해 2-클로로에탄을 이용해서 제조한다.

$FeCl_3$의 존재하에서 톨루엔과 염소를 반응시키면 *o*-클로로 톨루엔이 된다. 그림 1-23에 *o*-클로로 톨루엔의 구조식을 나타내었다.

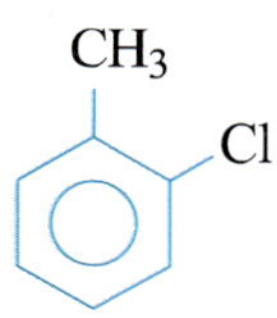

그림1-23 *o*-클로로 톨루엔의 구조식

또한, 톨루엔에 질산과 진한 황산을 사용하여 탈수 나이트로화하여 생성되는 물질은 폭약인 트리나이트로톨루엔(Trinitrotoluene, TNT)이 된다. 그림 1-24에 TNT의 구조식을 나타내었다.

$$C_6H_5CH_3 + 3HNO_3 \xrightarrow{H_2SO_4} C_6H_2CH_3(NO_2)_3 + 3H_2O$$

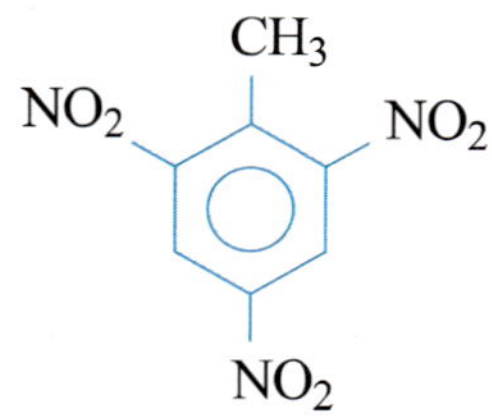

그림1-24 TNT의 구조식

톨루엔에 산화제($KMnO_4+H_2SO_4$)를 작용시키면 산화되어 벤젠알데하이드(C_6H_5CHO)를 거쳐 벤조산(C_6H_5COOH, 안식향산)이 된다.

※ 프리델크래프트 알킬화 반응(Friedel–Crafts reaction)[27]

무수염화알루미늄 등의 존재하에서, 방향족 화합물과 올레핀 중 불포화 결합에 관여하고 있는 탄소 원자가 할로젠화알킬과 할로젠화아실 등과 반응하여 알킬화 또는 아실화되는 반응을 말한다. 19C말에 C. Friedel과 J. Crafts가 할로젠화알킬과 금속 알루미늄의 반응을 연구하고 있을 때 발견한 반응으로 이 후 다양한 변화가 발견되고 있다. 전형적인 반응은 다음과 같다.

1) 할로젠화알킬에 의한 벤젠 고리의 알킬화 : $C_6H_6 + R\text{–}Cl \rightarrow C_6H_5R + HCl$

2) 할로젠화아실에 의한 벤젠 고리의 아실화 : $C_6H_6 + R\text{–}COCl \rightarrow C_6H_5COR + HCl$

01 28wt.% 황산용액은 몇 mol 용액인가? (단 20℃에서 28%황산용액 1ml무게는 1.202g 이며, H_2SO_4의 분자량은 98.082g이다.)

02 Bolye의 정의에 따른 산과 염기의 성질은 무엇인가?

03 이산화납과 과산화수소는 $PbO_2 + H_2O_2 \rightarrow PbO + O_2 + H_2O$ 과 같이 반응하여 산소를 발생한다. 산화와 환원의 개념에서 PbO_2와 H_2O_2는 각각 어떤 역할을 하는가?

04 다음 물질의 pH를 계산하시오. 그리고 가장 산성이 강한 것은 무엇인가?

(a) $[H^+]=2\times10^{-3}$ mol/Liter
(b) pH=3
(c) $[OH^-]=2\times10^{-3}$ mol/Liter
(d) 0.1M-HF(이온화도 0.0001)

05 730mmHg, 100℃에서 257ml, 부피의 용기 속에 어떤 기체가 채워져 있다. 그 무게는 1.67g이다. 이 물질의 분자량은 얼마인가?

06 F^- 이온의 전자수, 양성자수, 중성자수는 각각 얼마인가? (단, F의 원자량은 19이다.)

07 질산칼륨의 용해도는 10℃에서 20, 100℃에서 247이다. 100℃에서 100g의 물에 질산칼륨을 포화시킨 후 10℃로 냉각시키면 몇 g의 질산칼륨이 석출되는가?

08 20℃에서 부피가 1Liter를 차지하는 기체를 압력의 변화 없이 3배로 팽창할 때 온도(K)는 얼마인가?

09 분자식이 $C_{16}H_{28}$인 탄화수소의 분자 중에는 2중 결합이 몇 개 있는가?

10 pH=n인 용액의 수소이온 농도를 1/100로 줄인 용액의 pH는 얼마인가?

11 0℃에서 어떠한 물질이 녹아 있는 포화용액 100g이 있다. 이 수용액 중에 용질이 30g 녹아 있다면 이 용질의 용해도는 얼마인가?

12 70℃와 30℃에서 물에 대한 용해도가 각각 50, 30인 어떤 염이 있다. 이 염의 70℃에서의 포화용액 75g을 30℃로 식히면 몇 g의 염이 석출되는가?

13 전체 2.5g의 시료를 분석한 결과, 탄소가 2.0g이고 수소가 나머지 0.5g이었다 분자식을 결정하시오. 또한, 실험식이 $C_3H_4O_3$인 물질의 분자량이 180g일 때, 분자식을 구하시오.

14 다음 화합물의 구조식을 그리시오.

(a) 3개의 탄소로 구성된 카르복실산

(b) 2개의 탄소에 -OH기를 가진 알코올

15 $C_3H_6Cl_2$의 구조 이성질체를 그리시오.

16 2-butene에 Cl_2를 첨가할 때 생성물의 구조식을 그리시오.

17 2,2-dimethylpropane의 구조식을 그리시오.

18 다음 화합물을 표1-10을 이용하여 주어진 작용기로 나타낸 구조식을 적으시오.

(a) $C_4H_{10}O$ (an alcohol)

(b) $C_4H_{10}O$ (an ether)

(c) C_4H_8O (an ketone)

19 휘발성 유기물 1.39g을 증발시켰더니 100℃, 760mmHg에서 0.42Liter였다. 이 물질의 분자량은 약 얼마인가?

20 96wt%의 H_2SO_4와 60wt%의 H_2SO_4를 혼합하여 80wt%의 H_2SO_4 100kg을 만들려고 한다면 각각 몇 kg씩 혼합하여야 하는가?

CHAPTER 02

연소 화학

1. 연소
2. 연소의 3요소
3. 연소의 형태
4. 연소의 제반 사항

CHAPTER 02

Extinguishing Agent

연소 화학

1 연소

연소에 대한 기본적 정의는 앞선 장에서 설명한 바와 같이, 가연성물질이 점화원에 의해 공기 중의 산소와 반응하면 발열반응에 의해 열을 발생하게 되어 온도가 높아지므로 원자 및 분자의 운동에너지가 증가하게 된다. 운동에너지가 증가함에 따라 복사선이 나타나며, 이 열복사선은 온도가 상승하면 파장이 짧아지면서 가시광선영역의 파장에 이르게 되어 발광반응을 감지할 수 있게 된다. 이러한 현상을 연소라 한다[(11),(12)].

1) 완전연소

산소가 충분한 상태에서 가연성분이 완전히 산화되는 연소를 말하며, 연소 후 발생되는 물질 중에서 가연성분이 없는 연소로써 일산화탄소의 발생없이 이산화탄소와 물만 생성된다. 수소에 비해 탄소의 수가 적은 물질인 메탄(CH_4)이나 프로판(C_3H_8) 등이 연소할 때에는 필요한 산소의 수가 적으므로 완전연소되기가 쉽고, 수소에 비해 탄소의 수가 많은 물질인 벤젠(C_6H_6), 경유(C_{16}~C_{18}) 등은 연소할 때 필요한 산소의 수가 상대적으로 많아 불완전 연소하여 그을음이나 일산화탄소를 배출하기 쉽다. 즉, 포화탄화수소화합물의 탄소수가 많아질수록 완전연소하기 어렵다.

메탄(CH_4)의 연소

$CH_4 + 2O_2 \rightarrow CO_2 + 2H_2O$ (수소 대 탄소의 비 = 4 : 1 = 1 : 0.25)

경유의 연소

$C_{17}H_{36} + 26O_2 \rightarrow 17CO_2 + 18H_2O$ (수소 대 탄소의 비 = 36 : 17 = 1 : 0.47)

위 두 연소를 비교하면 메탄(CH_4)은 수소 1에 대한 탄소의 수가 0.25이며 1분자가 연소하기 위해서는 산소 2분자가 필요하지만, 경유($C_{17}H_{36}$)는 수소 1에 대한 탄소의 수가 0.47이며 1분자가 연소하기 위해서는 산소 26분자가 필요하므로 완전연소하기 어렵다.

2) 불완전 연소

산소가 부족한 상태이거나, 연소에 필요한 온도를 적정하게 유지하지 못할 경우 가연성분이 불완전하게 산화되는 연소를 말하며, 연소 후 발생되는 물질 중에서 가연성분이 있는 연소 시 일산화탄소가 발생한다.

$$2C + 2O_2 \rightarrow 2CO + O_2$$

불완전 연소는 i)산소공급원이 부족할 때, ii)주위의 온도, 연소실의 온도가 너무 낮을 때, iii)연소기구가 적합하지 않을 때, iv)가스 조성이 맞지 않을 때, v)환기, 배기가 불충분 할 때, vi)유류의 온도가 낮을 때, vii)불꽃이 냉각 되었을 때 발생한다.

예제 2-1

다음 기체들의 완전연소반응식을 적으시오.

(a) 프로판

(b) 부탄

풀이

(a) $C_3H_8 + 5O_2 \rightarrow 3CO_2 + 4H_2O$

(b) $2C_4H_{10} + 13O_2 \rightarrow 8CO_2 + 10H_2O$

2 연소의 3요소

연소가 일어나기 위해서는 연소의 3요소인 가연물, 산소공급원, 점화원(열원)이 반드시 필요하며, 이 중 하나라도 없으면 연소는 일어나지 않는다. 연소의 3요소에 연쇄반응을 추가시키면 연소의 4요소라 한다. 그리고, 충분한 온도, 충분한 체류시간, 충분한 혼합이 이루어져야 연소가 일어난다.

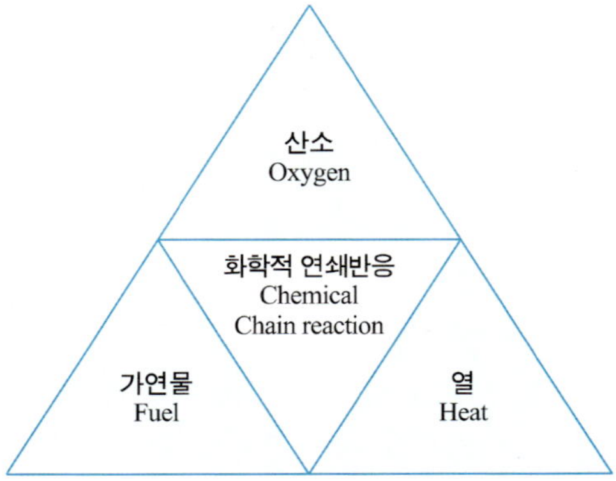

그림 2-1 연소의 4요소

1) 가연물

고체, 액체, 기체를 통틀어 산화되기 쉬운 물질을 말하며, 산화되기 어려운 물질이나 이미 산소와 화합하여 더 이상 화합반응이 진행되기 어려운 물질 (CO_2나 H_2O와 같은 물질) 불연성 물질로서 가연물과 구별하는 것이 보통이다.

가연물이 되기 위해서는 i)산화 시 발열량이 클 것, ii)산화 시 열전도율이 적은 것, iii)산화 시 활성화 에너지가 작은 것, iv)산소와 친화력이 좋고, 표면적이 넓은 것, v)연쇄 반응을 일으킬 수 있어야 한다.

이와는 반대로 i)이미 산화반응이 완결된 안정한 산화물 (CO_2, H_2O, Al_2O_3, SiO_2 등), ii)주기율표의 0족 원소 (He, Ne, Ar, Kr, Xe, Rn 등), iii)산소와 반응은 하지만 흡열 반응을 하는 물질인 질소 또는 질소산화물 (NO_x) 등은 가연물이 될 수 없다.

2) 산소 공급원

연소를 발생시키는 데 필요한 산소공급원으로는 산화성물질 또는 조연성물질 (연소를 지속시키는 물질)과, 공기, 산화제, 자기반응성 물질 혹은 자기연소성 물질이 있다. 공기는 산소를 약 21 vol.% 함유하고 있으며, 산화제는 위험물에서 제1류 위험물, 제6류 위험물에 해당하며 많은 산소를 함유하고 있다. 자기반응성 물질(자기연소성 물질)은 산소를 방출하는 물질이 산소원이 되고 또한 가연성물질 자체 내에 다량의 산소를 함유하고 있는 물질(위험물에서 제5류 위험물에 해당)로써 산소의 공급을 필요로 하지 않고 점화원만으로 연소할 수 있다.

3) 점화원

화기, 전기불꽃, 정전기불꽃, 충격 및 마찰에 의한 불꽃, 단열 압축열, 낙뢰 등으로 연소를 하기 위해 물질에 활성화에너지를 주는 물질을 말한다. 활성화에너지(activation energy)란 반응을 일으키는 데 필요한 최소한의 에너지를 말하며, 반응이 일어나기 위해서는 활성화에너지 보다 큰 에너지를 가져야만 한다. 활성화에너지 값이 크면 그 이상의 에너지를 갖는 분자의 수가 적어 반응이 느리게 진행되고, 활성화에너지값이 작으면 반대로 반응속도가 빨라진다. 아래 그림 2-2는 수소와 산소의 결합으로 물이 생성되는 반응에서의 활성화에너지를 나타낸 것이다. 그림에서 보면 좌측의 수소와 산소 (A 상태)가 반응물의 상태에서 활성화에너지 (C 상태)를 넘어서면서 최종적으로 물 (B 상태)로 됨을 보여준다.

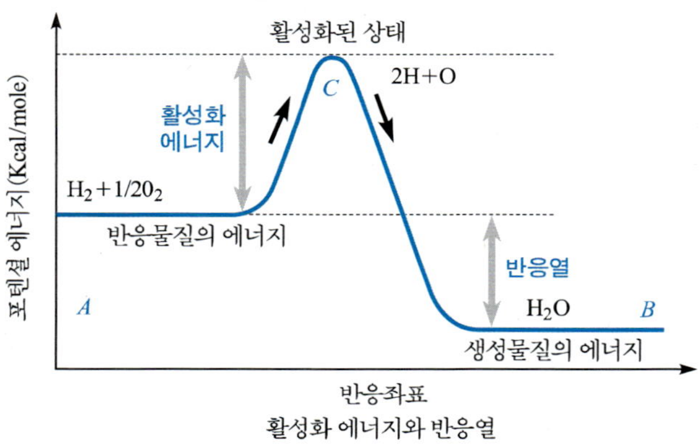

그림 2-2 수소와 산소의 반응을 통한 물의 생성

참고

촉매의 역할

① 정촉매 : 반응속도를 빠르게 해주기 위해서 넣어주는 물질로 활성화에너지를 작게 만든다.
② 부촉매(역촉매) : 반응속도를 느리게 해주기 위해서 넣어주는 물질로 활성화에너지를 크게 만든다.
③ 조촉매 : 촉매의 작용을 증대시키는 물질로 활성제라고도 한다.

점화원으로 작용하는 여러 에너지 유형에 대해서 아래 표 2-1에 나타내었다.

표 2-1 점화원의 종류[10]

에너지 유형	발화원의 종류
기계	타격, 마찰, 압축단열, 충격파
열	가열표면, 화염, 고온가스, 열 방사
전기	전기스파크, 아크, 코로나, 정전기
광학	적외선, 레이저
화학	자연발열,(분해, 산화, 중합)

3 연소의 형태

1) 기체의 연소 (발염연소, 불꽃염소)

기체의 연소는 불꽃은 있으나 불티가 없는 연소 때문에 발염연소 혹은 불꽃염소라고도 한다.

(1) 확산연소

분출된 가연성기체가 공기와 섞이는 과정을 연소에서는 확산이라 표현한다. 비교적 공기보다 가벼운 기체, 수소, 아세틸렌 등과 같은 가연성기체가 공기 중에 분출할 때 착화에너지를 주면 산소와 접촉하고 있는 부분의 가연성 기체만 연소하는 현상이다. 화염의 안정범위가 넓고, 조작이 용이한 연소형태로써 기체의 일반적인 연소형태이다[13].

(2) 예혼합연소

연소시키기 전에 연소가능한 혼합가스를 미리 만들어 연소시키는 형태로써 연료와 공기를 미리 섞어 연소실 안으로 주입하는 기체연소방식 중 하나이다. 가솔린엔진의 연소와 비슷한 방식으로 균질연소가 가능하지만 혼합기로의 역화를 일으킬 위험성이 크다[13].

(3) 정상연소

기체의 연소형태는 대부분 정상연소로 가연성 기체와 산소가 일정한 속도로 혼합되어 일정한 속도로 연소가 진행되는 형태를 말한다.

(4) 비정상연소

많은 양의 가연성기체와 공기의 혼합가스가 밀폐용기 중에 있을 때 점화되면 연소온도가 급변하게 증가하여 일시에 폭발적으로 연소하는 형태를 말한다. 폭발연소라고도 한다.

참고

아레니우스의 화학반응속도론에 따라 일반적으로 가연물이 연소할 때 상온부근에서 연소의 반응속도는 온도가 10℃ 상승할 때 2~3배씩 증가한다[11].

(5) 기체연소의 이상현상

① 역화(Back fire or Flash back) 현상

연료가 연소 시 연료의 분출속도가 연소속도보다 느릴 때 불꽃이 염공 속으로 빨려 들어가 혼합관 속에서 연소하는 현상을 말한다. 발생원인은 i)1차 공기가 적을 경우, ii)공급가스의 압력이 낮을 경우, iii)염공이 크거나 부식에 의해 확대되었을 경우이다[13].

② 리프팅(Lifting) 현상

불꽃이 염공 위에 들뜨는 현상으로 염공에서 연료가스의 분출속도가 연소속도보다 빠를 때 발생한다. 발생원인은 i)1차 공기가 너무 많을 경우, ii)공급가스의 압력이 높을 경우, iii)버너의 염공이 작거나 막혔을 경우이다.

③ 황염(Yellow tip) 현상

불꽃의 색이 황색으로 되는 현상으로 염공에서 연료가스의 연소 시 공기량의 조절이 적정하지 못하여 완전연소가 이루어지지 않을 때에 발생한다. 주로 1차 공기가 부족할 때 발생한다[13].

④ 블로우 오프(Blow off) 현상

불꽃이 날려서 꺼지는 것을 말한다. 염공에서 연료가스의 분출속도가 연소속도보다 클 때, 주위 공기의 움직임에 따라 불꽃이 꺼지는 현상이다[13].

2) 액체의 연소

액체는 그 자체가 연소하는 것이 아니라 액체에서 발생된 증기가 연소하는 것이므로 일반적으로 증발연소라 한다.

(1) 증발연소

알코올, 에테르, 석유, 아세톤, 촛불에 의한 연소 등과 같은 가연성 액체가 액면에서 증발하는 가연성 증기가 착화 되어 화염을 내고, 이 화염의 온도에 의해서 액표면의 온도를 상승시켜 증발을 촉진시켜 연소하는 형태이다.

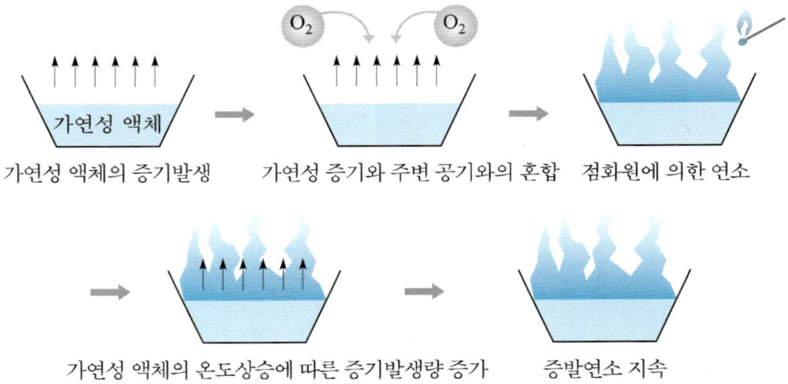

그림 2-3 증발연소 진행 순서

(2) 액적연소 (분무연소)

점도가 높은 벙커 C유에서 연소를 일으키는 형태로 가열하면 점도가 낮아져 버너 등을 사용하여 액체의 입자를 안개 모양으로 분출하며 액체의 표면적을 넓게 하여 공가와의 접촉면을 증가시켜 연소시키는 형태이다. 즉, 높은 점도의 비휘발성 액체를 낮은 점도로 만들어 분무시켜 연소시키는 형태이다.

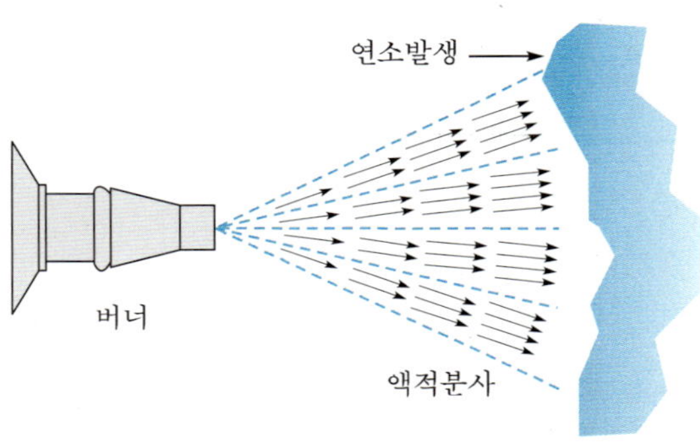

그림 2-4 액적연소의 예

3) 고체의 연소

고체에서는 여러 가지 연소형태가 복합적으로 나타나며, 크게 표면연소, 분해연소, 증발연소, 자기연소로 나뉜다. 일반적으로, 탄화수소로 이루어진 석탄과 같은 고체연료는 분해연소와 표면연소의 두 과정으로 이루어진다[13].

(1) 분해연소 (Destructive combustion)

석탄, 종이, 목재, 플라스틱의 고체 물질과 중유와 같은 점도가 높은 액체연료에서 찾아볼 수 있는 형태이다. 가연성물질을 가열하면 수분을 잃어 건조한 상태가 되고, 이 후에 열분해되면서 휘발성의 가연성 가스가 발생된다. 발생된 가연성 가스는 공기 또는 산소와 혼합하고, 점화원에 의해 연소하게 되며, 발생된 연소열에 의해 건조를 촉진하게 되고 지속적으로 연소가 진행된다[13].

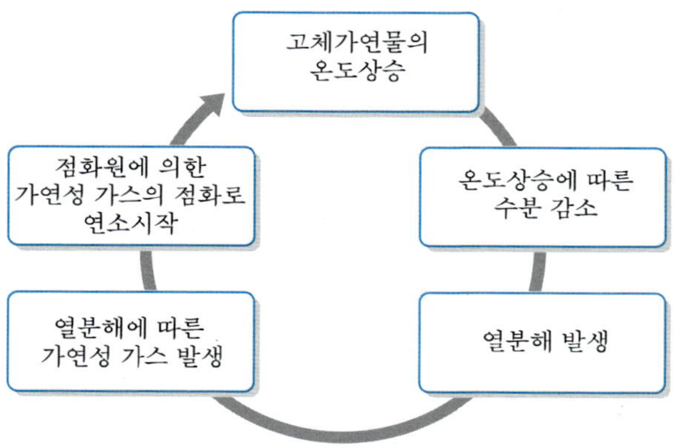

그림 2-5 분해연소의 진행순서

(2) 표면연소

고체 가연물이 분해하면 가연성 가스를 발생시키면서 분해연소가 일어나며, 연소되지 않고 코크스와 같은 탄소가 남게 된다. 이 탄소(코크스 등)이 연소하기 위해서는 그 표면에 공기 또는 산소와 반응하여야 한다. 이렇듯 목탄(숯), 코크스, 금속분 등이 열분해 하여 고체가 표면이 고온을 유지하면서 가연성 가스를 발생하지 않고, 물질 표면에서 산소와 반응하여 연소하는 형태를 표면연소라 한다.

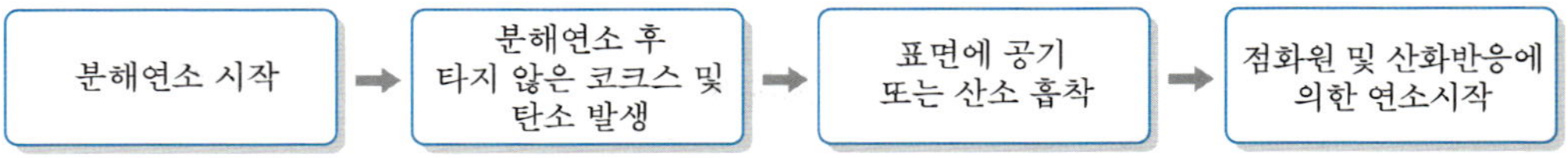

그림 2-6 표면연소의 진행순서와 숯의 표면연소 예

(3) 증발연소

나프탈렌, 장뇌, 유황, 왁스, 파라핀, 촛불과 같이 고체가 가열되어 가연성가스를 발생시켜 연소하는 형태이다.

참고

장뇌 : 흰색 혹은 투명한 방향성물질로 밀랍과 비슷한 케톤의 일종이다. 승화성이 크며, 상록수의 일종인 녹나무에서 발견된다. 셀룰로이드, 필름 제조에 사용되며, 의약 관계에서는 캠퍼라고 하여 흥분제나 강심제나, 진통 · 방부제 및 곰팡이 방지, 살충제로 사용한다.

(4) 자기연소

화약, 폭약의 원료로 많이 사용되는 제5류 위험물인 나이트로글리세린, 나이트로셀룰로오스, 질산에스터류에서 볼 수 있는 연소의 형태이며, 공기 중의 산소를 필요로 하지 않고 그 물질 자체에 함유되어 있는 산소로부터 내부 연소하는 형태이다.

4 연소의 제반 사항

1) 인화점

가연성 물질에 점화원을 접촉시켰을 때 불이 붙은 최저온도이다. 인화점은 액체 연료의 인화성을 판단하는 것으로, 석유류의 인화 위험성 표시에 주로 이용된다. 즉, 가연성 액체의 위험성을 나타내는 척도로 사용되고 있다. 인화점은 낮을수록 인화의 위험이 크고, 특히 인화점이 상온보다 낮은 제4류 위험물은 더 많은 주의를 요하는 위험물이다.

2) 발화점(착화점)

가연성 물질이 점화원 없이 축적된 열만으로 연소를 일으키는 최저온도를 말한다. 또한, 착화점, 발화온도, 착화온도라고 부르기도 한다. 발화점이 낮은 물질일수록 위험성이 크며 발화점과 인화점은 서로 아무런 관계가 없다.

착화점은 i)발열량, 화학적 활성도, 산소와 친화력, 압력이 높을 때, ii)분자구조가 복잡할 때, iii)열전도율, 공기압, 습도 및 가스압이 낮을 때 낮아진다.

3) 인화점과 발화점의 차이

기본적으로 점화원의 유무로 인화점과 발화점을 구분할 수 있지만, 이 외 다른 사항에 대해서는 표 2-2에 나타내었다.

표2-2 인화점과 발화점의 차이

인화점	발화점
점화원이 있다	점화원이 없다
물질 농도만 필요	물질 농도와 에너지를 필요로 한다
국부적인 열원에 의한 발화 현상이기 때문에 개방계	가연성 혼합계를 외부에서 가열하기 때문에 밀폐계

4) 연소점

인화점에서는 외부의 열을 제거하면 연소가 중단되는 반면, 연소점은 점화원을 제거하더라도 계속 탈 수 있는 온도로서 대략 인화점보다 5~10℃ 높은 온도를 말한다. 즉, 인화점의 경우, 한 번 불이 붙으면 그 이후는 불이 꺼져도 무방하지만, 연소점에서는 지속되어야 하는 점이 다르다.

5) 연소범위 (연소한계 = 가연범위 = 가연한계 = 폭발범위 = 폭발한계)

가연성 액체의 증기 또는 가연성가스가 공기 또는 산소와 적당한 비율로 혼합되어있을 때, 여기에 점화하면 폭발을 일으킨다. 이 적당한 혼합비율의 범위를 폭발범위 또는 연소범위라고 하며, 혼합가스에 대한 용량 %로 표시된다. 이 최저의 농도를 폭발하한계, 최고농도를 폭발상한계라고 한다[11]. 즉, 가연성가스가 공기 중에 존재할 때 폭발할 수 있는 농도의 범위를 연소범위 혹은 폭발범위라 하며, 그림 2-5에 연소범위에 대한 그래프를 나타내었다. 농도가 진한 쪽(C_2)을 폭발 상한계, 농도가 낮은 쪽(C_1)을 폭발 하한계라 한다. 아래 그림에서 C_1과 C_2사이를 폭발 범위(연소범위)라 한다.

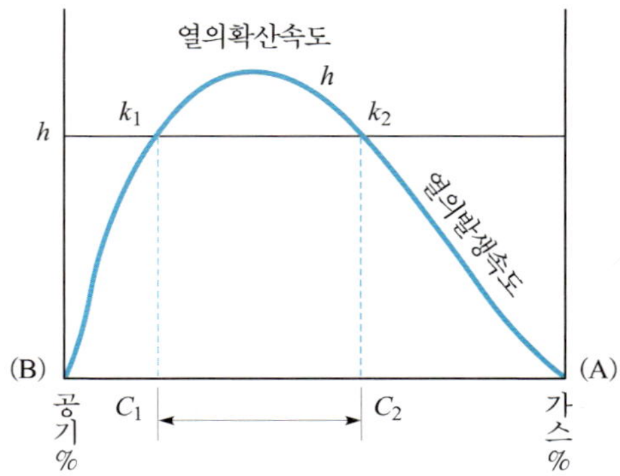

그림 2-7 연소범위 (폭발점위) 그래프

예를 들어, 가솔린의 연소범위가 1.4 ~ 7.6% 라는 것은 가솔린이 1.4%이고 공기가 98.6%인 조건에서부터 가솔린이 7.6%, 공기가 92.4%인 조건 사이에서 연소가 일어난다는 의미이다. (대부분의 경우 가연성가스와 지연성 가스의 혼합비율, 즉, 조성에 의하여 폭발이 일어난다.) 즉, 수소는 상온 상압에서 공기 중의 체적이 4~75%의 범위 내에서 화염이 확산되나, 4% 이하의 조성이나 75% 이상의 공기 혼합조성에서는 화염이 확산되지 않는다. 표 2-3은 공업적으로 중요한 가스들의 공기 중 폭발범위를 나타내었다. 일반적으로 폭발범위는 압력 및 온도가 높아지면 넓어진다. 표에서 보는 바와 같이, 산화에틸렌, 아세틸렌, 수소, 이황화탄소 등과 같이 폭발범위가 넓은 것 및 산화프로필렌, 이황화탄소, 프로판 등과 같이 특히 폭발하한계가 낮을수록 위험하다. 또한, 폭발위험도라는 용어를 도입하여 폭발위험의 정도를 나타낸다. 폭발 위험도는 폭발범위를 폭발하한값으로 나눈 값으로 그 값이 클수록 위험성이 크다.

$$H = \frac{U - L}{L}$$

여기서, H : 폭발위험도

U : 폭발상한값 (%)

L : 폭발하한값 (%)

표 2-3 중요가스 공기 중 폭발범위(상온, 1atm에서)

가스	하한계	상한계	가스	하한계	상한계
수소(H_2)	4.0	75.0	4 불화에틸렌	10.0	42.0
일산화탄소(CO)	12.5	74.0	아세틸렌(C_2H_2)	2.5	81.0
시안화수소(HCN)	6.0	41.0	벤젠	1.4	7.1
메탄	5.0	15.0	톨루엔	1.4	6.7
에탄	3.0	12.5	메틸알코올	7.3	36.0
프로판	2.2	9.5	에틸알코올	4.3	19.0
부탄	1.8	8.4	아세트알데히드	4.1	57.0
펜탄	1.4	7.8	에테르	1.9	48.0
헥산	1.2	7.4	아세톤	3.0	13.0
에틸렌	2.7	36.0	산화에틸렌(C_2H_4O)	3.0	80.0
프로필렌	2.4	11.0	산화프로필렌	2.0	22.0
부텐-1	1.7	9.7	암모니아(NH_3)	15.0	28.0
이소부틸렌	1.8	9.6	이황화탄소(CS_2)	1.2	44.0
1.3 부타티엔	2.0	12.0	황화수소(H_2S)	4.3	45.0

예제 2-2

다음 기체들의 폭발위험도를 계산하시오.

(a) 수소

(b) 에탄올(에틸알코올)

(c) 산화에틸렌

(d) 아세톤

풀이

(a) $H_{수소}$ = (75−4)/4 = 17.75

(b) $H_{에탄올}$ = (19−4.3)/4.3 = 3.42

(c) $H_{산화에틸렌}$ = (80−3)/3 = 25.67

(d) $H_{아세톤}$ = (13−3)/3= 3.33

(1) 폭발범위와 압력과의 관계

폭발범위와 압력은 상당히 밀접한 관계를 가지고 있으며, 일반적으로 압력이 높아질수록 발화온도는 낮아지고, 폭발범위는 넓어진다. 몇몇 예외적인 경우로, 수소와 공기의 혼합 가스는 10atm 정도까지는 폭발범위가 좁아지나 그 이상의 압력에서는 다시 점차 넓어진다. 또한, 일산화탄소와 공기의 혼합 가스는 압력이 높아질수록 폭발범위가 오히려 좁아진다[(11),(12),(13)].

6) 발화

(1) 발화의 종류

발화는 크게 자연발화, 준자연발화, 혼합발화로 나뉘어진다[(11)].

(2) 자연발화의 형태

자연발화는 주로 오랜 시간에 걸친 열의 축적에 의해서 발화점에 도달함에 따라 발생하게 된다. 열이 축적되는 형태에 따라 아래와 같이 구분하여 설명할 수 있다.

① 산화열에 의한 발화
산화되기 쉬운 물질 또는 불포화화합물에서 발생하기 쉽다. 석탄, 고무분말, 건성유(정어리유, 해바라기유) 및 반건성유 등이 습도가 높은 곳에서 서서히 산화되어 빨갛게 불타는 것을 말한다.

② 분해열에 의한 발화
나이트로화합물, 셀룰로이드 및 아세틸렌 등이 분해될 때 발생하는 열에 의한 발화이다.

③ 흡착열에 의한 발화
화학적 흡착에 의해 발생되는 열로 인한 발열을 말한다. 목탄, 활성탄 등이 흡착열로 인한 자연발화의 예이다.

④ 미생물에 의한 발화
퇴비, 먼지, 곡물, 누룩 속에 들어있는 혐기성 미생물은 퇴비 속의 단백질과 같은 영양소를 섭취하여 생명력 유지와 활동에너지를 위해 사용하며, 이 활동에너지의 축적으로 자연발화한다.

(3) 자연발화에 영향을 주는 인자 및 조건

수분, 열전도율, 열의 축적, 용기의 크기와 형태, 발열량, 공기 유동, 퇴적 방법 등이 자연발화에 영향을 미친다. 자연발화는 i)주위의 온도가 높고, ii)연전도율이 적고, iii)발열량이 크며, iv)표면적이 넓을 때 발생할 수 있다.

자연발화를 막기 위해서는 i)저장실 온도를 낮추고, ii)습도를 낮게 (수분량이 적당하지 않도록), iii)통풍을 잘 시키고, iv)불활성 가스를 주입하여 공기와 접촉면적을 낮게 하고, v)퇴적 및 수납할 때에 열이 쌓이지 않도록 한다.

(4) 준자연발화

자연발화 현상과는 달리 공기 중에서 화학변화로 인하여 발열을 하며, 비교적 짧은 시간 안에 자연적으로 발화하는 것을 말을 한다[11]. 즉, 자연발화보다 연소반응 속도가 빠르고 특히, 공기 또는 물과 접촉하였을 때 일어나는 발화현상을 말한다.

(5) 혼합발화

위험물을 두가지 혹은 그 이상으로 혼합하였을 때 발열 발화하는 현상이으로 2종 이상의 물질이 상호 혼합 또는 접촉을 하여 발열, 발화를 하는 것을 말한다. 대부분의 혼합위험에서는 한 쪽의 물질이 산화성이고 다른 한 쪽이 가연성인 것이 많다. 혼합발화는 주로 제조공정이나 저장 혹은 이송 중에 전혀 예기치 못한 화재나 폭발사고를 일으키는 원인이 된다. 특히, 단독으로는 산화성 또는 환원성이 강하지도 않고 보통 안전하다고 생각이 되는 것이 2~3종 혼합이 되면 발화, 폭발의 위험성을 나타내기도 한다[11]. 표 2-4에 제1류~제6류 위험물까지 혼재가능여부를 나타내었다.

표 2-4 혼재할 수 있는 위험물[14]

	제1류	제2류	제3류	제4류	제5류	제6류
제1류		×	×	×	×	O
제2류	×		×	O	O	×
제3류	×	×		O	×	×
제4류	×	O	O		O	×
제5류	×	O	×	O		×
제6류	O	×	×	×	×	

(O : 혼재할 수 있음. × : 혼재할 수 없음)

예제 2-3

에탄올과 삼산화크롬이 혼합되면 발화 및 폭발의 위험성이 있는가?

풀이

에탄올은 제4류위험물이고 삼산화크롬은 제1류위험물이므로 혼합되면 발화 및 폭발의 위험이 있다.

7) 폭발

가연성기체 또는 액체의 열의 발생속도가 열의 확산속도를 상회하는 현상이 폭발이며, 급격한 압력의 발생 또는 해방의 결과로서 격렬하거나 또한 음향을 발하며 파열되거나 팽창하는 현상을 말한다[(12),(13)]. (앞선 그림에서 K_1-K_2 이상인 경우)

(1) 폭발의 유형

① 화학적 폭발

화학적 폭발은 폭발성 혼합가스의 점화 시 일어나는 폭발(산화폭발), 화약의 폭발 등으로 화학적 화합물의 치환 또는 반응으로 인한 급격한 에너지의 방출현상에 의해 폭발하는 현상이다.

② 압력에 의한 폭발

불량용기의 폭발, 고압가스 용기의 폭발 및 보일러 폭발 등으로 기기적인 장치에서 압력이 상승하므로 해서 폭발하는 현상을 말한다.

③ 분해 폭발

분해 폭발은 가압 하에서 단일 가스의 분해 폭발현상이다.(예 : 아세틸렌, 산화에틸렌, 에틸렌, 하이드라진)

④ 중합 폭발

초산비닐, 염화비닐 등의 원료인 단량체, 시안화수소 등 중합열에 의한 폭발하는 현상을 일컫는다.

⑤ 촉매 폭발

수소와 염소의 혼합가스에 촉매로 작용하는 직사광선, 일광 등에 의한 폭발하는 현상이다.

8) 폭굉 (Detonation)

가연성가스의 농도가 완전연소의 조성에 가깝거나 가연성가스와 산소와의 혼합물과 같이 과격한 연소가 일어나는 것은 화염의 전파속도가 화염이 확산되어 가는 사이에 가속되어 음속을 초과하는 경우가 있다. 이러한 경우에는 충격파가 발생하며, 발생하는 압력도 보통 폭발에서는 초기압력의 약 10배 이하이지만, 초기압력의 40배 이상이나 되어 피해를 주는 범위가 넓다(속도 1,000~3,500m/s). 이러한 현상을 폭굉이라 하며 화염속도가 음속 이하인 경우와 구별한다[(11),(12)]. 즉, 폭발 중에서도 특히 격렬한 경우를 폭굉이라 하며 폭굉이라 함은 가스중의 음속보다도 화염전파속도가 더 큰 경우로 이때 파면선단에 충격파라고 하는 솟구치는 압력파가 발생하여 격렬한 파괴 작용을 일으키는 현상을 말한다.

참고

폭굉 이외의 연소 및 폭발은 화염전파속도가 음속(340m/s) 이하이며, 파면에는 충격파가 생기지 않으므로 반응직후에 약간의 압력상승이 있을 뿐으로 압력은 곧 파면 전후에 없어진다.

(1) 폭속 (폭굉속도)

폭굉이 전하는 연소속도를 폭굉속도이라 하는데 음속보다 빠르며 폭속이 클수록 파괴작용은 더욱 더 격렬해진다.

① 폭굉시 전하는 전파속도(폭굉파) : 1,000 ~ 3,500m/sec.
② 정상연소 시 전하는 전파속도(연소파) : 0.03(0.1) ~ 10m/sec.
③ 폭굉파의 파괴압력 : (3,000m/sec.일 경우) 1,000kg/cm^2

(2) 폭굉유도거리 (Detonation Inducement Distance, DID)

최초의 완만한 연소가 격렬한 폭굉으로 발전할 때까지의 거리를 폭굉유도거리라 하며, 폭굉 유도거리는 [i]정상연소 속도가 큰 혼합가스 일수록, [ii]관속에 방해물이 있거나 관경이 가늘수록, [iii]압력이 높을수록, [iv]점화원의 에너지가 강할수록 짧아진다 (더 위험해진다)[(11),(12)].

(3) 분진폭발

가연성고체를 세분화해서 작은 입자로 했을 때 이것을 공기 중에 적당한 밀도 이상의 농도로 부유하고 있을 때, 어떤 점화원을 주면 가스폭발과 같이 입자가 공기 중의 산소와 반응해서 급속하게 고열이 발생하며, 이것이 부유입자 그룹에 연소를 전파한다. 이때 그 부유 입자 그룹(분진 구름) 전체에 연소가 발생하면 폭발에 이른다. 이것이 분진폭발이다. 일반적으로 분진입자는 작기 때문에 부유하기 쉽고, 또 입자의 표면적 비율이 크기 때문에 산화반응을 일으키기 쉽기 때문에 가연성가스와 유사한 폭발위험성이 있다. 일반적으로 분진의 입자지름이 작을수록 또 분위기 중의 수분이 적을수록 분진폭발이 일어날 기회가 증가되며, 착화에너지는 혼합가스폭발의 경우보다 크다고 한다. 분진폭발을 일으키는 중요한 물질에는 마그네슘, 티탄, 지르콘, 알루미늄, 황, 비누, 석탄산수지, 폴리에틸렌, 경질고무, 송진, 석탄, 전분, 소맥분 등의 분말이다[11].

일반적으로 폭발범위는 하한 농도가 25~45mg/L이고, 상한 농도는 80mg/L이다. 폭발입경은 고체의 경우 100㎛ (유효입경 150㎛)이고, 액체의 경우 폭발입경은 20㎛ (유효입경 50㎛)이다.

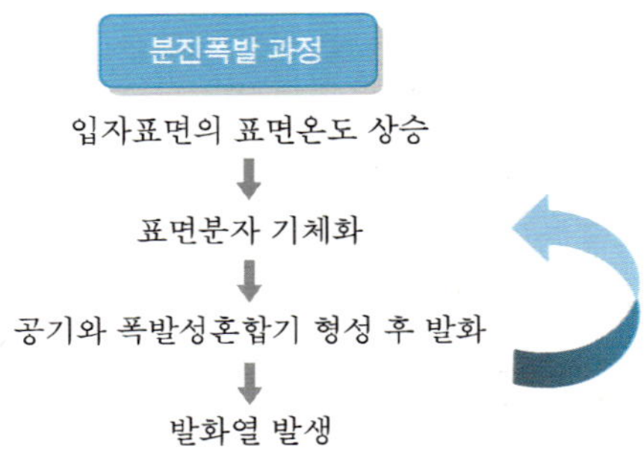

그림 2-8 분진폭발의 진행순서

(4) 소염 (화염일주)

발화한 화염이 전파하지 않고 도중에 꺼져버리는 현상을 소염 혹은 화염일주라 한다. 여기에서 자주 언급되는 용어로는 소염거리와 한계직경이 있는데, 소염거리는 두 장의 평형판의 거리를 좁혀가면서 화염이 틈사이로 전달되는가의 여부를 측정하여 화염이 전파되지 않게 될 때의 평행판 사이의 거리를 말하며, 한계직경은 파이프 속을 화염이 진행할 때 화염이 전파되지 않고 도중에서 꺼지는 한계의 파이프 직경을 말한다.

가연성가스 또는 증기의 위험성을 나타내는 특성 값의 하나로 화염일주한계(Flame quenching distance)가 있으며, 이는 좁은 뜻으로는 화염의 일주(도주)를 발생하는 최소의 에너지를 말한다[11].

01 연소의 3요소를 적으시오.

02 고체의 연소형태를 크게 4가지 적으시오.

03 가연물의 구비조건에는 어떠한 것이 있는가?

04 가연물에 대한 설명으로 옳지 않은 것은?

가. 산소와의 친화력이 클수록 가연물이 되기 쉽다.
나. 산소가 구성 원소로 되어 있는 유기물은 가연물이 될 수 있다.
다. 활성화 에너지가 작을수록 가연물이되기 쉽다.
라. 산화반응이지만 발열반응인 것은 가연물이 될 수 없다.

05 금속이 덩어리 상태일 때보다 가루상태일 때 연소 위험성이 증가하는 이유로 볼 수 없는 것은?

가. 표면적의 증가 나. 겉보기 체적의 증가
다. 비열의 증가 라. 대전성의 증가

06 자연발화를 일으키는 인자로서 거리가 먼 것은?

가. 열의 축적 나. 표면연소
다. 퇴적방법 라. 발열량

07 아세톤, 석유류, 알코올류 등의 연소형태는?

가. 증발연소 나. 분해연소
다. 확산연소 라. 자기연소

08 일반적으로 가스버너는 공기와 가스를 동시에 불어넣어 연소시킨다. 이 때 공기를 막고 가스만 연소시킬 때의 연소형태는?

가. 증발연소 나. 확산연소
다. 혼합연소 라. 표면연소

09 위험물의 착화점이 낮아지는 경우를 찾아 적으시오.

10 다음 기체들의 폭발위험도를 계산하시오.

(a) 아세틸렌
(b) 프로판

11 온도, 압력, 조성의 3조건이 갖추어져 있어도 용기가 작으면 발화하지 않는다. 또한 발화하여도 화염이 전파하지 않고 도중에 꺼져버리는 현상을 무엇이라 하는가?

가. 저압폭발 나. 폭굉
다. 고압폭발 라. 소염

12 점화원이 될 수 있는 것 7가지를 적으시오.

13 인화점의 정의를 적으시오.

14 가솔린의 연소범위 1.4~7.6%의 의미를 적으시오.

15 폭굉의 연소속도를 쓰시오.

16 폭굉유도거리가 짧아지는 경우를 적으시오.

17 제2류 위험물과 혼재가 가능한 위험물을 모두 적으시오.

18 위험물을 혼재할 경우 발생될 위험성은 어떠한 것이 있을 수 있는지 적으시오.

19 질소 및 질소산화물이 가연물이 될 수 없는 이유는 무엇인가?

CHAPTER 03

소화이론

1. 소화의 정의
2. 소화약제의 정의 및 구비조건
3. 소화의 원리

CHAPTER 03

Extinguishing Agent

소화이론

1 소화의 정의

가연성물질을 공기 중에서 점화원에 의해 산소 또는 산화제 등과 접촉하여 발생되는 연소현상을 중단시키는 것이 소화의 정의이다. 화재를 발화온도 이하로 낮추거나, 산소 공급의 차단, 연쇄반응을 억제하는 행위도 소화라고 할 수 있다[11].

2 소화약제의 정의 및 구비조건

1) 소화약제의 정의

소화약제의 형식승인 및 검정기준에 따른 소화약제의 정의는 소화기구 또는 소화설비에 사용되는 소화성능이 있는 고체, 액체 및 기체의 물질을 말한다[1]. 연소현상이 확대되어 신체나 재산상의 재해를 수반하는 화재를 제어하기 위해서 물리적 혹은 화학적인 방법으로 제조된 물질을 소화약제라 한다.

2) 소화약제의 구비조건

소화약제로서 갖추어야 할 조건은 우선 i)연소의 4요소 중 한 가지 이상을 제거할 수 있고, ii)경제적이어야 하며, iii)인체에 독성이 적고, iv)환경에 유해하지 않으며, v)저장 안정성을 가지고 있어야 한다[1].

3 소화의 원리

연소의 3요소(가연물, 산소공급원, 점화원)의 세 가지 중에서 전부 또는 일부만 제거해도 연소는 이루어지지 않는다. 소화방법에는 제거소화, 냉각소화, 질식소화, 희석소화, 부촉매 소화효과(억제효과) 등이 있다.

1) 제거소화

가연성 물질을 연소구역에서 제거하여 줌으로서 소화하는 방법으로 연소를 지속시키는 물질을 공급하지 못하도록 하는 것이다. 촛불, 유전의 화재, 산불, 가스 화재에 주로 사용되며, 가스누설에 의한 화재에서 메인 밸브를 잠구어 연소의 근원을 차단하는 것이 이 원리에 의한 것이다. 물리적인 방법으로 소화하는 방법으로 제거소화를 위한 소화약제가 따로 존재하지 않는다 (봉상주수로 인한 가연물의 타격은 예외).

① 촛불 : 파라핀이 심지에 의해 액체상태를 유지하여 그 표면에서 발생한 증기의 연소이므로 가연성 증기를 순식간에 날려보내서 소화한다 (입김 등).

② 유전 화재 : 질소 폭탄과 같은 폭약을 사용하여 폭발에 의한 강풍으로 순간적으로 유전 표면의 증기를 날려보냄으로써 소화하는 방법.

③ 가스 화재 : 가스가 분출되지 않도록 밸브를 잠구어 소화하는 방법.

④ 물보다 무겁고 물에 녹지 않는 가연성 물체의 화재 : 표면에 물을 뿌려 소화하는 방법.

⑤ 산불 : 화재 진행 방향을 앞질러 벌목하므로 소화하는 방법.

⑥ 합선으로 인한 화재 : 전원공급을 차단해서 소화하는 방법.

2) 냉각소화

연소물로부터 열을 빼앗아 연소반응의 온도를 전체적으로 낮추거나 발화점 이하로 낮추어 점화원 에너지의 생성과 공급을 차단하여 소화하는 방법이다. 또한, 낮아진 온도로 인해 연쇄반응을 일으키는 활성화물질의 생성과 활동을 억제하는 역할도 한다[11],[12]. 대표적인 냉각소화약제로는 물(적응화재A급)이 있으며, 이 외에도 분말, 강화액(적응화재ABC급), 할로젠화물, 이산화탄소(CO_2) 등이 냉각소화작용을 가진다.

3) 질식소화

공기 중에 존재하고 있는 산소의 농도 21 vol.%를 15 vol.% 이하로 낮추어 산소공급을 차단하여 소화하는 방법으로 B급화재인 4류 위험물의 소화에 가장 좋다. 대표적인 질식소화약제로는 물, 포말(화학포 및 기계포), 할로겐화물, 이산화탄소, 분말, 마른모래 등이 있다. 이외에 불연성 기체를 이용하는 방법이 있는데, 이는 공기보다 무거운 불연성기체를 연소물위에 덮어 외부로부터 산소공급을 막는 방법을 말하며, 일반적으로 사용되는 불연성기체의 성질은 공기보다 무겁고, 불연성이며, 비점이 낮고, 쉽게 증기로 변하는 액체를 사용한다.

불연성 폼(foam)을 이용한 질식소화는 연소물질을 공기나 CO_2, N_2 등을 함유한 거품으로 덮어서 소화하는 방법으로 유지류 등의 화재에서는 거품을 발생시키는 포를 뿌려서 질식소화하는 방법이 가장 널리 사용 된다.

(1) 포소화설비

① Chemical Foam(화학포)

주로 소화기용으로 포마이드나 거품소화기가 있다. 화학반응식은 아래와 같다.

$$6NaHCO_3+Al_2(SO_4)_3 \cdot 18H_2O \rightarrow 3Na_2SO_4+2Al(OH)_3+6CO_2+18H_2O$$

(중탄산나트륨 +황산알루미늄 → 황산나트륨+수산화알루미늄+이산화탄소+물)

② Mechanical Foam(기계포)

주로 유지류 화재용으로 사용되며, 성분에 따라 단백질계와 계면활성제계로 나뉜다. 단백질계는 단백포소화약제와 불화단백포소화약제로 구분되고, 계면활성제계는 합성계면활성제, 수성막포, 알코올형포소화약제와 같이 세 종류로 구분한다. 포소화약제에 대한 부분은 수계소화약제에서 자세히 설명하도록 한다.

(2) 고체를 이용하는 방법

소규모 화재에서 담요, 거적, 또는 흙 등으로 덮어 산소공급을 차단하여 소화하는 방법이다. 주로 사용되는 간이소화용구는 건조사(마른 모래), 팽창질석 및 팽창진주암, 중조톱밥이 있다.

건조사는 반드시 건조되어 있어야 하며, 가연물이 함유되어 있지 않아야 한다. 포대나 반절 드럼통 등에 보관하며 부속기구로 삽과 양동이를 비치해 둔다.

팽창질석 및 팽창진주암은 작은 덩어리로 되어 있으며, 매우 가벼운 불연성 고체로 열을 받으면 수십배로 그 크기가 팽창된다. 주로 발화점이 낮은 알킬알루미늄 등의 화재에 사용된다.

중조톱밥은 탄산수소나트륨과 톱밥의 혼합물로 이루어져 있고 인화성 액체의 소화 용도로 개발 되었으며 모세관 현상의 원리를 이용한 소화기구이다.

(3) 밀폐하는 방법

방화 구획이 잘되어 기밀성이 좋은 곳, 창고나 선실 등에 대해서 공기 출입을 완전 밀폐하여 소화하는 방법이다.

4) 희석소화

가연성 기체가 계속해서 연소를 일으키기 위해서는 가연성가스와 공기와의 혼합농도 범위 즉 연소범위 내일 때 연소를 일으키기 때문에 연소 하한 값 이하로 낮추어 희석시키는 방법이다. 수용성 액체위험물 알코올, 에테르, 아세톤 등의 화재 시 물을 대량 방수하여 농도를 낮게 하는 방법이 희석소화의 일종이다.

5) 부촉매 효과(억제효과)

연소에서 일어나는 연쇄 반응을 차단해서 소화하는 방법을 부촉매효과라 한다. 즉, 억제소화란 가연물의 분자가 활성화되는 것을 느리게 하는 할로젠화합물과 같은 소화약제를 사용하는 방법으로 연소의 연속적 관계를 차단하는 억제(부촉매)효과와 상승효과인 희석 및 냉각효과를 갖는다. 대표적인 소화약제는 알칼리금속염, 암모늄염, 하론1301, 하론1211, 하론2402, 분말소화약제 등이 있다.

6) 유화소화

유류화재에서 화재 윗면의 화염을 유화층(emulsified layer)을 형성시켜 유류가스의 증발을 막고, 산소와의 접촉을 차단하여 소화하는 방법이다. 중유(제4류위험물 중 제3석유류)와 같은 비중이 큰 액체의 화재 시 유화작용이 있는 계면활성제를 함유한 소화약제를 분무하여 화재 표면에 유화층을 형성시키거나, 물을 작은 입자상태의 높은 압력으로 방사하면 유류표면에 유화층을 형성시켜 유류가스의 증발을 억제하여 소화하는 방법이다. 유화작용이 있는 계면활성제가 주성분인 포소화약제가 대표적이다.

7) 방진소화

가연물 표면에 분사된 소화약제가 분해/생성된 비가연성의 반고형질 피막이 화염과 산소를 가연물로부터 격리시키는 소화방법으로, 주변에 점화원이 존재하더라도 재연소의 우려가 없는 장점을 가지며, 생성된 고형질은 점액질로써 증발과정에서 냉각효과까지 부분적으로 얻을 수 있다. 무염연소로 진행되는 표면화재의 경우는 부촉매소화작용이 효과적이지 않고 방진소화가 더 효율적이다[13]. 대표적인 소화약제는 제3종 분말소화약제의 주성분인 제1인산암모늄으로 화재면에 방사 시 메타인산(HPO_3)이 생성되어 유리질의 피막을 형성하므로 방진소화작용을 한다. 분해식은 다음과 같다.

$$NH_4H_2PO_4 \rightarrow NH_3 + H_2O + HPO_3$$

8) 탈수소화

가연물과 소화약제의 반응으로 최종적으로 물을 생성(반응을 통한 물의 제거)시켜 연쇄반응 활성화물의 생성을 억제하는 방법이다. 예로써, 제3종 분말소화약제가 1atm, 166℃에서 1차 분해되면 ortho-인산 (H_3PO_4)을 생성한다. 아래 화학식에서 보는 바와 같이 ortho-인산이 셀룰로오스에 작용하면 물이 생성되어(가연물의 탈수작용) 결과적으로 탄소만 남는 탄화과정을 보인다.

$$C_6H_{10}O_5 + 10H_3PO_4 \rightarrow 10H_3PO_4 \cdot \tfrac{1}{2}H_2O + 6C$$

9) 소화약제의 분류

물리적 상태에 따라 수계, 가스계, 분말소화약제로 구분된다. 수계소화약제는 물을 주성분으로 한 소화약제로 물소화약제, 포소화약제, 산알칼리소화약제, 그리고 강화약소화약제로 구분된다. 가스계소화약제는 기체상태로 운용되며, 이산화탄소소화약제, 할로젠화합물소화약제, 청정소화약제가 있다. 분말소화약제는 고체상태로 운용되며 제1종 ~ 제4종(혹은 제5종) 분말소화약제로 구분된다. 그림 3-1에 소화약제를 개략적으로 분류하여 나타내었다.

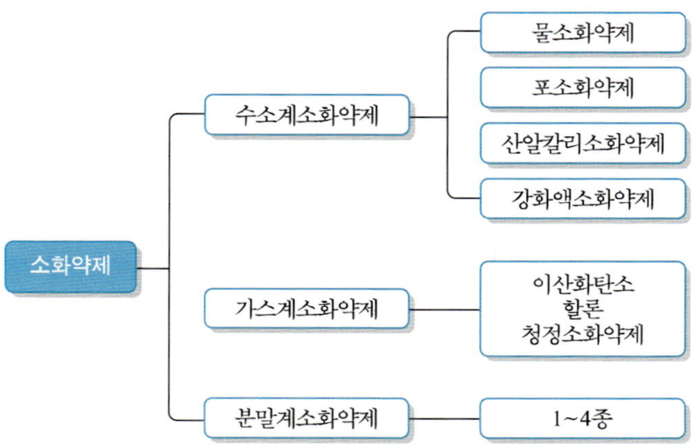

그림 3-1 소화약제의 분류

CHAPTER 04

수계소화약제

1. 물소화약제
2. 산·알칼리 소화약제
3. 강화액 소화약제
4. 포소화약제
5. 침윤소화약제

CHAPTER 04

Extinguishing Agent

수계소화약제

1 물소화약제

1) 소화약제로써의 물

소화약제로써 물은 어디서나 쉽게 구입 할 수 있고, 인체에 무해하며, 가격이 저렴하며 장기보관 할 수 있다. 1atm에서 기화 잠열(539kcal/kg)과 비열이 크기 때문에 냉각효과가 우수하고 무상으로 주수할 때는 질식, 유화 효과도 얻을 수 있는 장점을 가진다. 또한, 분자간 인력 중 가장 강한 수소결합을 하므로 다른 물질에 비해 액체 상태로 존재하는 온도구간이 상대적으로 넓은 것도 소화약제로써 큰 장점이다. 비열은 단위질량의 물질의 온도를 1℃(혹은 1K)올리기 위해 필요한 열량으로 액상의 물은 1kcal/kg-℃로 다른 소화약제보다 높음을 이미 표 1-1에 나타내었다. 즉, 물의 높은 비열로 인해 온도상승에 필요한 열을 주위로부터 흡수하는 열량이 상대적으로 크므로 가연물 등의 온도를 낮추는 장점을 가진다. 그러나, 0℃ 이하에서는 동파될 수 있고, 전기도체이며 방사 후 물에 의한 2차 피해의 우려가 있으며, 전기화재, 금속분 화재에는 소화 효과를 얻을 수 없으며, 유류 중에서 물보다 가벼운 물질에 소화 작업을 진행할 때 연소면 확대의 우려가 있다는 단점을 가진다.

참고

수소결합 : O · N · F 등 전기음성도가 강한 2개의 원자 사이에 수소원자가 들어감으로써 생기는 강한 분자 간 인력으로 생기는 결합. 얼음의 경우, 물분자 H_2O가 단독으로 존재하여 결정격자를 만드는 것이 아니라, 1개의 물분자를 기준으로, 그 안의 산소원자를 중심으로 하여 4개의 물분자가 정사면체형태로 둘러싸고, 이것이 무한히 연결된 결정으로 되어 있다. 이 경우 O－H로 나타낸 부분은 보통의 화학결합이지만, H…O의 부분 또는 그것을 포함하는 O－H…O와 같은 결합을 수소결합이라 한다[(7),(27)].

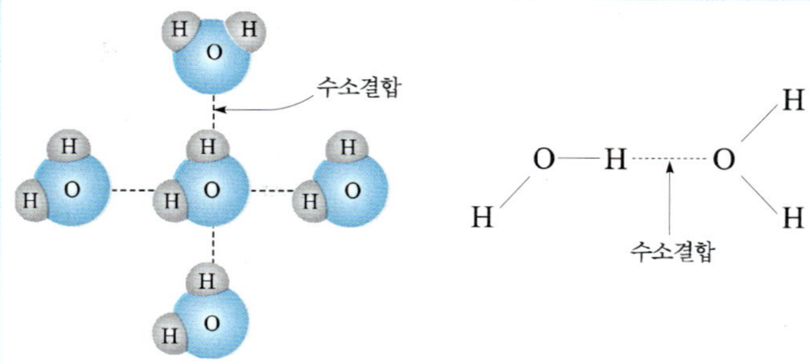

2) 물의 물리적 성질

물의 기화잠열은 약 540kcal/kg으로 다른 소화약제에 비해 상당히 큰 기화 잠열을 가지고 있으며, 얼음 1kg을 융해시키는데는 80kcal/kg의 융해열을 필요로 한다. 또한, 100℃의 물이 100℃의 수증기로 변화할 때의 체적변화는 약 1,700배로 팽창된다.

물은 극성분자로 기름과 같은 비극성분자와는 섞이지 않고 분리되므로, 일반적으로 유류화재에서는 소화약제로 사용될 수 없다. 그러나, 중유와 같은 비중이 큰 유류탱크 화재에서는 제한적으로 무상주수(안개모양 분사)를 통해 유화소화효과를 얻을 수 있다.

강한 수소결합으로 인해 물은 강한 표면장력을 형성한다. 물의 큰 표면장력은 액체상태에서 표면적을 최소화하는 힘이 강하므로, 고체 표면에서 퍼짐현상을 제한하게 된다. 이로 인해 고체 가연물의 연소에서 물의 수평적 확산이나 침투성을 감소시키는 원인이 된다. 그러나, 액체 분자 상호간의 큰 인력은 모세관 현상도 강하게 하므로, 판상의 고체 가연물을 제외하면 모세관현상에 의해 좁은 틈사이로 물이 깊숙이 들어갈 수 있어서 수직적 침투와 소화효율을 높여준다.

3) 소화 원리

물은 큰 기화잠열을 가지고 있으므로 화재의 온도를 발화점 이하로 냉각시켜 소화하는 냉각 작용에 의한 소화효과가 가장 크다. 또한, 증발하여 기화되어 원래 물의 용적의 약 1,700배의 불연성 기체(수증기)로 되기 때문에 화재공간의 공기를 대체하여 가연성 혼합기체에 대하여 희석작용을 하며, 밀폐된 공간이나 실내화재시 무상주수를 통한 질식소화효과가 있다. 비중이 큰 가연성 액체에 대해서는 유화층을 형성하여 가연물과 산소의 접촉을 막는 유화소화작용을 가진다. 또한, 다량의 물로 봉상주수하여 가연물에 물리적 타격을 주어 가연물이 제거되는 간접적인 소화효과도 가진다.

물소화기의 용량은 16 Liter, 13 Liter 등이 있고 방사거리는 10~23m, 방사시간은 약 90초이다.

※ 물이 기화되었을 때 액체일 때 보다 부피가 약 1,700배 증가하는 이유(이상기체 가정)

1기압하에 있는 상온의 물 1kg (n=55.56mol)의 부피는 약 1Liter이다. 이를 100℃로 가열하여 수증기로 만들게 되면, PV=nRT에서

$$V = nRT/P = \frac{55.56\text{mol} \times 0.082\frac{\text{atm-L}}{\text{mol-K}} \times 373.15\text{K}}{1\text{atm}}$$ =1,700.04 Liter가 된다.

즉, 물 1L가 수증기 1700L로 되기 때문이다.

예제 4-1

1기압, 20℃에서 비중이 1.0 인 물 1kg이 1기압, 90℃에서 완전히 기화되었다. 기화된 물의 부피는 얼마이며, 액체 상태에 비해서 몇 배 더 증가했는가? (이상기체 상태방정식을 적용하여 계산하시오.)

풀이

1기압, 20℃ 비중 1.0 인 물 1kg의 부피 =1 Liter.

물 1kg의 mol수 = 1,000/18 = 55.56mol

PV= nRT에서 V = nRT/P

∴ V = 55.56 × 0.082 × 363 / 1 = 1653.8 Liter

기화된 물의 부피는 1653.8 Liter이며, 액체상태에 비해서 1653.8 배 더 증가하였다.

4) 물 소화약제의 주수방법

소화약제로써 물은 크게 봉상(rod type, stream type)주수, 적상(droplet type)주수, 무상(fog type, spray type)주수의 세가지 형태로 나뉘며, 국가화재안전기준에 규정되어 있다. 각각의 주수방법에 대한 특징은 아래 표 4-1에 나타내었다[5].

표 4-1 물소화약제의 주수방법에 따른 특징

	봉상주수	적상주수	무상주수
주수형태	물줄기	작은 물방울	안개와 같은 미세한 물방울
적용설비	소화전설비, 송수관설비	스프링클러	특수설계된 고압 물분무헤드
적용화재	일반화재(A급)	일반화재(A급)	유류화재(B급), 전기화재(C급)

	봉상주수	적상주수	무상주수
장점	옥내 소화전과 옥외 소화전과 같이 소방 노즐에서 분사되는 물줄기 그 자체로 주수소화 하는 방법 (냉각 작용)으로 빠른 시간에 소화가 필요한 경우에 사용.	일반화재에 대한 냉각작용은 봉상주수와 비슷하지만, 효과는 상대적으로 크다.	물과 가연물이 접촉하는 표면적이 증가되어 냉각효과가 극대화 되고, 유화작용을 가진다.
단점	전기, 유류화재에 적용할 수 없다.	전기, 유류화재에 적용할 수 없다.	단위시간당 공급되는 물의 양이 적으며, 바람과 같은 외란으로 날리는 현상이 생긴다.

5) 미분무수(Water mist) 소화설비

최근 소화제로서 물을 주수하는 설비로써 미분무수소화설비를 들 수 있다. 이는 무상주수법의 한 형태이지만, 물 입자의 크기가 상대적으로 더 작다. 국가화재안전기준에 따른 미분무수의 물입자 크기는 분무되는 물입자 중 99%의 누적체적분포가 400㎛이하이며 A,B,C급 화재에 적응성을 갖는 것을 말한다[5]. 소화작용은 무상주수와 비슷하지만 냉각작용과 질식작용이 더욱 크고, 고체가연물의 표면을 냉각시키거나 복사열 차단이 용이하여 연소속도와 확산을 감소시킬 수 있는 장점을 가지지만, 상대적으로 작은 크기로 인해 무상주수로 가능한 유화소화작용이 효과적으로 진행되지 못하며, 화재하중이 큰 공간에서의 소화작용이 비효율적인 단점을 가진다.

참고

화재하중(fire load) : 건물화재에 의한 가열온도. 한 건물에 대한 화재 하중은 내부의 가연물양으로 정해진다. 인접 건물에 대한 화재하중은 내부 가연물의 양과 화재 건물의 구조를 포함한다[10].

6) 물소화약제의 첨가제

물은 단독으로도 경제적이고 아주 우수한 소화약제이지만, 사용온도 등과 같은 물리적 한계를 향상시키기 위하여 동결방지제, 유화제, 강화제, 침투제, 증점제, 감점제 등을 첨가할 수 있다[15].

(1) 동결방지제(antifreezing agent)

물은 0℃ 이하에서 동결되기 때문에 한랭한 지역 등에서 사용하는데 어려움이 있다. 이러한 단점을 극복하기 위해 빙점강하(freezing point depression, 어는점 내림)의 효과를 이용하여 에틸렌글리콜, 프로필렌글리콜, 글리세린 등을 넣어줌으로써 물의 어는점을 더 낮출 수 있다.

빙점강하는 액체 중에 다른 물질이 용해되어 있을 때 어는점이 낮아지는 현상으로 용액의 몰랄농도와 몰내림상수간의 곱으로 구할 수 있다. 즉,

$$\triangle T_f = m \times K_f$$

여기서, $\triangle T_f$: 순수용매와 용액간의 어는점 차

m : 용액의 몰랄농도

K_f : 몰내림상수

몰내림상수는 용매 1000g 중에 용질 1g분자를 함유하는 용액의 어는점 내림 값을 말하며, 용질의 종류에 관계없이 일정하다. 용매가 물일 때 몰내림(K_f)은 1.86℃이다

(2) 유화제(emulsifier)

서로 혼합하지 않는 2종의 액체(보통 물과 이것과 섞이지 않는 기름 등의 유기 액체)가 안정된 에멀션을 만들기 위해서는 일반적으로 제3의 물질을 가할 필요가 있고, 이 물질을 유화제라 한다. 유화제로서 유효한 것은 보통 분자 내에 친수기(hydrophilic)와 친유기의 양쪽을 함유하여 물과 기름의 경계면에 흡착층을 만들기 쉬운 표면 활성화 물질이다[(27),(28)]. 소화약제용 유화제는 물의 유화작용을 강화시켜주며, 주로 비이온성계면활성제 (Polyoxyethylene Alkyl ether 등)가 사용된다.

(3) 강화제(loaded agent)

강화제는 물의 소화능력을 향상시키기 위하여 첨가하는 약제로, 알칼리금속염이 대표적인 물질이며, 그 성능에 대한 기준은 소화약제의 형식승인 및 검정기술기준에 따로 정해놓았다. 소화약제의 형식승인 및 검정기술기준에서 정하는 강화제는 방염성을 가져야 하며, 응고점이 −20℃ 이하, 강화제를 첨가한 방사액의 수소이온농도는 pH 5.5 이상이어야 한다[(1)].

(4) 침투제(wetting agent)

침투제는 물의 표면장력을 떨어뜨려 물의 응집력을 약화시키고 접착특성을 강화하여 필름 상으로 퍼질 수 있도록 한다[6]. 소화약제의 형식승인 및 검정기술기준에서 정하는 침투제는 물에 쉽게 용해되어야 하며, 침투제를 첨가한 침윤소화약제는 0~50℃범위에서 분리되지 않아야 하며, 33dyne/cm (=33×10^{-5}N/cm) 이하의 표면장력을 가져야 한다[1].

(5) 증점제(viscous water agent)와 감점제

증점제는 물의 점도를 증가시켜 물이 고체 가연물에 부착되었을 때, 그 표면에 머무르는 시간을 증가시켜주는 것으로 산불과 같이 한정된 양의 물로 넓은 면적에 사용할 때 효과적이다[27]. 감점제는 증점제의 반대 개념으로, 물의 점도를 떨어뜨려 관 내부와의 마찰력을 줄여 줌으로써 다량의 물을 빠른 시간내에 방사할 수 있도록 할 경우에 효과적이다.

7) 물소화기의 종류

물소화기의 종류는 크게 펌프식(수동식)과 축압식, 가압식으로 구분할 수 있다. 펌프식은 소화기에 수동 펌프를 설치하여 피스톤의 압축효과를 이용하여 소화기내의 가압된 공기압에 의해 방출시키는 방법이며, 축압식은 소화기 내부에 압축공기를 넣어서 그 압력으로 물을 압축시키는 방법이다. 그리고, 가압식은 본체용기와 별도로 가압용 가스(N_2 등), 이산화탄소(CO_2), 등의 가스를 가압용 봄베(용기)를 설치하여 그 가스 압력으로 물을 방출시키는 방식으로 대형소화기에 사용된다. 그림 4-1에 펌프식(수동식)과 축압식 물소화기를 나타내었다.

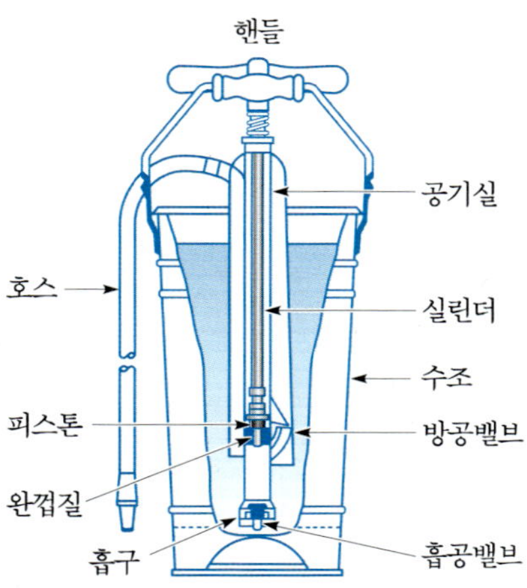

(a) 펌프식(수동식)

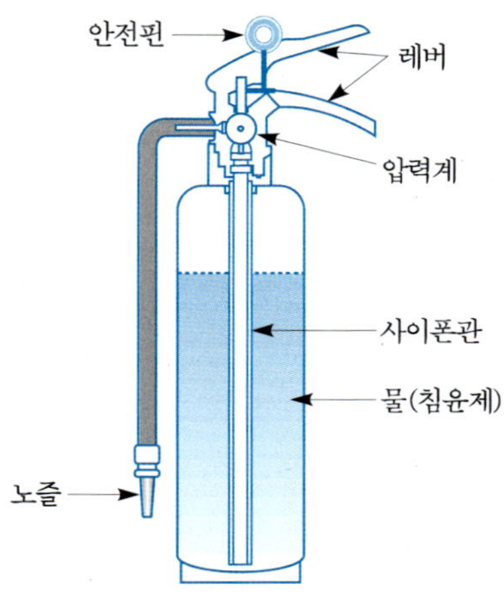

(b) 축압식

그림 4-1 물 소화기의 펌프식과 축압식

참고

※ **봄베(bomb, bombe)**

압축가스를 속에 넣고 저장 · 운반 등에 사용하는 강철로 만든 고압용기로, 용접용기와 이음매 없는 용기로 나누어진다. 용접용기는 비교적 저압의 액화가스용이며, 용기의 두께도 얇고 중량도 가볍다. 이음매없는 용기는 기체를 100기압 이상의 고압으로 가압하여 저장하는 것이므로 용기의 두께도 두껍고 중량이 70kg 이상이 되는 것도 있다.

※ **사이폰(siphon) 관**

액체를 용기 속의 액면보다 낮은 위치로 옮기기 위해 액체를 한 단 높여서 밖으로 유도되게 구부린 관.

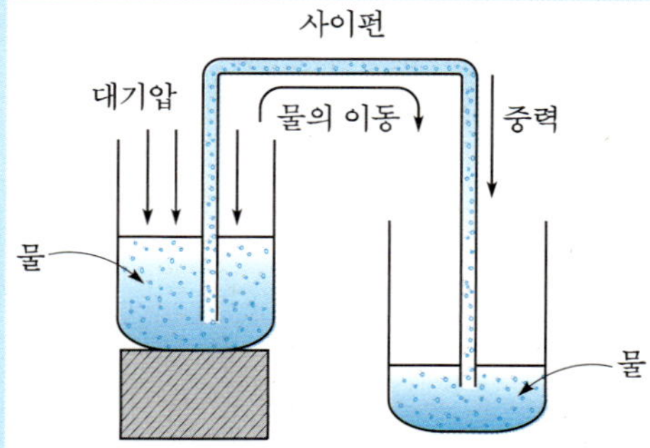

2 산·알칼리 소화약제

산·알칼리 소화약제는 산성의 용액과 염기성의 수용액을 반응시켜 거품을 발생시키는 소화약제이다. 화학포소화약제와 원리는 비슷하지만 규모가 작고 반응이 빠른 점이 다르다. 별도의 용기에 중탄산나트륨(탄산수소나트륨, 중조, $NaHCO_3$)와 황산(H_2SO_4)을 수납하여 전도시키거나 파병에 의해서 투약제가 혼합하면 화학적인 작용이 진행되어 가압용 가스(CO_2)에 의해 약제를 방출시킨다. 화학반응식은 아래와 같다.

$$2NaHCO_3+H_2SO_4 \rightarrow Na_2SO_4+2CO_2+2H_2O$$

최근에는 약제의 부식성에 따른 사용상의 불편함과 다른 소화기에 비해 소화효율이 떨어지는 단점으로 생산과 사용을 거의 하지 않는다.

산·알칼리소화기의 종류는 전도식과 파병식, 이중병식이 있다. 전도식은 용기 본체를 외통이라 하고 용기 상부에 합성수지 용기를 내통이라 하는데 외통에는 중조와 물, 내통에는 농황산을 넣어 전도시키면 투약제가 혼합되어 화학작용이 진행되어 약제를 방출구로 방출시키는 방식이다. 전도식의 경우, 방출용액의 pH는 5.5이상이어야 하며, 30° 이하로 기울일 경우 약제가 혼합되지 않아야 한다. 파병식은 용기본체의 중앙부 상단에 황산(H_2SO_4)이 든 앰플

(ample)을 파열시켜 투약제가 혼합되어 화학작용이 진행되어 가압원인 이산화탄소(CO_2)가 발생하여 CO_2의 압력으로 약제를 방출시키는 방식이며, 이중병식은 용기본체 중앙부 상단에 농황산이 들어있는 앰플을 파열시키면 투약제가 혼합되어 화학작용이 진행되어 가압원인 CO_2가 발생하여 CO_2의 압력으로 약제를 방출시키는 방식이다. 그림 4-2는 전도식 산·알칼리소화기를 나타낸 것이다.

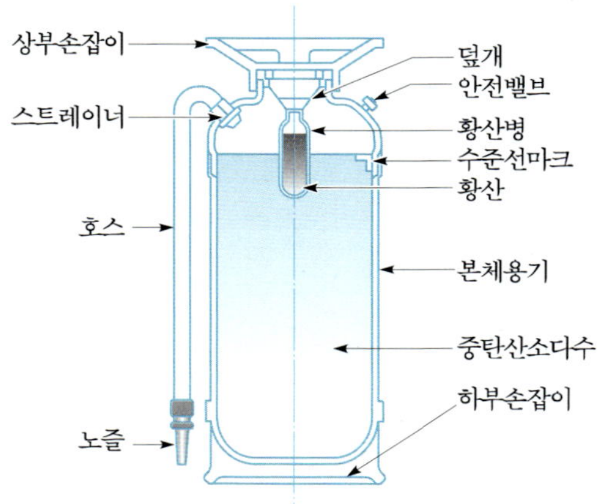

그림 4-2 전도식 산알칼리소화기

참고

※ 앰플 (ample, ampoule)

한끝을 가늘고 길게 뻗게 한 유리제 그릇. 그 끝을 녹여 봉할 수 있으므로 쉽게 외기나 균류와의 접촉을 막아 물질을 보존 저장하는 데 적합하다. 휘발성 액체, 부식성 물질, 공기 중에서 매우 불안정한 물질, 흡습성의 것이나 이산화탄소와 결합되기 쉬운 것의 보존 또는 잡균의 혼입을 막기 위해 의약품류, 표본 등의 멸균 보존에 사용된다[27].

예제 4-2

산 · 알칼리 소화약제의 화학반응식을 적으시오.

풀이

$$2NaHCO_3 + H_2SO_4 \rightarrow Na_2SO_4 + 2CO_2 + 2H_2O$$

3 강화액 소화약제

물의 소화능력을 향상시키고 한냉지역, 겨울철에 사용할 수 있도록 어는점을 낮춘 수계소화약제이다. 물에 탄산칼륨(K_2CO_3)을 보강시켜 만든 소화기로 액성은 강알카리성이다. 강화액 소화약제의 성상은 pH 12 이상, 액 비중은 1.3 ~ 1.4, 응고점은 −17 ~ −30℃이고, 사용온도는 −20 ~ −40℃, 그리고 독성과 부식성이 없어야 한다[(1)].

강화액 소화기의 종류에는 축압식과 가스가압식, 반응식(파병식)이 있으며, 축압식은 강화액 소화기 중에서 가장 널리 사용되는 것으로 8.1 ~ 9.8kg/cm^{2}의 압력으로 압축공기 또는 질소(N_2)가스를 축압시킨 것을 말한다(일반적으로 압축공기를 많이 사용한다). 또한, 압력지기계가 부착되어 있으며 방출 방식은 봉상 또는 무상인 소화기다. 가스 가압식은 강화액을 충전한 용기속에 가압용 이산화탄소(CO_2)가스용기가 장착되어 있고 축압식과 같지만, 압력지시계가 없으며 안전밸브와 액면 표시가 되어 있는 소화기이다. 반응식 (파병식)은 산알카리 소화기의 파병식과 동일하여 탄산칼리 수용액에 황산(H_2SO_4)을 반응시켜 반응시 가압원인 이산화탄소(CO_2)에 의해 약제를 방출하는 방식이다. 그림 4-3은 축압식 강화액소화기를 나타낸 것이다.

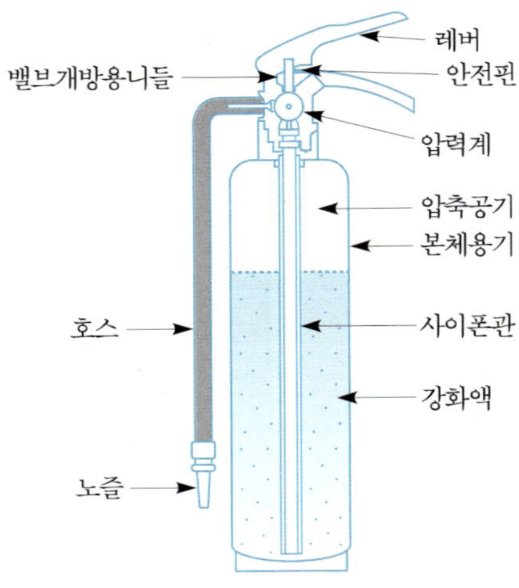

그림 4-3 축압식 강화액 소화기

4 포소화약제

물에 의한 소화능력을 향상시키기 위하여 거품을 방사할 수 있는 약제를 첨가하여 질식효과를 얻을 수 있으며, 부분적으로 냉각효과와 유화효과를 얻을 수 있도록 만든 소화약제로 수계소화약제로 분류된다. 포소화약제의 거품 발생 원리는 크게 두 가지로 화학반응을 통한 것(화학포)과 거품을 잘 일으키는 발포제 성분을 물에 희석하여 공기를 주입한 후 기계적으로 거품을 발생시키는 것(기계포)이다. 포소화약제는 기본적으로 i)부착성이 좋고, ii)열에 대한 센 막을 가지고 유동성이 있어야 하며, iii)바람에 견디는 응집성과 안전성을 가지고 있어야 하며, iv)비중이 적고 방부처리된 것이어야 한다[1].

일반적인 포소화약제의 장점은 i)사람에게는 해가 없고 방사 후에도 독성가스의 발생이 없다. ii)거품에 의한 소화 작업이 진행되므로 가연성 유류 화재 시 질식효과와 냉각효과가 있다. iii)옥내 및 옥외에도 소화 효과가 뛰어나다. iv)재연소가 가능한 소화에도 효과가 있다. v)봉상주수에 의한 연소면의 확대가 우려되는 유류화재에도 효과가 있다. 단점으로는 i)겨울철에는 유동성이 약화되어 소화효과가 떨어질 수 있다. ii)단백포의 경우에는 침전이 일어나 부패가 되기 쉽기 때문에 정기적으로 약제를 교체할 필요가 있다. iii)약제를 방사한 다음에 약제 잔유물이 남는다.

1) 화학포

화학반응을 일으켜 거품을 방사할 수 있도록 만든 소화약제이며, 화학포소화기는 모두 전도식 (거꾸로 뒤집는 방식)이다.

황산알루미늄 ($Al_2(SO_4)_3$, 내약제)과 중탄산나트륨($NaHCO_3$, 외약제)에 기포안정제를 서로 혼합되면 화학적으로 반응을 일으켜 방사 압력원인 이산화탄소(CO_2)가 발생되어 CO_2 가스압력에 의해 거품을 방사하는 형식(화학포소화기의 포핵은 CO_2)으로 화학반응식은 아래와 같다.

$$6NaHCO_3 + Al_2(SO_4)_3 \cdot 18H_2O \rightarrow 3Na_2SO_4 + 2Al(OH)_3 + 6CO_2 + 18H_2O$$

포를 방출하는 장치가 다소 복잡하고 포원액의 변질 등으로 인해 국내에서는 따로 형식승인 등을 가지고 있지 않다. 기계포에 비해 상대적으로 두꺼운 포의 두께로 인해 포의 점착성과 내화성이 우수한 장점이 있지만, 가격이 비싸고, 발포장치의 복잡성, 변질의 문제 등으로 인해 현재는 거의 사용되고 있지 않다.

화학포소화기는 크게 보통전도식, 내통밀폐식, 그리고 내통밀봉식으로 구분되며, 보통전도식은 노즐을 잡고 소화기를 전도시켜 바닥의 손잡이를 잡고 흔들면 외약제와 내약제가 혼합되어 발생된 이산화탄소의 압력으로 거품을 방출한다. 내통밀폐식은 차량, 선박 등에 비치하는 소화기로써 핸들을 돌려 두껑을 위로 올린 후 보통전도식과 같은 방법으로 거품을 방출한다. 내통밀봉식은 내통밀폐식과 같은 용도로 사용하는 소화기로 내통밀봉식 구조의 안전캡을 해체하고 푸시금구를 사용하여 납봉판을 파괴시킨 후 보통전도식과 같은 방법으로 거품을 방출한다. 화학포 소화기의 3가지 형태를 그림 4-4에 나타내었다.

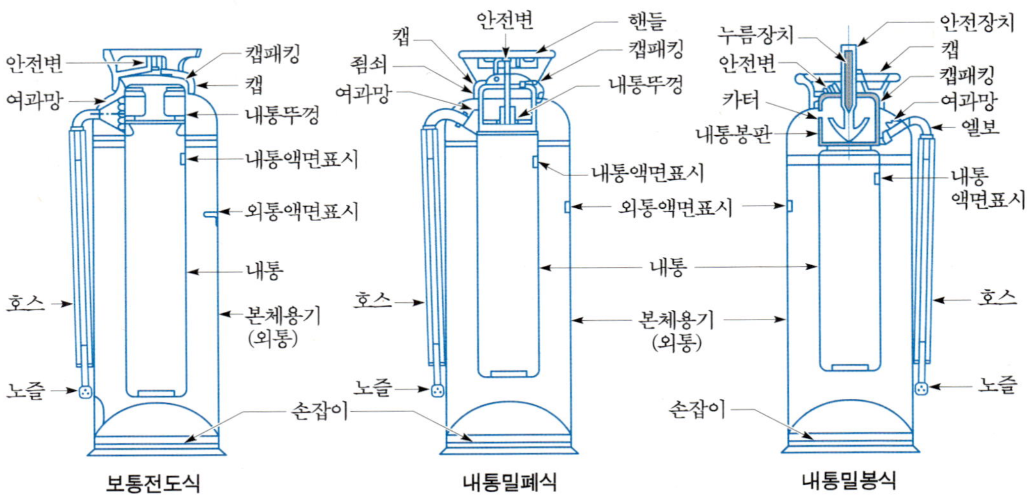

그림 4-4 화학포 소화기의 3가지 형태

참고

기포안정제 : 가수분해단백질, 계면활성제, 사포닌(샤포닝), 소다회 등

2) 기계포

인위적으로 발포기(거품을 발생시키는 장치)를 설치하여 거품을 만들어내도록 한 것으로 공기포라고도 한다. 화학포에 비해 발포량이 많고, 포원액의 부피가 작으며, 포를 빠르게 발생시킬 수 있는 장점이 있다. 화학포에 비해 저장과 보관이 용이하며, 소화약제의 형식승인 및 제품검사의 기술기준에 그 형식과 기술기준이 명시되어 있다[1].

기계포 소화약제는 성분에 따라 단백질계와 계면활성제계로 구분되며, 단백질계는 다시 단백포와 불화단백포소화약제로 구분된다. 계면활성제계는 합성계면활성제계, 수성막포, 알코올형포소화약제 등으로 나뉜다[1].

(1) 단백포 소화약제

단백질을 가수분해한 것을 주원료로 한 것으로, 동물의 뼈, 뿔, 발톱, 피, 식물성단백질이 사용된다. 이와 함께 안정제, 방부제, 접착제, 점도 증가제 등을 첨가하여 특이한 냄새가 나는 흑갈색의 끈끈한 액체이며 3%형과 6%형이 있다. 단백포 3%형은 단백포 원액 3 Liter에 물 97 Liter를 가하여 포수용액 100 Liter를 만든 것을 말한다.

단백포소화약제의 장점은 저렴하고, 포의 안정성과 내열성이 뛰어나며, 유면 위를 봉쇄하여 재연소 방지능력이 우수하다는 것이다. 또한, 뛰어난 포의 안정성과 내열성으로 인해 가연성 및 인화성 액체의 저장탱크 화재 시 발생되는 윤화현상(ring fire)이 거의 나타나지 않는다.

참고

윤화현상 (ring fire) : 유류저장탱크 등의 화재에 포소화약제를 사용할 때 탱크액면의 중앙부 쪽은 소화가 되더라도 탱크의 가장자리 부분은 탱크 벽면의 고열로 인해 유류가 가열되어 있으므로 포소화약제의 거품이 신속하게 소멸되어 소화가 되지 않으므로 인해 탱크의 가장자리 부분에만 화염이 지속되는 현상[13].

단백포소화약제는 동물, 식물성 단백질을 첨가시킨 형태로 내구력이 없어 보관시 유의해야 하며, 겨울철에는 유동성이 작아지는 단점을 가진다. 또한, 다른 포소화약제에 비하여 부식성이 있으며, 포의 유동성이 낮아서 소화시간이 길고, 유류를 오염시키는 단점을 가진다.

(2) 불화단백포 소화약제

단백포의 단점을 개선시킨 단백질계포소화약제로, 단백포의 장점에 포의 유동성을 증가시킨 소화약제이다. 불화단백포는 단백포에 불소(F)를 첨가하여 큰 내화성과 더불어 유동성을 증대시킬 수 있으므로 인해 유류표면에서의 포의 유동성은 단백포보다 약 1.5배 정도 더 크며, 소화시간도 단축시킬 수 있다. 또한, 불화단백포는 유류에 오염되지 않으므로 액면하 주입방식으로 이용되며, 침전물이 거의 생기지 않아 경년기간이 길지만 가격이 비싼 단점을 가진다[11]. 내유성 계면활성제로 인해 유류와 섞이지 않고 겉돌게 되므로 유류를 오염시키지 않으므로 수성막포와 함께 표면하 주입방식(subsurface injection system)에 적합하다. 표면하 주입방식은 유류 탱크하단에 설치된 포방출구로부터 액체가연물 내부로 포가 방출되는 방식으로 그림 4-5에 나타내었다. 표면하 주입방식은 포가 유류하부로부터 상부로 부상하는 방식이기 때문에 유류의 오염이 없는 소화약제를 사용해야 한다. 이 방식은 포의 부상에 따라 탱크 하부의 차가운 액체를 상부로 이동시켜 상부의 뜨거운 액체를 냉각시켜주기 때문에 유류표면에 효율적인 포의 전개가 가능한 장점을 가진다[11],[22].

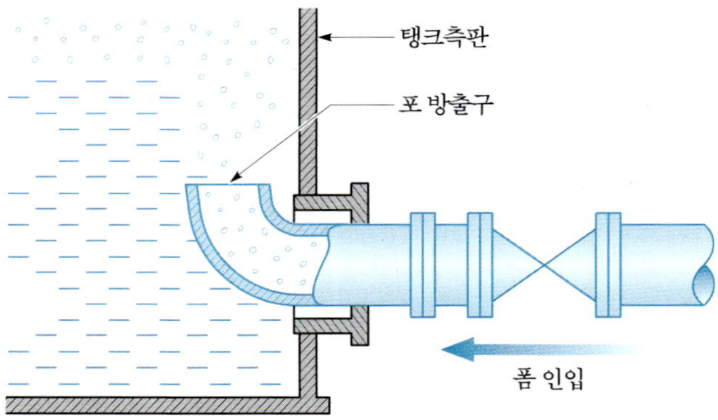

그림 4-5 표면하 주입 방출구

(3) 합성 계면활성제 포소화약제

기포제로 계면활성제인 알킬벤젠, 슬폰산염, 고급알코올, 황산에스테르 등을 사용하여 포의 안정성을 위해 안정제를 첨가한 소화약제로 1%, 1.5%, 3%, 6% 형이 있으며, 주로 3%형과 6%형이 많이 사용된다.

장점으로는 약제의 변질이 없고, 거품이 잘 만들어지고 일반적인 유류유출화재와 더불어 일반화재에도 효과가 높다. 또한, 단백포에 비해 유동성이 좋고 겨울철에도 안정성이 있다. 그러나, 단백질계포소화약제에 비해 짧은 포의 환원시간과 낮은 내화성과 내유화성을 가지는 단점을 가지고 있기 때문에 포의 안정성을 높여주는 안정제와 포액에 의한 설비의 부식방지를 위한 방청제 등 여러 가지 첨가제를 넣어주며, 다른 포소화약제에 비해 낮은 내열성으로 인한 재연소의 위험으로 유류저장탱크의 소화설비용 약제로는 적합하지 않다[11],[22].

(4) 수성막포 소화약제

불소계 계면활성제가 주성분이으로 수성막형성포(Aqueous film forming foam, AFFF)라 한다. 3M에서 'light water'라는 명칭으로 먼저 상품화하였으며, 2%, 3%, 6%형이 있다. 단

백포보다 효과적으로 화재의 상승기류에 침투하여 무겁고 점성이 있는 포를 형성한다. 탄화수소계 계면활성제의 표면장력은 25dyne/cm 이상이지만, 수성막포의 표면장력은 상온에서 15~23dyne/cm 정도로 낮은 표면 장력으로 인해 일반 가연물에도 빠르게 침투하여 물의 소화효과를 높여 준다[22]. 포소화약제중에서 가장 우수한 소화효과를 가지고 있으며, 유류화재에 우수한 소화효과를 나타내지만, 비생분해성 불소계계면활성제의 함유로 환경에 유해한 단점을 가진다. 그러나, 수성막포는 유류표면에 수계성분의 얇은 막을 형성하여 유류증기를 차단함으로써 질식소화, 유화소화 뿐만 아니라 부분적인 제거소화의 효과를 나타낸다[13]. 또한, 단백포에 비해 내열성, 내포화성, 재연소방지효과가 뛰어나고, 보존성이 다른 포 소화약제에 비해 우수하다. 내약품성이 우수하여 유류화재 시에 분말소화약제와 함께 사용할 수 있다. 그러나, 내열성이 아주 약해 윤화현상(RingFire)이 일어날 수 있으며, 대형화재 또는 고온화재이상시 수성막생성이 곤란한 단점이 있다.

(5) 알코올포 소화약제

위험물 중에서 수용성의 가연성 액체에 화재가 일어났을 경우 포를 방사하면 포의 94~97%가 물이기 때문에 수용성의 가연성 액체와 접촉하게 되면 포의 수분이 빠르게 가연성 액체 쪽으로 이동되어 포가 탈수되면서 순식간에 소멸됨과 동시에 수용성의 가연성 액체는 거꾸로 포쪽으로 이동하여 수분과 수용성 액체가 서로 자리바꿈하는 치환현상이 일어나고 포쪽으로 이동된 수용성 액체는 포를 이루고 있는 유기물질을 응고시켜 포가 깨어지는 것이다[22]. 즉, 수용성의 가연성 액체가 포 속의 수분을 앗아감으로 인해 포가 터져버리고 소화효과를 잃게 되는 소포성현상이 발생한다. 이러한 현상을 막기 위해 점성이 크고 내알코올성 물질을 첨가하여 수용성액체와의 치환현상을 막아주도록 설계된 소화약제가 알코올포소화약제이다. 과거에는 단백질의 가수분해물질에 금속비누(알칼리 금속염 이외의 금속염으로 만든 비누)를 첨가한 형태였지만, 현재는 고분자겔 생성형(계면활성제 + 고분자겔 생성물)이나 불소단백형(단백질분해물+불소계 계면활성제) 알코올포소화약제가 사용되고 있다.

수용성이 있는 가연성 액체인 메틸알코올, 에틸알코올, 아세톤, 초산메틸에스테르류, 글리세린, 에틸렌글리콜, 피리딘 등의 화재에 효과가 있다.

3) 포소화약제의 물성 및 구비조건 등

기계포소화약제의 팽창비는 약제의 종류나 농도, 발포장치에 따라 달라진다. 팽창비는 발포비라고도 하며, 발포된 포의 부피를 포수용액의 부피로 나눈 값이다. 즉, 액상의 포수용액 체적에 대해 발포된 포의 체적이 몇 배인지를 알려주는 값이다.

$$팽창비(발포비) = \frac{발포된\ 포의\ 부피}{포수용액의\ 부피}$$

소화약제의 형식승인과 기술기준에 따른 희석비율은 3%와 6%가 있으나, 합성계면활성제 포소화약제의 경우, 고발포인 경우에만 1%, 1.5%, 2%의 세 가지로 나눈다[(1)].

예제 4-3

화학포수용액 15 Liter를 노즐을 통해 발포시켰더니 방출된 포의 부피가 총 165 Liter였다. 이 화학포소화기의 발포비는 얼마인가?

풀이

팽창비(발포비) = 165 / 15 = 11배

표 4-2, 4-3에 중요 포소화약제의 기본 물성과 팽창비에 따른 구분을 각각 나타내었다.

표 4-2 포소화약제의 물성표

물성 \ 종류	단백포	합성계면활성제포	수성막포	알코올포
pH(20℃)	6.0~7.5	6.5~8.5	6.0~8.0	6.0~8.5
비중(20℃)	1.1~1.2	0.91~1.2	1.01~1.15	0.91~1.2
동점도(stokes)	400 이하	200 이하	200 이하	400 이하
유동점(℃)	-7.5	-12.5	-22.5	-22.5
팽창비	6배 이상	저발포 6배 이상 고발포 80배 이상	5배 이상	6배 이상
침전원액량	0.1%(V%) 이하			

※ 동점도(stokes) : 점도를 밀도로 나눈 값으로, 점도 1p(poise)인 밀도가 1g/cc인 물질의 동점도를 말한다. 즉, 1p = 1dyn · sec/cm^2 = 1g/cm · sec 이므로, 1stokes = 1cm^2/s

표 4-2 포소화약제의 팽창비율에 따른 구분

	고발포		중발포	저발포
팽창비	80배~1,000배		20배 초과~80배 미만	20배 이하
	제1종 기계포	80배~250배		
	제2종 기계포	250배~500배		
	제3종 기계포	500배~1,000배		

예제 4-4

3% 포수용액내에 들어있는 포 원액의 부피가 24 Liter이고, 발포비 200배로 분출되는 포의 총 부피는 몇 m^3인가?

풀이

포수용액의 농도 = 포 원액의 부피 / 포수용액의 부피

∴ 포수용액의 부피 = 포 원액의 부피 / 포수용액의 농도 = 24 / 0.03 = 800 Liter

팽창비(발포비) = 발포된 포의 부피 / 포수용액의 부피

∴ 발포된 포의 부피 = 발포비 × 포수용액의 부피 = 200 × 800 = 160,000Liter

= $160m^3$

(1) 기계포 혼합방식

기계포의 경우, 포소화약제를 물과 일정 농도로 혼합해주는 과정을 거쳐야 한다. 포약제 혼합장치는 프로포셔너(Proportioner)라고 부르며 포약제와 물을 규정된 기준에 맞춰 희석 용량농도의 포수용액으로 혼합시키기 위한 것이다. 혼합방식은 크게 펌프혼합방식(pump proportioner type), 펌프흡입프로포셔너방식, 워터모터펌프프로포셔너방식, 가압치환방식(pressure proportioner type) 그리고 압력혼합방식(pressure side proportioner type, 압입식)의 다섯 가지로 세분화시킬 수 있다[29].

① 펌프혼합방식장치(pump proportioner type)

펌프의 토출관과 흡입관 사이의 배관 도중에 흡입기를 설치하여 가압송수용펌프에서 토출된 물의 일부를 보내고 농도조절밸브에서 조정된 포소화약제의 필요량을 포소화약제

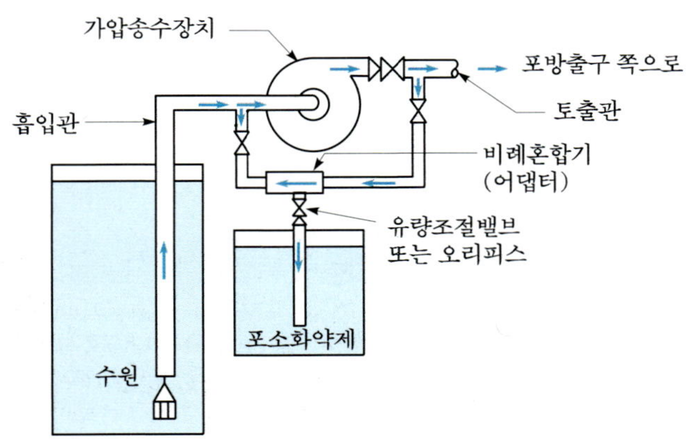

그림 4-6 펌프혼합방식

탱크에서 펌프 흡입측으로 보내어 이를 혼합하는 방식이다. 포소화약제의 손실이 적으므로 포소화용 화학소방차나 소용량의 저장 탱크용에 주로 사용된다. 약제로 인한 펌프의 부식이 다른 방식보다 심한 단점을 가진다.

② 펌프흡입프로포셔너방식

이 방식은 펌프의 흡입관에 바이패스관을 설치하고, 이 관의 송수경로 중에 혼합기를 설치한 것이다. 펌프가 운전하여 수원의 물이 흡인되면 동시에 혼합기에서 포소화제를 흡인하여 혼합하여 물과의 합류점에서 규정의 비율로 혼합하는 것이다. 이 방식은 약제의 유입이 부압이 되지 않도록 해야 하므로 약제저장탱크가 펌프본체보다 높은 위치에 있어야한다. 또한, 펌프흡입관에 공기정체가 생기지 않도록 배관방식을 고려해야 한다.

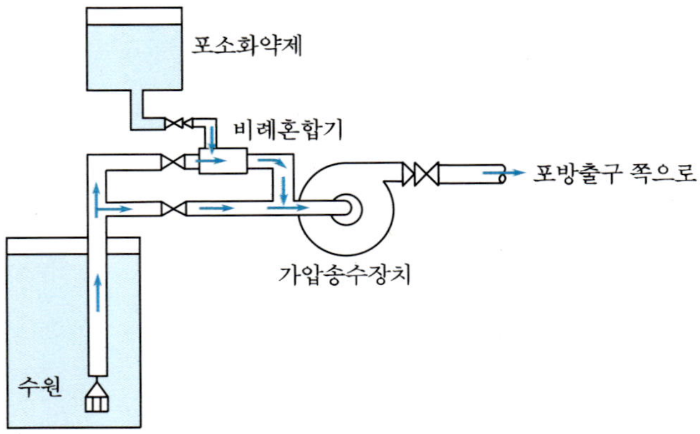

그림 4-7 펌프흡입프로포셔너 방식

③ 워터모터펌프프로포셔너방식

워터모터(수동력)와 포소화약제용의 펌프를 결합하여 일체로 한 것으로, 가압송수장치

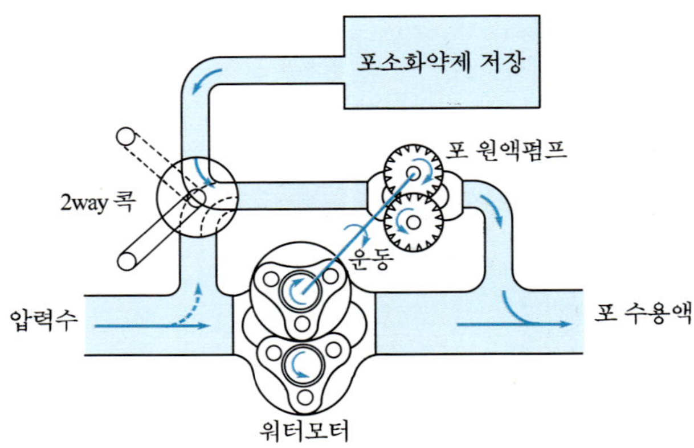

그림 4-8 워터모터펌프 프로포셔너 방식

와 포방출구와의 사이에 이것을 설치한다. 포(泡)전용펌프의 흡입관은 약제 저장탱크에 연결하고 토출관은 워터모터의 토출관에 설치한 혼합기에 접속한 것이다. 물이 포방출구 쪽으로 흐르면 워터모터가 회전하여 이것과 같은 축으로 되어있는 포전용 펌프가 운전되어 포소화약제를 보내어 혼합기에서 규정의 비율로 혼합한다.

④ 가압치환방식(pressure proportioner type)

펌프와 발포기 중간에 설치된 벤츄리관의 벤츄리 작용과 펌프 가압수의 압력에 의하여 포소화약제를 흡입하여 혼합하는 방식이다. 대부분의 국내 기계포소화설비에 운용되고 있다. 혼합기의 압력손실이 적고 높은 효율을 가지는 장점이 있으나, 원액탱크는 항상 소화 주관으로부터의 압력이 가해지기 때문에 압력용기를 사용해야 하며, 적정 혼합비에 이르는 시간이 다른 방식에 비해 길다는 단점을 가진다. 그림에서 (a)의 방식은 약제탱크에 물을 직접 넣고 약제가 흡입관으로 들어가도록 하는 것이고, (b)의 방식은 약제탱크 중에 물을 넣으면 약제탱크 중에 있는 이동식 다이아프램이 밀려 올라가 이 다이아프램의 반대측에 있는 약제는 약제탱크에서 밀려나가 송액관으로 들어가는 것이다. 이것은 물이 교체하는 것이므로 치환방식이라고도 말한다. 약제를 물에 압입하는 방법이지만 가압송액장치가 특히 필요로 하지 않는 것이다.

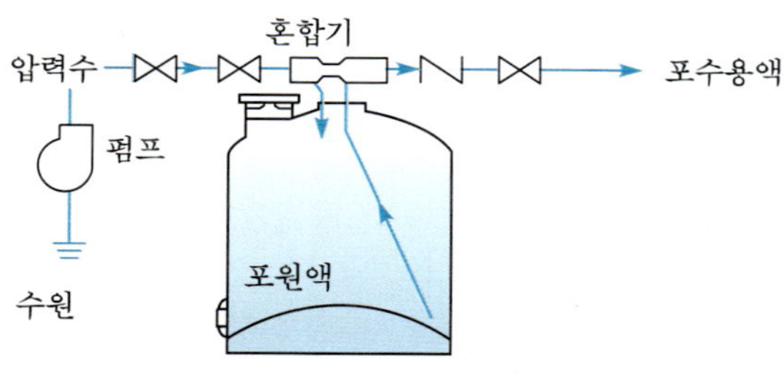

(a)

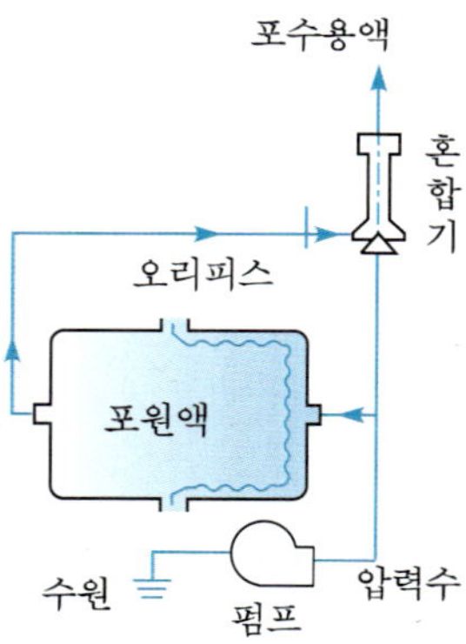

(b)

그림 4-9 가압치환방식

참고

※ 벤츄리 방식(원리)

관이 좁아지는 곳에서 유체의 속도는 빨라지고 압력은 낮아지는 작용으로 관의 도중을 가늘게 하여 흡인력으로 약제와 물을 혼합하는 작용.

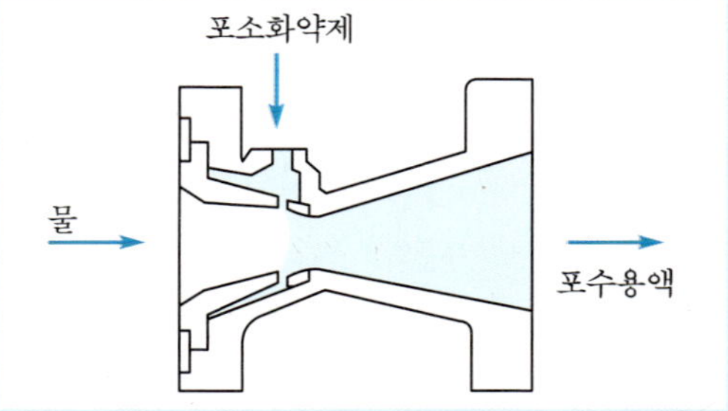

〈벤츄리방식 포혼합기의 예〉

※ 오리피스 방식(원리)

배관의 중간에 구멍이 뚫린 칸막이를 오리피스라 한다. 오리피스를 통과하는 유체의 압력차를 이용하여 유량을 측정하거나 조절한다.

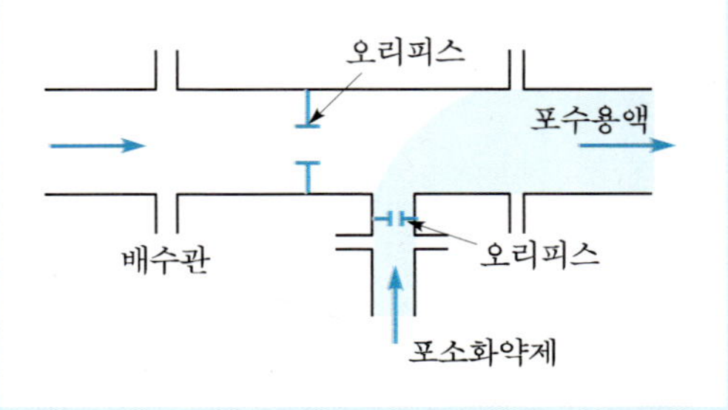

〈오리피스방식 포혼합기의 예〉

⑤ 압력혼합방식(pressure side proportioner type, 압입식)

펌프의 토출배관에 압입기를 설치하여 포소화약제 압입용 펌프로 포소화약제를 압입시켜 혼합하는 방식이다. 혼합기의 압력손실이 적고, 유량범위가 넓으며, 장기보존과 운전 후 재사용이 가능한 장점을 가진다. 포원액 저장탱크에 가해지는 압력이 거의 없기 때문에 압력탱크가 필요하지 않으므로 대용량에 적합하고, 포원액 탱크를 적재하는 화학소방차에 이 방식이 주로 적용된다. 대단위 고정식 소화설비에 주로 적용이 되므로 초기 설비비와 유지비가 비싸고, 약제탱크의 토출압력이 급수펌프의 토출압력보다 낮으면 원액이 유입되지 않는 단점을 가진다. 또한, 약제에 따라서 부식성이 있는 것이 있기 때문에 펌프의 재질을 고려할 필요가 있다

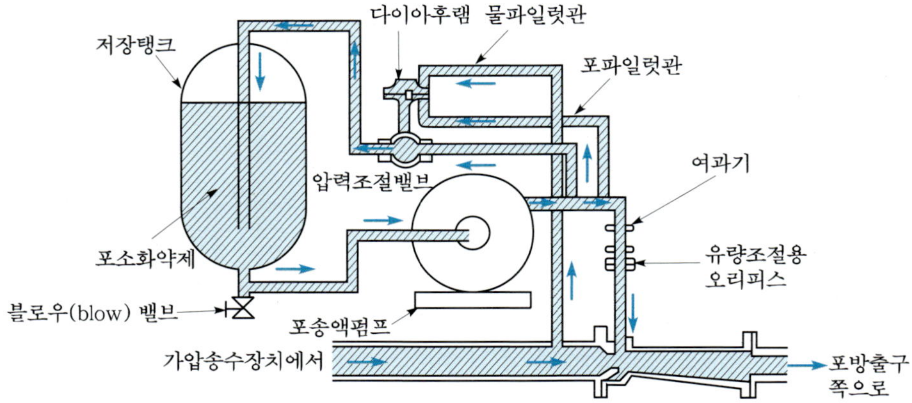

그림 4-10 압력혼합방식

4) 포소화기의 보존 및 사용상 주의사항

① 전기나 알코올류 화재에는 사용하지 못한다(특수포 등에 대해서는 알코올류에 적응성을 가지므로 사용할 수 있음).

② 동절기에는 동결하지 않도록 조치를 취할 것.

③ 사용 후에는 물로 닦은 후 국가검정에 합격된 소화약제를 충전하고 합격표지를 부착한다.

④ 안전한 장소에 보관하고 넘어지지 않게 한다.

⑤ 취급 시 주의사항 : 약액을 교환할 때도 용기내부를 물로 씻어야 하고 주성분이 동물의 뼈와 피이므로 약제가 변질되기가 쉽다. 따라서, 5℃ 이하에서는 유동성이 나빠지기 때문에 보온 조치를 해야 한다.

5) 포소화약제의 설비

포소화약제 설비는 설치방식에 따라 i)고정식(fixed system) 포소화설비, ii)반고정식(semi fixed system) 포소화설비, iii)이동식(mobile system) 포소화설비, 그리고 iv)간이식(portable system) 포소화설비로 구분된다. 각각의 설치방식에 대한 특징은 아래 표 4-4에 나타내었다.

표 4-4 포소화약제 설치방식에 따른 특징과 설치 예[(12),(18)]

설치 방식	특징
고정식 (fixed)	– 전체 설비(포발생장치, 포수용액, 포방사기)가 고정되어 있는 방식. – 대형소방대상물에 주로 적용. – 최소의 인력과 장비를 보유한 규모가 작은 경우에 적합.
	예 : 옥외탱크의 폼챔버, 옥내건물의 포헤드설비

설치 방식	특징
반고정식 (semi fixed)	– 방호대상물 주위까지 고정식으로 배관과 방출구 설치하고, 포수용액을 차량 등으로 운송하여 배관에 접속하는 방식. 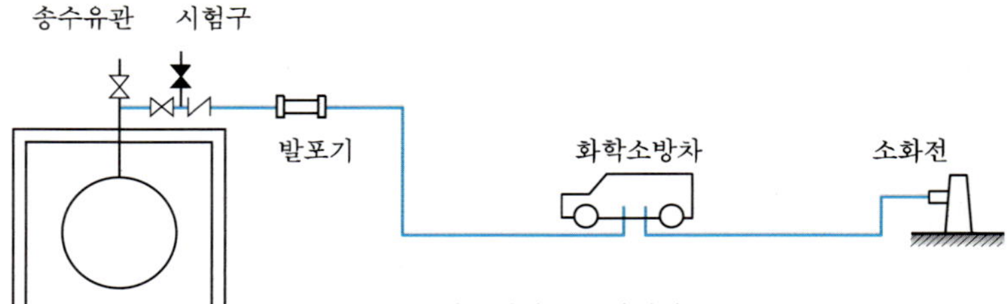 반고정식 포소화설비
	예 : 옥외 대형탱크를 가진 대규모 석유화학단지에 주로 적용
이동식 (mobile)	– 저발포에 한하며, 포발생에 필요한 모든 설비가 차량에 장착되어 있거나 차량에 의해 견인되는 설비방식.
	예 : 화학소방차
간이식 (portable)	– 포발생 관련 설비 전체를 손으로 이동할 수 있도록 한 것.
	예 : 휴대용 간이 포설비

이 외에도 크게 고정식과 이동식으로도 구분하여 분류하기도 한다[29]. 아래 그림 4-11에 고정식과 이동식의 대분류로 본 포소화설비에 대한 특징을 간략히 설명하였다.

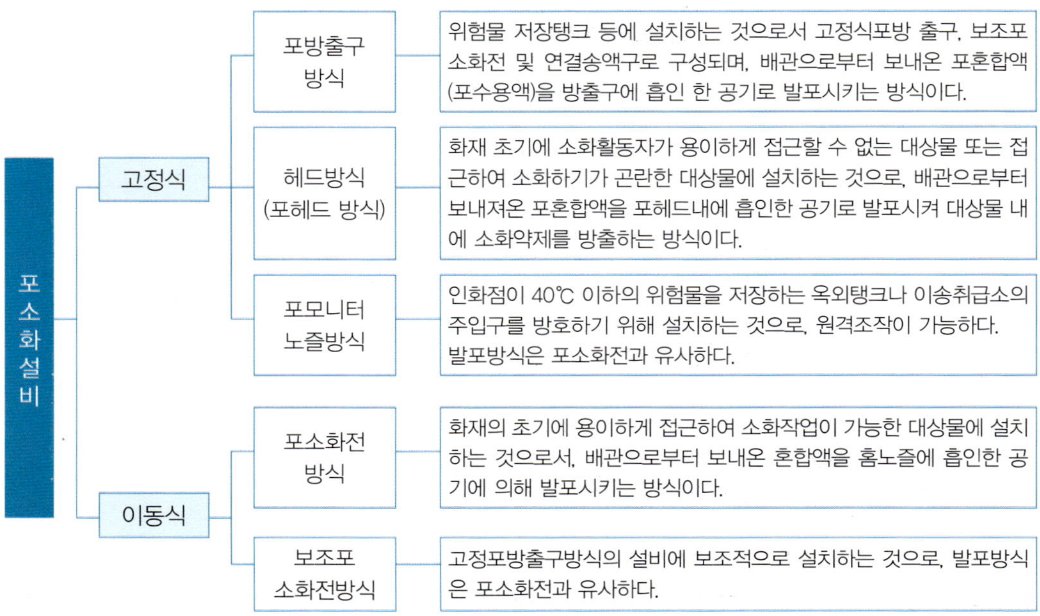

그림 4-11 포소화설비의 개요 및 특징

포의 방출방식에는 i)포워터 스프링클러, ii)포헤드설비, iii)고정포 방출장치, iv)호스릴 포설비, v)포소화전 설비, vi)포모니터 노즐로 분류된다. 표 4-5에 방출방식에 따른 각각의 특징을 나타내었다.

표 4-5 포방출 방식 및 장치에 따른 특징[18]

방출방식	특징	
포워터 스프링클러 (포헤드설비)	방호대상물의 천장 등에 포워터 스프링클러 헤드를 설치하고 폐쇄형 헤드 및 화재 감지기의 동작으로 헤드를 통해 발포시켜 방사하는 방식	
고정포 방출장치	고발포용	차고, 주차장, 항공기 격납고, 창고 등 옥내에 설치하는 방출구
	고정포	위험물 옥외탱크 화재를 소화하기 위하여 탱크내부에 설치하는 방출구로 옥외탱크에 설치
호스릴포설비	노즐이 호스릴에 연결되어 포 소화약제를 방사하는 방식	
포소화전설비	고정된 방수구와 연결된 호스와 노즐이 연결되어 포 약제를 방사하는 방식	
포모니터 노즐	고정된 노즐의 방사 각도를 수동 또는 자동으로 조준하여 포를 방사하는 방식	

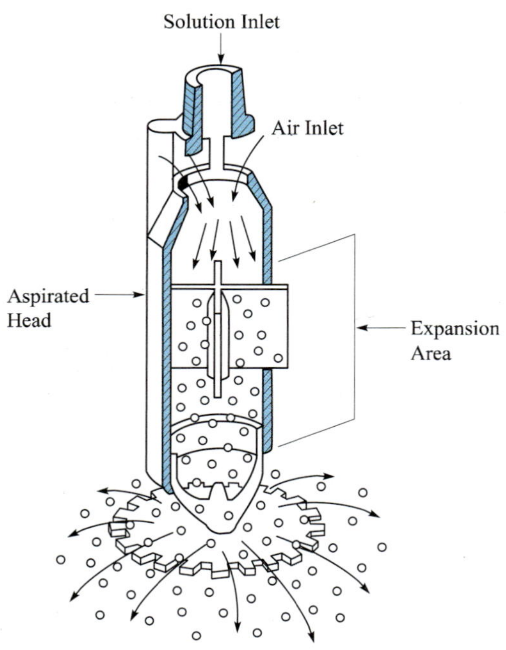

(a) 포워터 스프링클러 헤드 구조

(b) 포모니터
(출처: google 이미지검색)

그림 4-10 포워터스프링클러 헤드 구조 및 다양한 포모니터 형태

(1) 특정 소방대상물에 대한 포소화설비의 수원의 저수량

위험물안전관리법에 따른 특수 가연물의 공장, 창고에 설치된 포소화설비의 수원의 저수량은 포워터 스프링클러·포헤드(포방출구) 설비와 고정포 방출설비에 따라 계산되는 양이 다르다[14].

가) 포워터 스프링클러·포헤드(포방출구) 설비

– 헤드수 (가장 많은 층의 것)×표준방사량×10min. 이상.

나) 고정포 방출설비

–고정포 방출구수(방출구가 가장 많은 방호구역의 것)×표준방사량×10min. 이상.

(2) 표준방사량

가) 포워터 스프링클러·포헤드 : 75 liter/min. 이상.

나) 포헤드·고정포 방출구 및 이동식 포노즐 : 각포헤드·고정포방출구 및 이동식 포노즐의 설계압력에 의해 방출되는 소화약제의 양.

표 4-6 소방대상물별 포소화약제에 따른 분당 방사량

소방대상물	포소화약제의 종류	바닥면적(m^2)당 방사량
소방기본법 시행령 별표 2의 특수가연물을 저장 · 취급하는 소방대상물	단백포	6.5 liter 이상
	합성계면활성제	6.5 liter 이상
	수성막포	6.5 liter 이상

(3) 고정포방출구

고정포방출구는 옥외탱크저장소의 탱크에 설치를 하며 크게 5가지로 나뉜다. 표 4-7에 각각의 방식에 대해 설명하였다.

표 4-7 고정포방출구 방식의 종류[29]

I 형	고정지붕구조의 탱크에 상부포주입법(고정포방출구를 탱크옆판의 상부에 설치하여 액표면상에 포를 방출하는 방법을 말한다. 이하 같다)을 이용하는 것으로서 방출된 포가 액면 아래로 몰입되거나 액면을 뒤섞지 않고 액면상을 덮을 수 있는 통로 계단 또는 미끄럼판 등의 설비 및 탱크내의 위험물증기가 외부로 역류되는 것을 저지할 수 있는 구조·기구를 갖는 포방출구.

구분	내용
II형	고정지붕구조 또는 부상덮개부착고정지붕구조(옥외저장탱크의 액상에 금속제의 플로팅, 팬 등의 덮개를 부착한 고정지붕구조의 것)의 탱크에 상부포주입법을 이용하는 것으로서 방출된 포가 탱크옆판의 내면을 따라 흘러내려 가면서 액면 아래로 몰입되거나 액면을 뒤섞지 않고 액면상을 덮을 수 있는 반사판 (deflector) 및 탱크내의 위험물증기가 외부로 역류되는 것을 저지할 수 있는 구조·기구를 갖는 포방출구.
특형	플루팅 루프 탱크(floating roof tank, 부상지붕구조 탱크)에 상부포주입법을 이용하는 것으로서 부상지붕의 부상부 분상에 높이 0.9m 이상의 금속제의 칸막이(방출된 포의 유출을 막을 수 있고 충분한 배수능력을 갖는 배수구를 설치한 것에 한한다)를 탱크옆판의 내측으로부터 1.2m 이상 이격하여 설치하고 탱크옆판과 칸막이에 의하여 형성된 환상부분에 포를 주입하는 것이 가능한 구조의 반사판을 갖는 포방출구.
III형 (표면하 주입방식)	고정지붕구조의 탱크에 저부포주입법(탱크의 액면하에 설치된 포방출구로부터 포를 탱크내에 주입하는 방법을 말한다)을 이용하는 것으로서 송포관(발포기 또는 포발생기에 의하여 발생된 포를 보내는 배관을 말한다. 당해 배관으로 탱크내의 위험물이 역류되는 것을 저지할 수 있는 구조·기구를 갖는 것에 한한다. 이하 같다)으로부터 포를 방출하는 포방출구.
IV형 (표면하 주입방식)	고정지붕구조의 탱크에 저부포주입법을 이용하는 것으로서 평상시에는 탱크의 액면하의 저부에 설치된 격납통(포를 보내는 것에 의하여 용이하게 이탈되는 캡을 갖는 것을 포함한다)에 수납되어 있는 특수호스 등이 송포관의 말단에 접속되어 있다가 포를 보내는 것에 의하여 특수호스 등이 전개되어 그 선단이 액면까지 도달한 후 포를 방출하는 포방출구

※ I 형 : 방출된 포가 통, 계단 등을 통하여 탱크 속으로 흘러들어가 소화작용을 한다.
※ II 형 : 방출된 포가 반사판에 의하여 탱크 벽면으로 흘러들어가 소화작용을 한다.

그림 4-10에 5가지 고정포 방출구를 도식적으로 나타내었다.

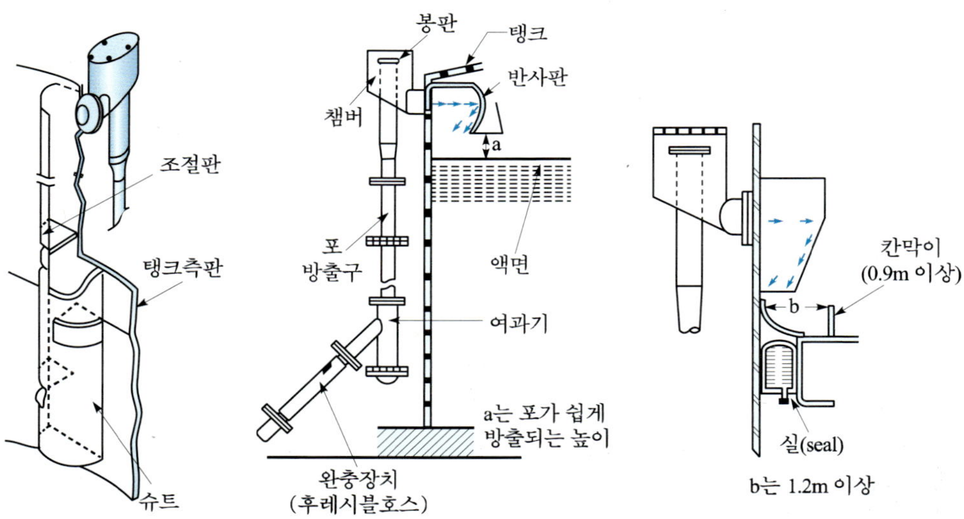

(a) I 형 포방출구 (b) II형 포방출구 (c) 특형포방출구

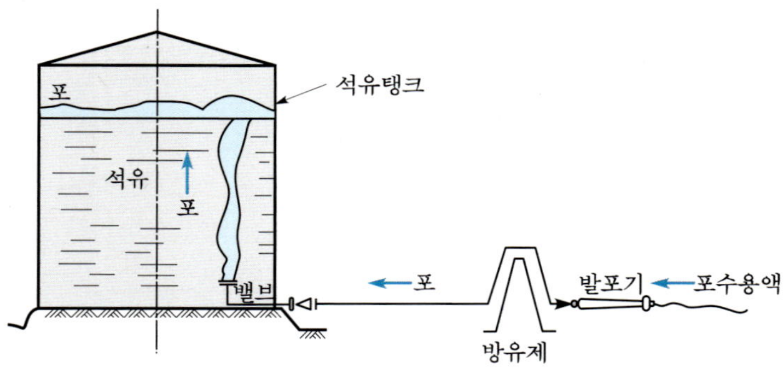

(d) Ⅲ형 포방출구

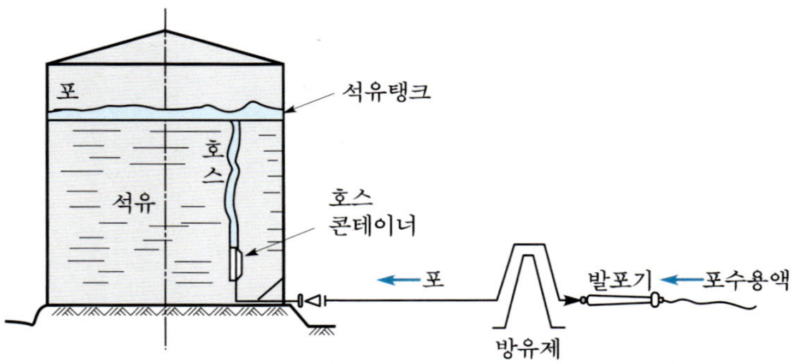

(e) Ⅳ형 포방출구

그림 4-11 4가지 고정포 방출구

고정포방출구는 탱크 주위에 균등하게, 탱크의 측면에 고정하여서 방출구에는 납, 주석, 유리 및 석면 등 방출에 의해 용이하게 깨어질 수 있는 봉판을 설치해야 한다.

참고

※ 옥외탱크

① 콘루프탱크 (cone roof tank, 원추형탱크)
- 저판은 편평, 원추형의 고정된 지붕으로 구성.
- 주로 대기압에 가까운 증기압을 갖는 위험물 저장용으로 사용되며, 가장 일반적으로 사용된다(유지관리 쉽고, 저렴한 시설비, 대량으로 저장/취급가능).

② 부동지붕식탱크 (floating roof tank, F.R.T)
- 저장하는 위험물이 휘발성분을 다량 함유하고 있을 때 그 증발손실 및 인화 가능 면적을 최소화하기 위하여 고안된 것.
- 고정식 지붕 대신 저장 위험물의 증감에 따라 상·하로 움직이는 지붕을 갖는 탱크.

- 수분이 소량 유입되어 오염되어도 특별한 문제가 없는 원유 등을 저장하는 개방형 부동지붕식 탱크와, 수분 등이 혼입되면 곤란한 고품질의 제품인 항공유, 휘발유 등의 저장용으로 사용되는 고정식 지붕형 부동지붕식 탱크가 있다.

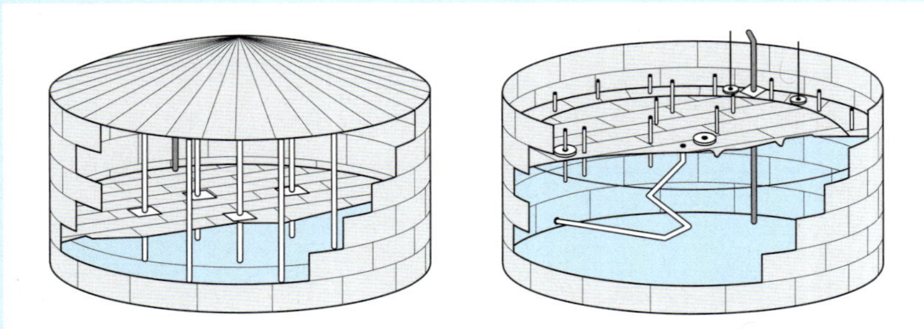

(a) 고정식지붕형 내부부동지붕식　　　(b) 외부부동식

〈부동식지붕형 탱크의 종류〉

③ 원통형탱크 (horizontal tank)
- 원통 몸체에 양쪽이 볼록한 형태.
- 횡형과 종형이 있다.
- 주로 약간의 압력이 가해지는 위험물을 저장하는데 사용하며 소량에서 대량을 저장하는 일반적으로 많이 사용되는 탱크이다.

④ 구형탱크 (ball tank, spherical tank)
- 이론적으로 고압의 위험물을 저장하기에 가장 적합한 형태의 탱크로서 제조소에서 고압 반응조 등으로 사용되는 경우가 많다.
- 위험물뿐만 아니라 고압가스(도시가스, LPG, 암모니아 등) 저장에도 많이 사용.

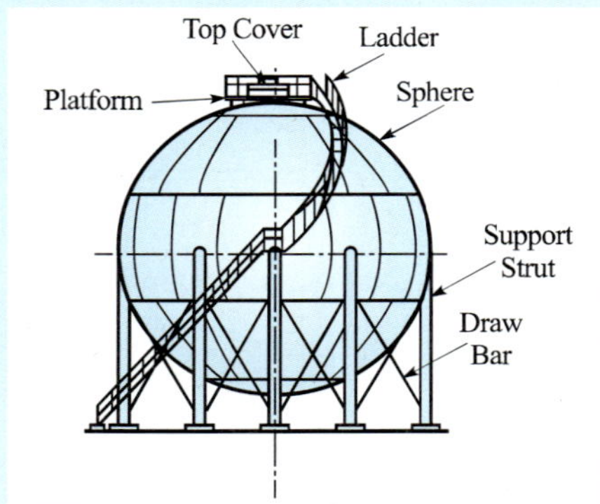

〈구형 탱크의 형태 및 외부 구조〉

(4) 포방출방식에 따른 방출량 및 저장량

포방출량은 표 4-8의 위험물의 구분 및 포방출구의 종류에 따라 정한 액표면적 $1m^2$당 필요한 포수용액양에 당해 탱크의 액표면적을 곱하여 얻은 양을 아래 표 4-9에서 규정하는 위험물의 구분 및 포방출구의 종류에 따라 정한 방출량 이상으로 포방출구의 개수에 유효하게 방출할 수 있도록 설치하여야 한다. 또한, 표 4-8에서 수용성에 대해서는 표 4-9에서 정한 계수를 각각 곱한 값 이상으로 하여야 한다.

가) 비수용성

$$Q_1 \geq A \times Q \times T \times S$$

여기서, Q_1 : 포소화약제 저장량 (Liter)

A : 탱크 액표면적 (m^2),

Q : 포수용액방출량 (L/m^2–min.)

T : 방출시간 (min.)

S : 약제농도 (%)

나) 수용성

$$Q_2 \geq Q_1 \times \eta$$

$$(= A \times Q \times T \times S \times \eta)$$

여기서, Q_2 : 포소화약제 저장량 (Liter)

Q_1 : 비수용성 포소화약제 저장량 (Liter)

η : 위험물 계수

위험물안전관리법에 따른 제4류 위험물에 대한 포수용액량 및 방출구, 위험물 계수를 표 4-8과 4-9에 각각 나타내었다[(14),(29)].

표 4-8 제4류 위험물의 인화점및 성질과 방출구에 따른 포수용액량 및 방출량

포방출구 종류 / 위험물 구분(제4류 위험물중)	I형		II형		특형		III형		IV형	
	포수용액 (L/m^2)	방출량 (L/m^2–m.)	포수용액 (L/m^2)	방출량 (L/m^2–m.)	포수용액 (L/m^2)	방출량 (L/m^2–m.)	포수용액 (L/m^2)	방출량 (L/m^2–m.)	포수용액 (L/m^2)	방출량 (L/m^2–m.)
인화점 21℃ 미만인 것	120	4	220	4	240	8	220	4	220	4
인화점 21℃ 이상 70℃미만인 것	80	4	120	4	160	8	120	4	120	4
인화점 70℃ 이상인 것	60	4	100	4	120	8	100	4	100	4
수용성	160	8	240	8	–	–	–	–	240	8

표 4-9 위험물안전관리법에 따른 제4류 위험물 중 수용성에 대한 계수(η)

위험물의 구분		계수
종류	세부 구분	
알코올류	메틸알콜, 3-메틸2-부틸알콜, 에틸알콜, 아릴알콜, 1-펜틸알콜, 2-펜틸알콜, t-펜틸알콜, 이소펜틸알콜, 1-헥실알콜, 사이크로헥산올, 푸르퓨릴알콜, 벤질알콜, 프로필렌글리콜, 에틸렌글리콜, 다이에틸렌 글리콜, 다이프로필렌 글리콜, 글리세린	1.0
	2-프로필알콜, 1-프로필알콜, 이소뷰틸알콜, 1-뷰틸알콜, 2-뷰틸알콜	1.25
	t-뷰틸 알콜	2.0
에터(ether)류	다이아이소소프로필에터, 에틸렌글리콜에틸에터, 에틸렌글리콜메틸에터, 다이에틸렌글리콜에틸에터, 다이에틸렌글리콜메틸에터	1.25
	1-4다이옥세인(다이옥산)	1.5
	다이에틸에터, 아세트알데하이드다이에틸아세탈, 에틸프로필에터, 테트라하이드로퓨란, 아이소뷰틸바이닐에터, 뷰틸에틸에터, 바이닐에틸에터	2.0
에스터(ester)류	아세트산에틸(초산에틸), 폼산에틸(개미산에틸), 폼산메닐(개미산메틸), 아세트산메틸(초산메틸), 아세트산바이닐, 폼산프로필(개미산프로필), 아크릴산메틸, 아크릴산에틸, 메타크릴산메틸, 메타크릴산에틸, 아세트산프로필(초산프로필), 폼산뷰틸(개미산부틸), 에틸렌글리콜모노에틸에터아세테이크, 에틸렌글리콜모노메틸에터아세테이트	1.0
케톤류	아세톤, 메틸에틸케톤, 메틸아이소뷰틸케톤, 아세틸아세톤, 사이클로헥산온	1.0
알데하이드류	아크릴알데하이드(아크로레인), 크로톤알데하이드, 파라알데히드	1.25
	아세트알데하이드	
아민류	에틸렌다이아민, 사이클로헥실아민, 아닐린, 에탄올아민, 다이에탄올아민, 트라이에탄올아민	1.0
	에틸아민, 프로필아민, 알릴아민, 다이에틸아민, n-뷰틸아민, 아이소뷰틸아민, 트라이에틸아민, 펜틸아민, t-뷰틸아민	1.25
	아이소프로필아민	2.0
나이트릴류	아크릴로나이트릴, 아세트나이트릴, 뷰티로나이트릴	1.25
유기산	아세트산, 아세트산 무수물, 아크릴산, 프로피온산, 폼산(개미산)	1.25
그 밖의 비수용성 외의 것	프로필렌옥사이드, 그 밖의 것	2.0

예제 4-5

3% 포소화약제를 고정포방출구를 통해 15분간 액면이 $20m^2$인 2-프로필알코올 저장탱크 화재에 분당 $4L/m^2$의 방출량으로 진압하고자 할 때 포소화약제의 기본저장량은 얼마인가?

풀이

액표면적 $A = 20m^2$, 포소화약제의 방출량 $Q = 4L/m^2$-min.
방출시간 T = 15min., 약제의 농도 S =3%, 위험물 계수 η = 1.25
$\therefore Q_2 = A \times Q \times T \times S \times \eta = 20 \times 4 \times 15 \times 3 \times 1.25$
$= 4{,}500$ Liter

(5) 보조포 소화전의 기준

위험물안전관리법에 따른 보조포소화전은 방유제 외측의 소화활동상 유효한 위치에 설치하여야 한다(29). 각 노즐의 방수압력(방사압력)은 0.35MPa, 방수량은 400 liter/min. 그리고 각각의 보조 포소화전의 상호거리는 보행거리 75m 이하가 되도록 해야 한다.

(6) 포모니터의 기준

노즐선단의 방사량은 1,900 liter/min. 이상이 되어야 하고, 수원의 저수량은 방사량으로 30분간 방사할 수 있는 양이어야 한다. 수평방사거리는 30m 이상 되어야 하며, 옥외탱크 및 이송취급소의 펌프설비 등이 암벽, 부두, 해상구조물, 그 밖의 이와 유사한 장소에 설치되어 있는 경우에 이러한 장소의 해면과 접하는 선으로부터 수평거리 15m이내에 설치한다(29).

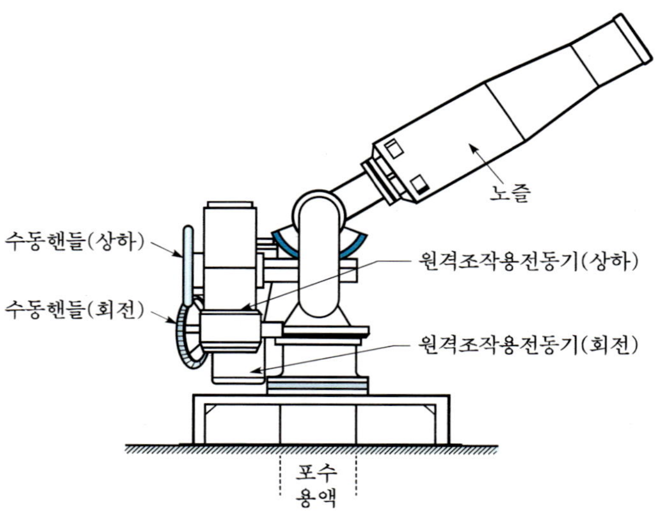

그림 4-12 포모니터노즐의 형태

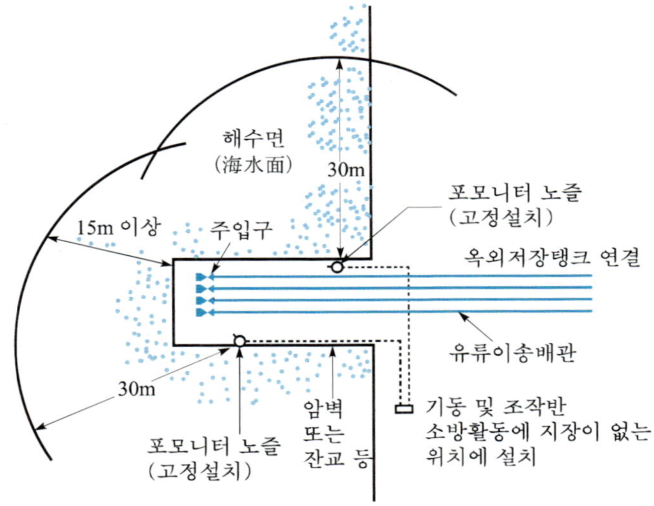

그림 4-13 포모니터노즐의 설치 예

5 침윤소화약제

목조건물 및 다공성 물질, 적층 물질에서 화재가 발생한 경우, 심부화재로 전이되기 쉬우며, 대상 물질의 특성상 재발화의 가능성이 있는 물질의 심부까지 소화용수가 침투되기 어려운 단점이 있으나, 침윤소화약제는 혼합된 소화용수의 표면장력을 저하시켜 침투성과 분산능력, 유화능력을 향상시키는 약제로써 이와 같은 다공성 적층물질의 화재를 진압하기 위하여 주로 사용된다[15].

침윤제는 물에 소량 희석하여(약 1~6%) 침투기능을 높여 사용되는데 산불용 소화약제에 많이 사용된다. 침윤소화약제의 특성은 i)물의 냉각작용 및 침투 기능을 높여 A급 화재에 효과적이며, ii)유류화재에 사용 할 경우 산소차단 작용으로 유류화재에도 사용이 가능하며, iii)물에 희석하여 사용되기 때문에 가격 경쟁력이 우수하다(물의 함량 95% 이상).

참고

※ 소형 수동식 액체계 소화기에서 방출호스를 부착하지 않아도 되는 경우
– 소화약제 용량 3 ℓ 이하

01 포 소화설비에서 포소화약제 저장량(고정포방출방식)은 비수용성 위험물에 대해서 다음공식으로 구한다. 각 기호가 의미하는 바를 적으시오.

Q1 = A × Q × T × S

02 화학포에 사용되는 기포안정제가 아닌 것은?

가. 탄산수소나트륨
나. 단백질 분해물
다. 계면 활성제
라. 샤포닝

03 포(거품)방출구의 종류는 포의 팽창비율로 나눈다. 고발포용 고정포 방출구의 팽창비는?

04 화학포 소화약제의 주성분은 무엇인가? 그리고 그 반응식을 적으시오.

05 공기포 발포배율을 측정하기 위해 중량 340g, 용량 1800ml의 포시료 용기에 가득히 포를 채취하여 측정한 용기의 무게가 540g이었다면 발포비는 얼마인가?

06 특수가연물을 저장, 취급하는 공장 또는 창고 등에 적응하는 포소화설비가 아닌 것은?

가. 홈워터스프링클러설비
나. 홈헤드설비
다. 고정포방출설비
라. 호스릴포설비

07 고정지붕구조의 탱크에 저부포주입법을 이용하는 것으로서 평상시에는 탱크의 액면하의 저부에 설치된 격납통에 수납되어 있는 특수호스 등이 송포관의 말단에 접속되어 있다가 포를 보내는 것에 의하여 특수호스 등이 전개되어 그 선단이 액면까지 도달한 후 포를 방출하는 포방출 형식은?

가. Ⅰ
나. Ⅱ
다. Ⅲ
라. Ⅳ

08 다음 중 수성막포 소화약제를 이용한 한 기계포소화기를 사용하였을 때 가장 소화효과가 없는 화재는 무엇인지 찾고 그 이유를 적으시오.

가. 경유화재 나. 중유화재

다. 목재화재 라. 알코올화재

09 강화액 소화기의 주성분은 무엇인가?

10 포소화설비에서 포워터 스프링 쿨러 헤드의 표준 방사량은 얼마인가?

11 유류의 액표면적이 $30m^2$이고, 고정포방출방식으로 방출되는 포수용액의 방출량이 $5L/m^2$-min.일 때, 15분간 방출할 때 필요한 3% 포소화약제의 기본저장량은 얼마인가?

12 화학포가 충전된 소형 소화기의 포수용액 15Liter를 발포노즐을 통하여 방출하였다. 방출된 포의 부피가 165Liter일 때 이 화학포의 포팽창률은 얼마인가?

13 수성막포 3%형 15Liter를 10배의 팽창비가 되도록 포를 방출하면 방출된 포의 체적은 얼마가 되겠는가?

14 1.5%형 포소화약제 원액 4.5Liter를 이용하여 고발포용으로 방출한 결과, 포의 체적이 $9m^3$가 되었다. 이 때, 포의 팽창률을 구하고, 몇 종 기계포에 해당하는지 적으시오.

15 3% 포소화약제를 고정포방출구를 통해 20분간 지름이 10m인 원형탱크에 저장된 아세트알데하이드 저장탱크 화재에 분당 $4L/m^2$의 방출량으로 진압하고자 할 때 포소화약제의 기본 저장량은 얼마인가

16 펌프와 발포기 중간에 설치된 벤츄리관의 벤츄리 작용과 펌프 가압수의 압력에 의하여 포소화약제를 흡입하여 혼합하는 방식으로 대부분의 국내 기계포소화설비에 운용되고 있는 포 혼합방식은 무엇인가?

가. 펌프혼합방식
나. 워터모터펌프프로포셔너방식
다. 가압치환혼합방식
라. 압력혼합방식

17 주로 위험물 저장탱크 등에 설치하는 것으로서 고정식 포방출구, 보조포소화전 및 연결송액구로 구성되며, 배관으로부터 보내온 포혼합액을 방출구에 흡인한 공기로 발포시키는 포소화설비 방식은 무엇인가?

가. 포방출구방식
나. 포헤드방식
다. 포모니터방식
라. 보조포소화전방식

CHAPTER 05

가스계 소화약제

1. 가스계 소화약제 일반
2. 이산화탄소 (CO_2) 소화약제
3. 할로젠화합물 소화약제
4. 청정 소화약제

CHAPTER 05 Extinguishing Agent

가스계 소화약제

1 가스계 소화약제 일반

가스계 소화약제는 기체 상태로 운용되는 소화약제이며, 이산화탄소(CO_2) 소화약제, 할로젠화합물(Halon) 소화약제, 청정소화약제로 구분할 수 있다. 운용되는 방식이 기체상태이므로 앞서 1장에서 언급한 기체에 대한 일반적인 법칙들과 온도, 압력, 부피에 대해서 충분히 알고 있어야 한다. 소화약제로서의 기체는 이상기체를 가정하므로 본 교재에서 다루는 모든 가스계에 대해서는 이상기체상태방정식을 적용하여 계산하도록 한다.

현재 시행 중인 위험물안전관리법에서는 불활성소화약제와 할로젠화합물소화약제로 구분하고 있다. 이산화탄소소화약제와 본 교재에서 언급하고 있는 청정소화약제 중 질소 및 질소화합물소화약제는 불활성소화약제로 분류되며, 청정소화약제 중 할로젠화합물 소화약제 및 다른 할로젠화합물 소화약제(HCFC blend A, HCFC-227ea, HFC-23, FK-5-1-12 등)를 총칭하여 할로젠화합물 소화약제로 분류하고 있다.

가스계 소화설비는 수계소화약제에 의한 소화방법으로서는 문제가 발생할 수 있는 전기기기의 화재 등의 소화에 쓰이는 설비로, 액체상태로 고압가스용기 또는 저장탱크에 저장되어 있는 소화약제용 가스를 그 자체의 증기압에 의해 배관을 통해서 분사헤드로 방호구획 또는 방호대상물에 방출하여 소화한다. 이 설비의 특징은 소화의 신속성과 기기 등을 오손, 손상시키지 않는 것이다. 그러나 이 설비는 소화약제를 고농도상태로 저장하므로 소화작동시 산소결핍에 의한 인명위험에 주의하지 않으면 안 된다.

1) 충전비와 충전밀도

가스계 소화약제는 일반적으로 가압하여 저장용기에 저장한다. 저장량은 충전비와 충전밀도로 나타내며, 그 저장방법 등에 대해서는 국가화재안전기준에 규정되어 있다[5]. 충전비는 소화약제 1kg이 차지하는 용기의 부피를 의미한다. 즉, 용기의 내용적을 충전하는 기체의 중량으로 나눠준 것으로 L/kg의 단위이다.

$$충전비 = \frac{용기의\ 내용적(\ell)}{충전하는\ 기체의\ 중량(kg)}$$

충전비가 작다는 것은 충전하는 기체의 중량이 크다는 것을 의미하므로, 충전비가 작을수록 용기의 온도 변화에 따른 내압의 변화가 더 커짐을 의미한다. 충전비는 주로 이산화탄소 소화약제와 할로젠화합물 소화약제를 대상으로 표현하는 값이다. 국가화재안전기준에 따른 이산화탄소 소화약제의 충전비는 고압식 1.5~1.9, 저압식은 1.1~1.4로 운용된다[5].

고압식과 저압식은 가스계 소화약제의 분사헤드 분출압력을 기준으로 구분한 것으로 고압식은 일반적으로 68Liter 표준용기에 소화약제를 저장하고, 저압식은 상대적으로 큰 방호구역으로 인해 약제를 대형 저장탱크에 보관한다[12].

충전밀도는 청정소화약제를 대상으로 표현하는 값으로 저장용기의 단위부피당 저장된 약제의 무게를 나타내며, kg/m^3의 단위이다. 즉, 충전비와 충전밀도는 서로 역수의 관계를 가지며, 충전밀도가 크다는 것은 충전비가 작다는 것이므로 용기의 온도 변화에 따른 내압의 변화가 더 커진다.

예제 5-1

저장하고자하는 250kg의 이산화탄소 소화약제가 1.7의 고압식 충전비로 운용되고자 한다. 표준 용기로 몇 개가 필요한가?

풀이

충전비 = 이산화탄소 소화약제의 부피 / 충전하는 이산화탄소의 중량

∴ 이산화탄소 소화약제의 부피 = 1.7 × 250 = 425 Liter

표준용기의 부피는 68 Liter 이므로 필요한 용기의 개수 = 425 / 68 = 6.25개

∴ 7개의 용기가 필요하다.

2) 방호공간

방호공간은 소방대상물에 대한 가스계 소화약제의 효과적인 소화작용이 이루어질 수 있는 공간의 크기로 방호 대상물의 각 부분으로부터 0.6m의 거리에 의하여 둘러싸인 공간을 말한다[12],[29]. 예로써, 가로, 세로, 높이가 각각 3m, 2m, 1m인 방호대상물의 방호공간은 4.2m, 3.2m, 1.6m가 되고, 부피는 $21.504m^3$이 된다. 방호공간에 대한 표면적은 아래와 윗

면을 제외한 나머지 4면으로 계산하므로 4.2m×1.6m×2+3.2m×1.6m×2 = 23.68m^{2}이 된다. 그림 5-1에 가로×세로×높이가 각각 3m, 2m, 1m 방호대상물에 대한 방호공간과 방호구역에 대한 예를 나타내었다.

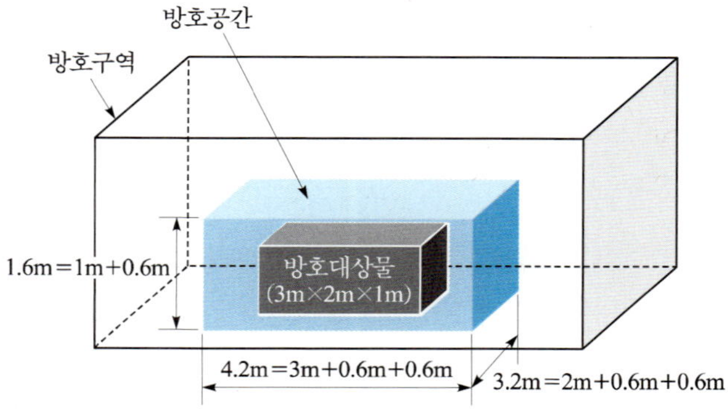

그림 5-1 3m×2m×1m의 방호대상물 에 대한 방호공간과 방호구역에 대한 예

가스계 소화약제의 분사량을 산정하는 데는 방호공간이, 분사방식을 나타낼 때는 방호구역이 사용된다. 방호구역은 면적을 일정이하로 제한하지만 수동적, 건축적 측면에서 나누는 것이 아니고 소화설비가 담당할 수 있는 면적이하로 나누는 것으로 해당 소화설비가 담당하는 소방대상의 면적을 말한다.

예제 5-2

가로×세로×높이가 각각 10m, 8m, 6m인 위험물저장고에 가로×세로×높이가 5m×2m×3m인 위험물을 저장한 탱크가 있다. (a) 방호구역의 부피와 방호공간의 부피는 얼마인가? (b) 충전밀도를 0.8kg/m^{3}으로 할 때 저장해야 할 청정소화약제의 양은 얼마인가?

풀이

(a) 방호구역의 부피 = 10 × 8 × 6 = 480 m^3
방호공간의 부피 = (5+1.2) × (2+1.2) × (3+0.6) = 71.424 m^3

(b) 충전밀도에 따른 소화약제의 무게 = 0.8 × 71.424 = 57.1392 kg

3) 소화농도와 설계농도

소화농도(extinguishing concentration, [vol.%])는 화염을 소화하는데 소요되는 소화제의 최소농도로 정의되며, 최소소화농도(minimum extinguishing concentration) 혹은 최소이론농도(theoretical minimum concentration)라 한다[16]. 특히, 이산화탄소 소화약제의 경우, 주된 소화효과는 질식효과로서 산소농도를 15vol.%이하로 낮추면 대부분의 탄화수소 가연물은 연소가 중지되며, 이 때의 농도를 말한다. 또한, 이산화탄소 소화약제의 소화농도는 각기 다른 가연물의 한계산소농도 크기로 결정되지만, 할로젠화합물 소화약제와 청정소화약제의 소화농도는 표준 가연물에 대한 소화시험을 통해 결정된다[17].

설계농도는 최소설계농도(minimum design concentration, [vol.%])와 최대설계농도(maximum design concentration, [vol.%])의 두 가지로 구분된다[13]. 최대소화농도는 가스계 소화약제의 의해 건강상의 위협을 받지 않을 약제의 농도를 말하며, 소화설비가 운용되는 상한기준 농도이다. 이산화탄소 소화약제의 경우, 가연물의 최소설계농도값은 최소소화농도값에 20% 크게 적용하고 있다. 청정소화약제의 경우는 가스계 소화설비의 설계프로그램 성능시험 기술기준에 따라 화재의 종류에 따라 A급과 C급 화재는 20%, B급 화재는 30% 더 크게 설계농도를 규정하고 있다. 최대설계농도는 보통 이산화탄소 소화약제와는 무관하고, 할로젠화합물 소화약제와 청정소화약제에 주로 적용된다. 소화농도와 설계농도에 대한 관계식은 각 가스계 소화약제 부분에서 자세히 다루도록 한다.

설계농도가 가스계 소화약제에서 중요한 이유는 인체에 대한 유해성에 기인한다. 특히, 할로젠화합물 소화약제의 경우, 최대설계농도를 정해주어 인체에 대한 유해성을 차단하고자 함이다. 이에 필요한 기준으로 노출기준(Threshold limiting value, TLV) 등이 사용된다. 노출기준(TLV)은 근로자가 유해요인에 노출되는 경우, 노출기준 이하 수준에서는 거의 모든 근로자에게 건강상 나쁜 영향을 미치지 아니하는 기준을 의미하며, 1일 작업시간동안의 시간가중 평균노출기준(Time weighed average, TWA), 단시간 노출기준(Short term exposure limit, STEL) 또는 최고노출기준(Ceiling, C)으로 표시한다. 여기서, 최고노출기준은 근로자가 1일 작업시간 동안 잠시라도 노출되어서는 안되는 기준이다. 이 외에 할로젠화합물 청정소화약제의 경우는 치사농도(Approximate lethal concentration, ALC)와 최대허용독성농도(혹은 최대안전량, No Observable Adverse Effect Level, NOAEL), 독성인정최저농도(혹은 최저독성량, Lowest Observable Adverse Effect Level, LOAEL)를 나타내어 인체에 대한 유해정도를 판단하는 자료로 사용된다. 이에 대해서는 청정소화약제에서 다루도록 한다.

2 이산화탄소(CO_2) 소화약제

이산화탄소(CO_2)는 이미 반응이 완결된 불활성기체로서 가연성물질을 둘러싸고 있는 공기중의 산소농도를 21%에서 15%이하로 낮게 하여 소화하는 방법으로 주된 소화 효과인 질식효과, 희석 효과와 부수적으로 냉각작용을 통해 소화 작업이 진행되는 소화약제이다. 소화약제로 사용되는 이산화탄소는 순도가 용량의 99.5% 이상인 액체이산화탄소이어야 하며, 수분함량은 0.05%를 초과할 수 없다. 앞서 언급한 바와 같이, 현재 위험물안전관리법에서는 이산화탄소 소화약제/소화설비를 질소 및 질소화합물 소화약제와 함께 불활성가스소화설비로 총칭하여 다루고 있다.

1) 특징

이산화탄소는 상온에서 무색, 무취의 기체이며 비중(공기 1)은 1.529로 공기보다 무겁고 이산화탄소는 상온에서 무색, 무취의 기체이며 비중(공기 1)은 1.529로 공기보다 무겁고 승화점이 −78.5℃이다. 불활성기체로 비교적 안정성이 높고 불연성, 부식성도 없다. 또한, 냉각, 압축에 의해 쉽게 액화할 수 있고, 기화 잠열이 크고 기화 팽창률이 크다. 저온으로 고체화한 것을 드라이아이스라고 하며 냉각제로 많이 사용한다. 소화약제로서 이산화탄소는 다른 불활성기체(질소, 아르곤, 수증기)에 비해 가격이 저렴하고 실용적이며 반영구적이다. 또한, 비중이 크기 때문에 공기보다 아래쪽으로 향하는 성질을 가지므로 가연물에 대해 주로 질식·피복소화효과를 나타내며, 냉각효과까지 나타낸다. 화염을 수반하는 면적식 화재(평면화재)와 심부화재에 적합하다. 비전도성 불연성가스이고 화재를 진압한 후 잔존물이 없으므로 소방 대상물을 오염, 손상시키지 않기 때문에 유류화재 뿐만 아니라 전기화재에도 효과적이다. 이 외에 물의 냉각작용보다는 작지만, 할론이나 다른 청정소화약제보다는 냉각능력이 66kcal/kg으로 우수하다[16]. 그림 5-2에 일반적으로 사용되는 소형 수동식 이산화탄소 소화기를 나타내었으며, 표 5-1에는 이산화탄소에 대한 기본적인 물성을 나타내었다.

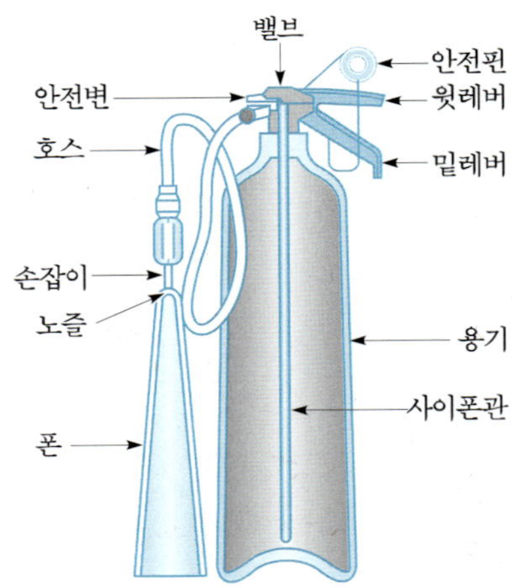

그림 5-2 소형 수동식 이산화탄소 소화기

표 5-1 이산화탄소의 기본 물성

	기체밀도	증기비중	증발잠열	정압비열
물성값	1.975g/Liter	1.529	56.13 cal/g	0.197 cal/g

이산화탄소 소화약제가 적용되는 대표적인 화재는 B급과 C급 화재이며, 전역방출방식인 경우에는 A급화재도 포함된다. 이산화탄소 소화약제의 용기의 내압시험압력은 250kg/cm^{2}이상이어야 하며, 안전밸브의 작동압력은 200~250kg/cm^{2}이며, 고압가스 안전 관리법에 적용을 받으며 충전비는 1.5이상이 되어야 한다. 소화약제로써 이산화탄소에 대한 장점, 단점 등을 정리하여 표 5-2에 나타내었다.

표 5-2 이산화탄소 소화약제의 장점과 단점

구분	내용
장점	전기절연성이 우수하여 전기 화재에 용이하다.
	소화 후 기체이므로 청소할 필요가 없다.
	소화약제에 대한 오손이 적다.
	하론 1301에 비해 가격이 저렴하다.
단점	약제가 부족할 경우 재연되기 쉽다.
	피부에 닿으면 동상에 걸리기 쉽다.
	고압가스이므로 무겁고 취급이 불편하며, 용기는 250kg/cm^{2}을 견뎌야 한다.
	금속분 화재시 연소 확대의 우려가 있다.
사용금지 장소 및 물질 (단, 배기를 위한 유효개구부가 있는 장소 제외)	무창층, 지하층, 밀폐된 거실/사무실
	자기반응성물질의 화재. CO_2와 반응하는 나트륨, 칼륨, 칼슘의 화재 및 금속수소화합물.

2) 이산화탄소 소화약제의 소화농도 및 저장량

(1) 소화농도와 설계농도

이산화탄소의 소화약제량은 가연물질의 한계산소농도(Limiting oxygen concentration, LOC)에 따라 쉽게 계산할 수 있다.

$$V = \frac{21 - LOC}{21} \times V_O$$

여기서, V : 필요한 이산화탄소의 약제량(부피)
LOC : 가연물질의 한계산소농도
V_O : 방호구역의 부피

또한, 액화이산화탄소의 저장능력은 아래 식으로 계산된다.

$$W = V/C$$

여기서, V : 소화기 또는 저장용기의 내용적 (Liter)
C : 충전상수(Liter/kg)로 보통 1.1
W : 이산화탄소의 충전량 (kg)

이산화탄소의 소화농도 역시, 가연물의 한계산소농도(LOC)에 따라 계산되며 아래와 같다.

$$CO_2\text{소화농도}(\%) = \frac{21 - LOC}{21} \times 100$$

즉, 공기 중 산소의 농도가 21%이므로 이에 대해서 얼마의 CO_2가 첨가되었을 때 소화할 수 있음을 나타낸 것이 CO_2 소화농도에 대한 식이다. 따라서, 방호구역에서 산소농도를 21%에서 15%로 낮추면 소화가 된다고 했을 때 필요한 이산화탄소의 양이라면,

$$\frac{21}{(21+79)+x(\text{이산화탄소의 양})} \times 100 = 15$$

$$\therefore x = 40 \Rightarrow \frac{40}{140} \times 100 = 28.57\%$$

$$CO_2\text{소화농도식을 이용하면 } \frac{21-15}{21} \times 100 = 28.57\%$$

와 같이 동일한 값을 나타낸다. 따라서, 한계산소농도는 보통 연소에 대한 이론적 산소의 양론값에 연소하한의 곱으로 간략히 계산하기도 한다. 또한, 소화에 필요한 이산화탄소의 부피는 소화농도에 방호구역의 체적을 곱하면 구할 수 있다. 즉,

소화에 필요한 CO_2의 부피 = CO_2의 소화농도 × 방호구역의 부피

한계산소농도는 한계 산소량이라고도 하며, 공기에 질소와 같은 불연성가스를 추가하여 산소농도를 저하시키면 가연물은 점화원을 주어도 산소부족 때문에 발화하지 않게 되는 농도

를 말한다. 또한, 이와 연관지어 연소가 시작할 수 있는 산소농도를 의미하며, 최소산소농도(minimum oxygen for combustion, MOC)라고도 한다. 표 5-3에 몇몇 주요 가연물들의 한계산소농도를 나타내었다.

표 5-3 가연물들의 한계산소농도(LOC)

가연 물질명 (화학식)	한계산소농도(vol.%)
수소 (H_2)	7.98
아세틸렌(C_2H_2)	9.45
일산화탄소(CO)	9.87
에틸렌(C_2H_4)	12.39
에틸알코올(에탄올, C_2H_5OH)	13.44
부타디엔(C_4H_6)	13.86
에탄(C_2H_6)	14.07
벤젠(C_6H_6)	14.49
천연가스(mainly CH_4 base)	14.49
사이클로펜탄($(CH_2)_5$)	14.49
i-부탄(i-C_4H_{10})	14.70
프로판(C_3H_8)	14.70
프로필렌(C_3H_6)	14.70
펜탄(C_5H_{12})	14.91
n-부탄(n-C_4H_{10})	15.12
가솔린	15.12
메탄올(CH_3OH)	15.65
아세톤(CH_3COCH_3)	15.65
메탄(CH_4)	15.96

이산화탄소 소화약제의 최소설계농도는 앞서 언급한 바와 같이 소화농도보다 20%~30% 크게 산출한 값으로서 소방설비의 설계에 적용된다. 그러나, 가연물질에 대한 최소설계농도와 최소소화농도는 기체와 액체 가연물에 대해서는 적합하지만 일반가연물질에는 이론값이 실제로 적용되지 않을 수 있다. 이 설계농도는 이산화탄소 소화약제의 저장량 산출에 사용되며, 이산화탄소 소화약제의 저장량은 약제의 방출방식에 따른 국가화재안전기준(NFSC)와 위험물 안전관리법에 따라 다소 다르게 계산된다. 표 5-4에 주요 가연성 액체 및 가연성 가스에 대한 이산화탄소 소화약제의 소화농도와 설계농도를 나타내었다.

예제 5-4

50m^{3}의 방호구역내에 있는 아세틸렌을 소화하기 위해 필요한 이산화탄소 소화약제의 소화농도와 필요한 약제의 양은 각각 얼마인가?

풀이

아세틸렌 (C_2H_2)의 한계산소농도 LOC = 9.45, 방호구역의 체적 Vo = 50m^3

∴ 이산화탄소 소화약제의 소화농도 = $\frac{21-9.45}{21} \times 100 = 55\%$

이산화탄소의 양 = 0.55 × 50 = 27.5m^3

표 5-4 주요 가연성 액체 및 가연성 가스에 대한 이산화탄소 소화약제의 소화농도와 설계농도

가연 물질명 (화학식)	소화농도(Vol.%)	설계농도(Vol.%)
수소 (H_2)	62.0	75
아세틸렌(C_2H_2)	55.0	66
일산화탄소(CO)	53.0	64
산화에틸렌(C_2H_4O)	–	53
에틸렌(C_2H_4)	41.0	49
에틸알코올(에탄올, C_2H_5OH)	36.0	43
벤젠(C_6H_6)	31.0	37
프로판(C_3H_8)	30.0	36
부탄(C_4H_8)	28.0	34
아세톤(CH_3COCH_3)	25.5	31
메탄(CH_4)	25.0	30

(2) 이산화탄소 소화설비

이산화탄소 소화설비에 있어서 소화약제 저장용기의 개방밸브는 전기식·가스압력식 또는 기계식에 따라 자동으로 개방되고 수동으로도 개방되는 것으로서 안전장치가 부착된 것으로 하여야 한다. 또한, 이산화탄소 소화약제 저장용기와 선택밸브 또는 개폐밸브 사이에 내압시험압력 0.8배에서 작동하는 안전장치를 설치하여야 한다(18).

이산화탄소 소화약제의 저장용기는 i)방호구역 외의 장소에 설치해야 하며(단, 방호구역 내에 설치할 경우 피난 및 조작이 용이하도록 피난구 부근에 설치), ii)온도가 40℃ 이하이고, 온도변화가 적은 곳에 설치, iii)직사광선 및 빗물이 침투할 우려가 없는 곳에 설치, iv)60분+

방화문 또는 60분 방화문 및 30분 방화문으로 구획된 실에 설치, v)용기의 설치장소에는 소화약제용 용기가 설치된 곳임을 표시하는 표지를 해야 하며, vi)저장용기와 집합관을 연결하는 연결배관에는 체크밸브를 설치(단, 저장용기가 하나의 방호구역만을 담당하는 경우에는 그러하지 아니하다.)해야 한다. 그림 5-3에 이산화탄소소화설비에도 적용이 되는 불활성가스 소화설비에 대한 계통도를 나타내었다.

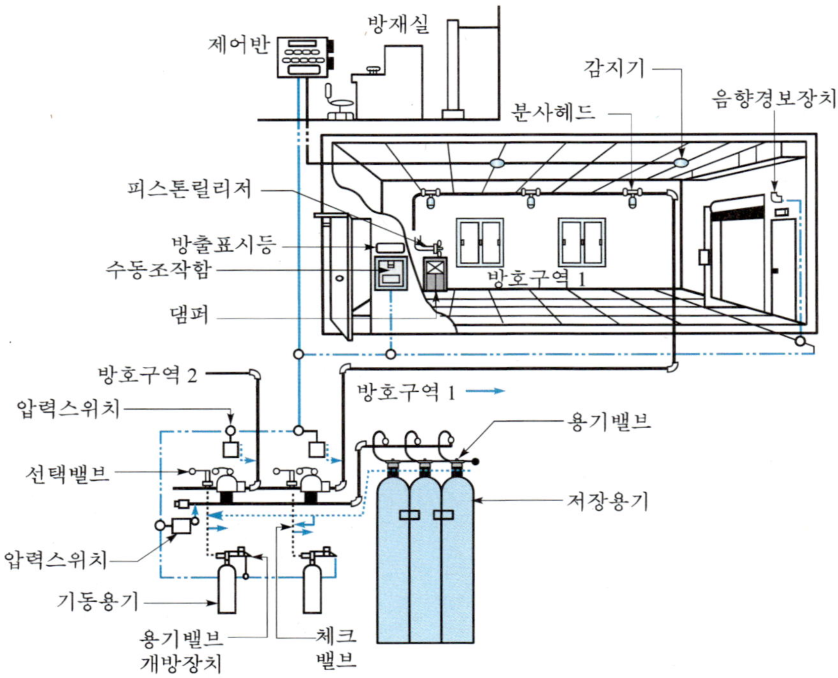

그림 5-3 불활성가스소화설비의 계통도[29]

(3) 방출방식에 따른 이산화탄소 소화약제의 저장량

이산화탄소 소화약제의 저장량은 앞서 언급한 바와 같이 소화농도에 방호구역의 체적을 곱하면 구할 수 있으며, 약제저장량은 방출방식에 따라 국가화재안전기준(NFSC)과 위험물안전관리법이 정한 바가 다소 다르다. 국가화재안전기준(NFSC)의 대상은 일반 건축물들이며, 위험물의 제조 및 저장 등에 관한 시설은 위험물 안전관리법을 따른다. 국가화재안전기준(NFSC)에 따른 약제저장량의 산출은 i)전역방출방식 표면 일반화재, ii)전역방출방식 가연성 액체 및 가스 화재, iii)전역방출방식 심부화재, iv)국소방출방식 평면화재, v)국소방출방식 입체화재, vi)호스릴방식으로 나뉜다. 반면에 위험물안전관리법에 따른 약제저장량은 크게 전역방출방식, 국소방출방식, 호스릴(이동식설비)로 크게 3가지로 구분되어 계산된다. 과거에는 보다 세분화하여 i)전역방출방식, ii)국소방출방식 평면화재, iii)국소방출방식 입체화재, 그리고 iv)이동식설비와 같이 4가지로 나뉘어 산출하였으나, 현재는 용어적 정리를 통하여 국소방출방식 평면화재를 면적식 국소방출방식으로, 국소방출방식 입체화재를 용적식 국소방출방식으로 명칭을 변경하여 산출하고 있다[12].

전역방출방식은 배관 및 분사헤드가 실내에 고정되어 있고 화재가 발생했을 때 저장된 이산화탄소를 방사하여 소화하는 방식으로, 전체에 방출한 필요가 있는 경우 당해 부분의 구획을 밀폐하여 불연성가스를 방출하는 방식을 말하며, 국소방출방식은 실내에 배관 및 분사헤드가 고정되어 있어 화재 발생 시 저장된 이산화탄소가스를 국부적인 부분에 방사하여 소화하는 방식이다. 이동식(호스릴식)방식은 배관에 분사헤드가 고정되어 있지 않고 저장된 탄산가스 호스를 이동하면서 방사하여 소화하는 방식을 말한다. 그림 5-4와 5-5는 전역방출방식과 국소방출방식에 대한 불활성가스소화설비의 예를 각각 나타낸 것이다.

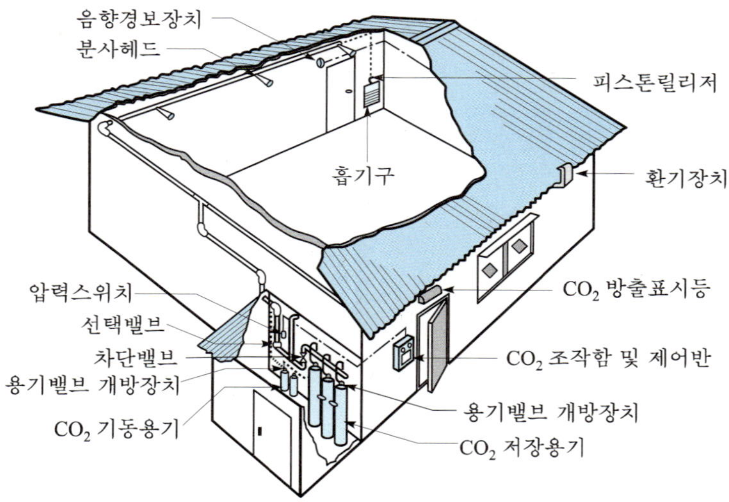

그림 5-4 전역방출방식 불활성가스소화설비의 예[29]

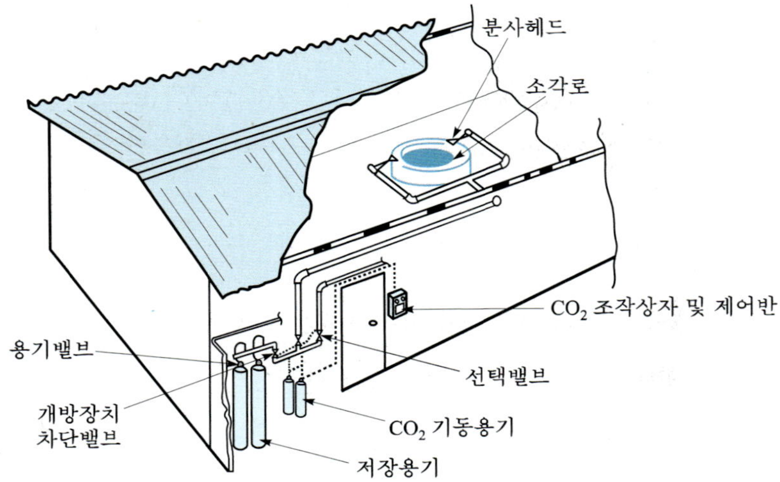

그림 5-5 국소방출방식 불활성가스소화설비의 예[29]

① 국가화재안전기준(NFSC)에 따른 약제저장량

i) 전역방출방식 표면 일반화재

약제의 저장량은 최소설계농도 34 vol.%를 기준으로 방호체적의 기본량에 개구부 면적에 따라 추가되는 약제량의 합으로 계산된다.

$$Q = V \cdot K_1 + A \cdot K_2$$

여기서, Q : CO_2의 약제저장량 (kg)

V : 방호구역의 부피 (m^3)

K_1 : 체적인자 (kg/m^3)

A : 추가된 면적 (m^2)

K_2 : 면적에 대한 개방인자 (kg/m^2)

방호구역의 부피는 전체 방호구역 체적에서 방호구역 내에 있는 불연성 물체의 부피를 뺀 실제 방호구역 부피이다. K_1은 방호구역 체적에 따른 값으로 아래 표 5-5에 나타내었으며, 개방인자 K_2는 전역방출방식 표면화재인 경우, $5kg/m^2$이다. 체적인자 K_1은 방호구역의 단위 체적에 필요한 약제량으로 방호구역의 체적에 따라 효율적인 소화작용을 위해 정한 소화약제량이다[5],[12].

표 5-5 전역방출방식 표면화재에서의 이산화탄소 소화약제의 체적인자 K_1

방호구역 실제 체적	체적인자 K_1	최저한도 저장약제량
45m^3 미만	1.00	45kg
45m^3 이상 150m^3 미만	0.90	
150m^3 이상 1,450m^3 미만	0.80	135kg
1,450m^3 이상	0.75	1,125kg

※ 개구부에 자동개폐장치가 설치되지 않은 경우, 개구부의 면적은 방호구역 전체 표면적의 3% 이내여야 한다.

표 5-5에서 최저한도 저장약제량은 계산에 의한 약제량의 하한값을 말하며, 계산된 값이 최저한도 저장약제량보다 적을 경우에는 실제 저장량은 표에서 말한 최저한도 저장약제량을 따른다. 또한, 모든 전역방출방식의 이산화탄소 소화약제의 방사시간은 1분 이내이다.

예제 5-5

50m^{3}의 방호구역내을 국가화재안전기준에 따른 전역방출방식 표면 일반화재를 적용하여 이산화탄소 소화약제를 저장할 때, 소화약제의 양은 얼마인가? 단, 환기구의 면적은 5m^{2}이다.

풀이

방호구역의 체적 V =50m^3

방호구역제적이 45m^3 이상 150m^{3}미만이므로 체적인자 K1 = 0.9kg/m^3

개구부의 면적 A = 5m^2

개방인자 K_2 = 5kg/m^2

∴이산화탄소의 저장량 $Q = V \cdot K_1 + A \cdot K_2 = 50 \times 0.9 + 5 \times 5 = 70$kg

ii) 전역방출방식 가연성 액체 및 가연성 가스의 화재

약제의 저장량은 전역방출방식 표면화재와 마찬가지로 최소설계농도 34vol.%를 기준으로 방호체적의 기본량에 개구부 면적에 따라 추가되는 약제량의 합으로 계산되지만, 방호체적의 기본량에 보정계수(conversion factor, C)를 곱해주어야 한다. 즉,

$$Q = C \cdot V \cdot K_1 + A \cdot K_2$$

여기서, Q : CO_2의 약제저장량 (kg)

V : 방호구역의 부피 (m^3)

K_1 : 체적인자 (kg/m^3)

A : 추가된 면적(m^2)

K_2 : 면적에 대한 개방인자 ($5kg/m^2$)

C : 국가화재안전기준에 제시된 설계농도에 따른 보정계수

보정계수 C에 대한 보정곡선을 아래 그림 5-4에 나타내었다[(5)]. 보정계수 값 C를 구하기 위해서는 우선 표 5-4에 있는 가연물의 설계농도를 통해 x축(설계농도)과 보정곡선이 만나는 점에서의 y축값을 읽음으로써 보정값을 확인할 수 있다.

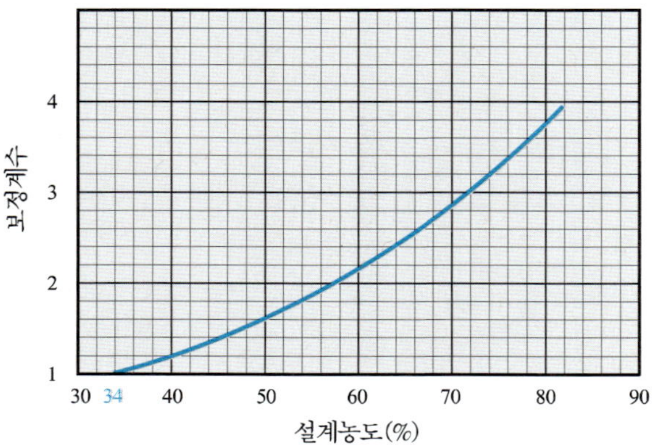

그림 5-4 설계농도에 따른 보정계수 C

예제 5-6

예제 5.5에서 저장된 물질이 일산화탄소일 때, 전역방출방식의 국가화재안전기준에 따른 이산화탄소 소화약제를 저장할 때, 소화약제의 양은 얼마인가?

풀이

방호구역의 체적 V =$50m^3$

방호구역제적이 $45m^3$ 이상 $150m^3$미만이므로 체적인자 $K_1 = 0.9kg/m^3$

개구부의 면적 A = $5m^2$

개방인자 $K_2 = 5kg/m^2$

표 5-4에서 일산화탄소의 설계농도는 64% 이므로 그림 5-4에서

보정인자 C = 2.43

$\therefore$이산화탄소의 저장량 $Q = C \cdot V \cdot K_1 + A \cdot K_2 = 2.43 \times 50 \times 0.9 + 5 \times 5 = 134.35kg$

iii) 전역방출방식 심부화재

종이 · 목재 · 석탄 · 섬유류 · 합성수지류 등 심부화재 방호대상물에 대한 약제의 저장량은 앞선 식들과 같이 방호체적의 기본량에 따라 추가되는 약제량의 합으로 계산된

다. 그러나 체적인자 K_1은 방호대상물에 따라 달라지며, 그 값을 아래 표 5-6로 나타내었다. 아래 식에서 각각의 기호는 앞선 식과 동일하다. 즉, Q 는 CO_2의 약제저장량 (kg), V는 방호구역의 부피 (m^3), K1은 체적인자 (kg/m^3), A는 추가된 면적 (m^2)이다. 개방인자 K_2는 $10kg/m^2$으로 된다. 즉,

$$Q = V \cdot K_1 + A \cdot 10$$

표 5-6 전역방출방식 심부화재에서의 이산화탄소 소화약제의 체적인자 K_1

방호대상물	체적인자 K_1	설계농도(%)
유압기기를 제외한 전기설비, 케이블실	1.3	50
체적55m^2 미만의 전기설비	1.6	50
서고, 창고(전자제품, 목재가공품), 박물관	2.0	65
창고(고무류, 면화류, 모피, 석탄), 집진설비	2.7	75

※ 개구부에 자동개폐장치가 설치되지 않은 경우, 개구부의 면적은 방호구역 전체 표면적의 3% 이내여야 한다.

iv) 국소방출방식 평면화재

윗면이 개방된 용기에 저장하는 경우와 화재 시 연소면이 한정되고 가연물이 비산할 우려가 없는 경우에 발생할 수 있는 국소방출방식 평면화재는 면적에 대한 개념으로 접근이 되고, 방호구역 내의 어느 한 면에 분사가 이루어지므로 이산화탄소 약제의 저장량은 방호대상물의 표면적에 방출인자 K ($13kg/m^2$)을 곱하여 산출한 양에 고압식인 경우 1.4를 저압식인 경우 1.1을 곱하여 결정된다. 즉,

$$Q = A \cdot K \cdot \eta$$

여기서, Q : CO_2의 저장량 (kg)

A : 방호대상물의 표면적 (m^2)

K : $13kg/m^2$

η : 고압식과 저압식에 따라 각각 1.4와 1.1.

참고

η : 약제할증계수라고도 한다. 고압식의 경우, CO_2 소화약제의 70%정도가 액체이고 나머지는 기체이다. 즉, 70%를 100%로 되게 하기 위해서는 1.4를 곱하면 되는데 이 값이 약제할증계수의 값 1.4가 된다. 마찬가지로 저압식은 90%가 액체이고 10%가 기체이므로 1.1을 곱해주면 100%가 되는 것이다.

v) 국소방출방식 입체화재

입체화재는 평면화재와는 달리 공간에 대한 개념이 적용된다. CO_2 소화약제의 저장량은 방호공간의 부피에 체적인자 K의 곱에 고압식과 저압식에 따른 약제할증계수 1.4나 1.1을 곱해주어 구한다. 즉,

$$Q = V \cdot K \cdot \eta$$

여기서, Q : CO_2의 저장량 (kg)

V : 방호공간의 체적 (m^3)

K : 체적인자

η : 고압식과 저압식에 따라 각각 1.4와 1.1

체적인자 K는 방호공간(방호대상물의 각 부분으로부터 0.6m의 거리에 따라 둘러싸인 공간)의 체적 $1m^3$에 대하여 다음의 식에 따라 산출한 양으로,

$$K = 8 - \frac{a\,[m^2]}{A\,[m^2]}$$

여기서, a는 방호대상물 주위에 설치된 벽의 면적의 합이며, A는 방호공간의 벽의 면적의 합으로 모두 천정과 바닥의 면적은 제외한다. 정리하면,

$$Q = V\left(8 - \frac{a}{A}\right)\eta \text{ 이다.}$$

만약, 방호 대상물 주위에 벽이 존재하지 않으면 a는 0 이다. 국소방출방식의 이산화탄소 소화설비의 약제방출시간은 모두 30초이다.

예제 5-7

국소방출방식 입체화재에 대해서 방호대상물의 크기가 가로×세로×높이가 각각 1m이고, 방호대상물 주위 벽면적이 $3m^2$일 때, 저압식으로 저장하고자 하는 이산화탄소 소화약제의 양은 얼마인가?

풀이

저압식이므로 약제할증계수 $\eta = 1.1$

방호공간 $V = (1+1.2) \times (1+1.2) \times (1+0.6) = 7.744m^3$

방호공간의 표면적 $A = 4 \times 2.2m \times 1.6m = 14.08m^2$

방호대상물 주위 벽면적 $a = 3m^2$

체적인자 $K = 8 - \frac{a[m^2]}{A[m^2]} = 8 - \frac{3}{14.08} = 7.787$

∴ 이산화탄소 소화약제의 저장량 $Q = V \cdot K \cdot \eta = 7.744 \times 7.787 \times 1.1 = 66.333kg$

vi) 호스릴 방식

호스릴방식의 이산화탄소 소화설비는 하나의 노즐에 대하여 90kg 이상으로 한다. 즉,

$$Q = N \cdot 90$$

여기서, Q : CO_2의 저장량 (kg)

N : 노즐의 개수

② 위험물안전관리법에 따른 약제저장량

i) 전역방출방식

소화약제의 양에 대한 계산은 아래 표 5-7를 기준으로 하며, 방호구역 체적에 따른 소화약제의 양(체적계수) 비율로 계산한 양에 위험물안전관리 세부기준에서 정한 위험물질에 따른 계수를 곱하여 얻은 양 이상으로 하여야 한다. 아래 표 5-7에는 전역방출방식에 따른 이산화탄소의 소화약제의 양을, 표 5-8에 주요 위험물에 대한 불활성가스 소화약제의 계수를 각각 나타내었다.

표 5-7 전역방출방식에 따른 이산화탄소 소화약제의 양(체적계수, K_1)

방호구역 체적 (m^3)	방호구역 체적당 소화약제의 양 (kg/m^3)	소화약제총량의 최저한도 (kg)
5 미만	1.20	–
5 이상 15 미만	1.10	6
15 이상 45 미만	1.00	17
45 이상 150 미만	0.90	45
150 이상 1,500 미만	0.80	135
1,500 이상	0.75	1,200

표 5-8 주요 위험물 종류에 대한 불활성가스 소화약제의 계수 (β)

소화약제 종류 / 위험물의 종류	이산화탄소	IG-100	IG-55
아세트산	1.1	1.1	1.1
아세트산 에틸	1.0	1.0	1.0
아세트산 메틸	1.0	1.0	1.0
산화프로필렌	1.8	1.8	1.8
사이클로헥산	1.0	1.0	1.0
중유(重油)	1.0	1.0	1.0
윤활유	1.0	1.0	1.0
등유	1.0	1.0	1.0
톨루엔	1.0	1.0	1.0
벤젠	1.0	1.0	1.0
메탄올	1.6	1.6	1.6
메틸에틸 케톤	1.0	1.0	1.0
클로로벤젠	1.1	1.1	1.1
이황화탄소	3.0	3.0	3.0

※ 표 5-8 외의 물질에 대해서는 위험물안전관리에 관한 세부기준 참고.

전역방출방식에 대한 이산화탄소소화설비의 소화약제 양은 방호구획의 개구부에 자동폐쇄장치가 설치된 경우와 설치되지 않은 경우로 나뉘어 계산된다. 우선, 방호구획의 개구부에 자동폐쇄장치가 설치된 경우, 저장량은 아래 식으로 계산된다.

$$Q = \beta V K_1$$

여기서, Q : 소화약제의 양 (kg)

β : 위험물 종류에 대한 계수 (표 5-8)

V : 방호구획의 체적 (m^3)

K_1 : 방호구획 체적당 소화약제의 양 (kg/m^3) (표 5-7)

방호구획의 개구부에 자동폐쇄장치가 설치되지 않은 경우 약제저장량 Q는 아래 식으로 계산된다.

$$Q = \beta(V K_1 + 5A)$$

여기서, A는 개구부의 면적 (m^2)이며, 나머지는 상기 식에서 나타낸 바와 동일하다.

예제 5-8

메탄올이 저장된 위험물제조소의 방호구역의 체적이 $300m^3$이고, 방호구역내에 불연성물질과 개구부에 자동폐쇄장치가 설치되지 않았을 때, 전역방출방식 이산화탄소 소화설비에 필요한 약제량은 kg 이상인가?

풀이

방호구역의 부피 $V = 300m^3$
체적인자 $K1 = 0.8\ kg/m^3$
표 5-8에 따른 메탄올의 소화약제 계수 $\beta = 1.6$
∴ 이산화탄소의 약제 저장량 $Q = 300 \times 0.8 \times 1.6 = 384kg$ 이상

ii) 국소방출방식 평면화재 (면적식 국소방출방식)

위험물안전관리법에 따른 면적식 국소방출방식은 액체 위험물을 상부를 개방한 용기에 저장하는 경우 등 화재시 연소면이 한면에 한정되고 위험물이 비산할 우려가 없는 경우에는 방호대상물의 표면적(당해 방호대상물의 한변의 길이가 0.6m 이하인 경우에는 당해 변의 길이를 0.6m로 해서 계산한 면적) $1m^2$당 13kg의 비율로 계산한 양으로 계산한다. 계산식은 아래와 같다.

$$Q = 13\beta\eta A$$

여기서, Q : 소화약제의 양 (kg)
β : 표 5-8에서 정한 위험물 종류에 의한 계수
η : 소화약제 용기에 의한 계수 (고압식 : 1.4, 저압식 : 1.1)
A : 방호대상물의 표면적 (m^2)

iii) 국소방출방식 입체화재 (용적식 국소방출방식)

면적식 국소방출방식 외의 경우에 해당되며, 계산식을 통해 구해진 양에 방호공간(지반면에 접한 바닥면을 제외한 방호대상물의 모든 부분으로부터 0.6m 외부로 이격된 부분에 의하여 둘러싸여진 부분)의 체적을 곱한 양으로 계산된다. 계산식은 아래와 같다.

$$Q_1 = 8 - 6 \times a/A$$
$$Q = Q_1 \times \beta \times \eta \times V = (8 - 6 \times a/A)\beta \times \eta \times V$$

여기서, Q_1 : 단위체적당 소화약제의 양 (kg/m^3)

Q : 약제저장량 (kg)

a : 방호대상물의 주위에 설치된 고정벽 면적의 합계 (m^2)

A : 방호공간 전체둘레의 면적 (m^2)

β : 표 5-8에서 정한 위험물 종류에 의한 계수

η : 고압식과 저압식에 따라 각각 1.4와 1.1

V : 방호공간의 부피 (m^3)

만약, 방호대상물 주위에 벽이 존재하지 않거나, 0.6m밖에 있으면, a는 0으로 계산한다.

iv) 호스릴 방식

호스릴방식의 이산화탄소소화설비는 국가화재안전기준과 동일하다. 즉,

$$Q = N \cdot 90$$

여기서, Q : CO_2의 저장량 (kg)

N : 노즐의 개수

예제 5-9

예제 5-7의 조건에서 메탄올을 저장할 경우, 이산화탄소 소화약제의 양은 얼마인가?

풀이

저압식이므로 약제할증계수 $\eta = 1.1$

방호공간 $V = (1+1.2) \times (1+1.2) \times (1+0.6) = 7.744 m^3$

방호공간의 표면적 $A = 14.08 m^2$

방호대상물 주위 벽면적 $a = 3 m^2$

$$Q_1 = 8 - \frac{a[m^2]}{A[m^2]} = 8 - \frac{3}{14.08} = 7.787$$

표 5-8에 따른 메탄올의 소화약제 계수 $\beta = 1.6$

∴ 이산화탄소 소화약제의 저장량 $Q = Q_1 V \beta \eta V = 7.744 \times 7.787 \times 1.1 \times 1.6 = 106.132 = 106.132 kg$

3 할로젠화합물 소화약제

메탄, 에탄과 같은 유기물질에 소화성능이 우수한 할로젠족(원소주기율표상에서 7족)의 원소 F_2(불소), Cl_2(염소), Br_2(브롬)를 치환시켜 만든 물질로 증발성이 강한 액체상태의 소화약제이다. 할로젠화합물 소화약제는 할론(Halon) 소화약제라고도 불리며, 화재면에 뿌려주게 되면 열을 흡수하여 액체를 증발시키며 증발된 증기는 불연성이고 공기보다 무거우므로 공기의 출입을 차단하는 질식소화효과 뿐만 아니라 연소의 연속적 관계를 차단하는 억제(부촉매)효과와 상승효과인 냉각 및 희석효과를 가진다.

할로젠화합물 소화약제가 우선적으로 가져야할 성질은 i)기화되기 쉬워야 하며, ii)증발 잔유물이 없어야 한다. 또한, iii)공기보다 무겁고(화재면을 덮어버림) 불연성이어야 하며, iv)낮은 끓는점을 가지고, v)전기화재에 적응성이 있어야 한다.

할로젠화합물 소화약제의 소화능력은 할로젠원소와 수소의 치환 능력에 따라 결정이 되기 때문에 원소별로 보면 I > Br > Cl > F 순으로 효과가 있다. 이는 할로젠원소의 결합력순서와 동일하다.

할로젠화합물 소화약제의 명칭은 크게 할론식과 프레온식(Freon식 혹은 CFC식)으로 나뉜다. 할론식 명칭은 일반적으로 할로젠화합물 소화약제에 사용되는 명칭으로 할론(혹은 하론) 넘버로 표시한다. 할론 위에 4자리 숫자로 표시되며, 이는 C, F, Cl, Br의 개수를 나타낸다.

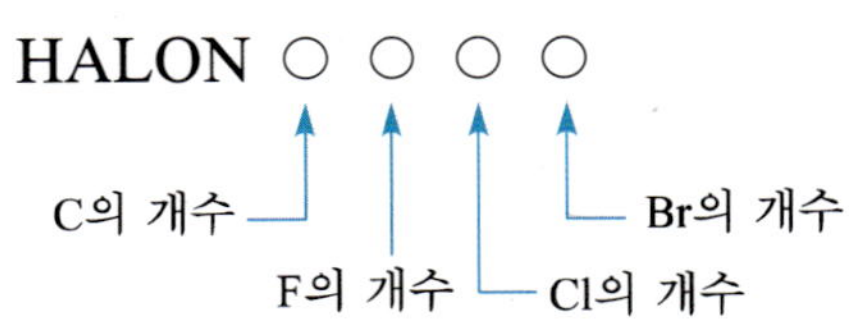

그림 5-5 할론 명명법

예를 들어 할론 1301에서 할론 뒤에 있는 첫 번째 숫자는 C의 개수, 두 번째 자리 숫자는 F의 개수, 세 번째 자리 숫자는 Cl의 개수, 마지막 숫자는 Br의 개수를 나타낸다. 따라서, 할론1301의 화학식은 CF_3Br이 된다 (메탄에서 4개의 수소가 모두 3개의 F와 개의 Br로 치환된 형태이다)[17].

프레온식(CFC식)명칭은 Freon 다음의 3자리 숫자로 표시된다. 첫 번째 자리 숫자는 탄소(C)원자의 개수에서 1을 뺀 값으로 실제 탄소 개수가 1개일 때는 0으로 표시하거나 생략한다. 두 번째 숫자는 수소(H)원자의 개수에 1을 더한 값이다. 마지막 숫자는 불소(F)의 실제 개수이다.

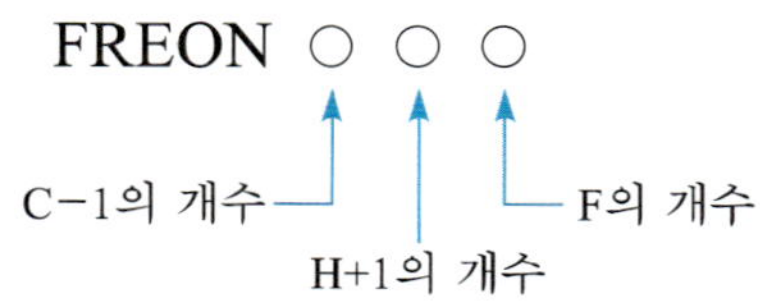

그림 5-6 프레온식 명명법

만약, Freon 011 혹은 Freon 11은 메탄(CH_4)에 불소원자 1개가 치환된 형태이다. 즉, CF의 화학식이 된다고 생각할 수 있다. 그러나 탄소는 4개의 결합수를 가지고 있으므로 CF라는 화학식은 존재하지 않는다. 따라서, CH_4와 같은 완전한 형태가 되기 위해서 필요한 또 다른 할로젠원소가 필요하다. 또 다른 할로젠원소는 주기율표에서 7족인 할로젠원소의 아랫 쪽으로 불소(F), 염소(Cl), 브롬(Br), 요오드(I)순으로 결합한다. 결국, Freon 011혹은 Freon 11의 화학식은 $CFCl_3$가 된다. 만약, 염소가 아니고 브롬(Br)이 결합되어 있다면 Freon식 명칭은 Freon 011B3로 해준다. 여기서, B3는 브롬이 3개 결합되었음을 나타낸다. 표 5-9에 각 할로젠화합물 소화약제에 대한 할론식 명칭과 프레온식 명칭을 비교하여 나타내었다.

표 5-9 할론식과 프레온식 명칭에 따른 할로젠화합물

구분 \ 물질명	1취화3불화메탄	1취화1염화2불화메탄	2취화4불화에탄	1취화1염화메탄	4염화탄소
화학식	CF_3Br	CF_2ClBr	$C_2F_4Br_2$	CH_2ClBr	CCl_4
할론식	할론1301	할론1211	할론2402	할론1011	할론104
프레온식	Freon13B1	Freon12B1	Freon114B2	Freon30B1	Freon10

할로젠화합물 소화약제의 장점은 i)변질, 분해가 없고, 전기의 불량도체이므로 유류화재, 전기화재에 많이 사용되며, ii)상온에서 압축하면 쉽게 액체 상태로 변하기 때문에 용기에 쉽게 저장할 수 있다. 또한, iii)부촉매에 의한 연소의 억제 작용이 크며, iv)CO_2 소화제와 같이 전기시설, 컴퓨터실, 통신기계시설, 정밀기계실에 많이 사용되고, v)수명이 반영구적이며, vi)소량으로 효과적인 소화를 할 수 있다는 것이다.

할로젠화합물 소화약제의 가장 큰 단점은 i)가격이 CO_2에 비해 비싸고 CFC계열의 물질로 오존층 파괴의 원인물질이며, ii)열분해에 의해서 생성되는 물질은 유해하다. 이 외에도 내부까지 훈소가 진행되기 쉬운 면, 고무 등의 특수가연물의 화재에 대해서는 표면화재 이외에 심부화재를 진화할 필요가 있으므로 할론소화제로서는 소화하기 어려운 면도 있다. 환경에 대한 유해성과 독성물질의 생성으로 인해 현재 국내의 경우, 「소방시설 설치 및 관리에 관한 법률」로 인정받고 있는 소화제로는 할론 1301, 할론 1211, 할론 2402, HFC-23,

HFC-125, HFC-227ea 등이 있다. 새로이 개발된 할로젠화합물 소화약제는 청정소화약제라는 용어로 구분하여 사용되기도 한다[5]. FK-5-1-12경우, 청정소화약제로 개발되었으나 위험물안전관리법 및 국가화재안전기준으로는 할로젠화합물소화약제로 분류된다[5],[10],[29].

환경에 대한 유해성과 독성물질의 발생으로 인해 할로젠화합물 소화약제를 사용할 경우, 소방법상 무창층, 지하층, 밀폐된 거실/사무실에는 반드시 배출설비를 갖추도록 하고 있다. 참고로 표 5-10에 현재 국가화재안전기준에 적용되는 할론 소화약제의 오존파괴지수(Ozone depletion potential, ODP, 제5장 청정소화약제 part 참조)를 나타내었다. 미국의 대기청정법에서도 오존파괴지수가 0.2이상이 되는 물질에 대해서 규제하고 있다[11],[19].

표 5-10 할로젠화합물 소화약제의 오존파괴지수(ODP)

할로젠화합물 소화약제	화학식	ODP
할론 1301	CF_3Br	12.5
할론 1211	CF_2ClBr	3.0
할론 2402	$C_2F_4Br_2$	6.0

표 5-11은 할로젠화합물 소화약제가 인체에 미치는 유해성을 알기 위해 치사농도(Approximate lethal concentration, ALC)를 나타낸 것이다.

표 5-11 할로젠화합물 소화약제의 치사농도(ALC)

할로젠화합물 소화약제	화학식	ALC
할론 1301	CF_3Br	85
할론 1211	CF_2ClBr	25
할론 2402	$C_2F_4Br_2$	13

※ 비교 : 이산화탄소의 ALC = 68

참고

※ 치사농도 (Approximate lethal concentration, ALC)

실험대상인 쥐의 50%가 15분 이내에 사망하는 vol.%농도 혹은 4시간동안 쥐에게 노출 시 쥐의 대부분이 치사하는 농도를 말하는 것으로 물질의 독성을 비교할 때 사용된다. 값이 클수록 독성이 덜함을 말해준다.

참고

※ LD_{50} (Lethal dose)

한 무리의 실험동물 50%를 사망시키는 독성물질의 양, 또는 방사선의 선량으로 반수치사량이라고도 한다. 같은 동물이라도 나이, 건강상태에 따라 차이가 있지만 일반적으로 50%가 죽을 확률이 있다는 독물량을 말하는 것으로 쥐, 개 등을 이용하여 실험적으로 구한다. 설치류의 실험으로 경구투여시 LD50이 300 ㎎/kg 이하이면 유독물, 15㎎/kg 이하이면 특정유독물로 지정하고, 경피투여시 1000㎎/kg 이하이면 유독물, 50㎎/kg 이하이면 특정유독물로 지정한다.

※ LC_{50} (Lethal concentration)

한 무리의 실험동물의 50%를 죽이게 하는 독성물질의 농도, 즉 50%의 치사농도로 반수치사농도라고도 하며, LD_{50}(50% 치사량)과 같은 개념으로 쓰이기도 한다. 기체 및 휘발성물질은 ppm으로 분말인 물질에 대해서는 ㎎/ℓ 로 표시한다. 한국의 유해화학물질관리법에서 유독물과 특정유독물의 분류기준으로 이용하고 있다.

1) 할로젠화합물 소화약제의 종류

표 5-12에 주요 할로젠화합물 소화약제의 주요 물성치를 나타내었으며, 나머지 자세한 내용은 따로 아래에 설명하였다.

표 5-12 주요 할로젠화합물 소화약제의 물성

	할론1301	할론1211	할론2402	할론1011
상온에서의 상태	기체	기체	액체	액체
분자량	148.93	165.4	259.9	129.4
증발잠열	26.5 cal/g	32 cal/g	25 cal/g	57 cal/g

(1) 할론 1301 (CF_3Br)

기본적인 물성은 액비중 1.5, 비점 −57.8℃, 융점 −168℃이다. 부식성이 비교적 크지만 소화농도가 2.9~3.9 vol.%로 할로젠화합물 소화약제 중 소화성능이 가장 좋다[12]. BTM (Bromo Trifluoro Methane)소화제 라고도 한다. 상온, 상압에서는 기체 상태이지만 소화설비용으로 압축하여 액체 상태로 저장한다. B급(유류)와 C(전기)화재에 적합하며, 전역방출방식인 경우에는 A급(일반)화재에도 적합하다. 오존파괴지수(ODP)는 할로젠화합물 소화약제 중에서 12.5로 가장 크다. 기화되면 공기보다 5.1배 무거워지며, 인체에 대한 독성이 약하지만, 15 vol.% 이상의 농도에 인체가 노출되면 상당히 위험하다. 또한, 열분해된 물질인 불화수소(플루오르화수소, HF)와 브롬화수소(BF)는 치사농도가 각각 2,500ppm과 4,700ppm으로 독성이 상당히 강하다.

(2) 할론 1211 (CF_2ClBr)

BCF(Bromo Chloro diflure methane) 소화제라고도 한다. 상온, 상압에서 기체이며 공기보다 5.7배 무겁다. 방출압력원으로 질소(N_2)와 함께 충전하여야 한다. 할론1301과 할론 2402보다 증발잠열이 크다. 적응화재는 할론 1301과 동일하지만, 독성은 할론 1301보다 강하다.

(3) 할론 2402 ($C_2Br_2F_4$)

일명 FB 소화기라고 한다. 비중 2.18, 비점 47.5℃, 융점 −110℃로 상온, 상압에서 액체로 존재한다. 무색, 투명하고 특유한 냄새가 난다. 할로젠화합물 소화약제 중에서 가장 우수한 소화약제이며, 부식성도 적지만, 독성이 있기 때문에 매우 제한적으로 사용된다. 저장용기에 충전할 경우에는 방출원인 N_2(질소)와 함께 충전하여야하며, B급(유류)와 C급(전기)화재에 적합하다.

(4) 그 외 할로젠화합물 소화약제

과거에는 다소 소화약제로써 사용되었지만, 현재는 환경적 요인과 생물학적 이유로 사용이 제한된 몇몇 할로젠화합물 소화약제를 소개한다.

① 할론 1011 (CH_2ClBr)

CB(혹은 BC) (Chloro Bromo methane) 소화제라고도 한다. 상온에서 액체이며 증기비중은 4.5이며, B급(유류)와 C급(전기)화재에 적합하다. 무색, 투명하고 특이한 냄새가 나는 불연성 액체이고, CCl_4에 비해 약 3배의 소화능력이 있다. 금속 부식성이 있다.

② 할론 104 (CCl_4)

CTC(Carbon Tetra Chloride) 소화제라고 하며 무색 투명한 액체로서 공기, 수분, 탄산가스와 반응하여 맹독성기체인 포스겐($COCl_2$)를 생성시킨다. 1987년 몬트리올 의정서에 따른 오존층파괴물질로, 제조, 사용 및 판매가 엄격하게 제한받고 있다. 따라서, 현재는 소화약제로써 사용되고 있지 않다. 참고적으로 사염화탄소의 주소화 효과는 억제효과이나 산소공급을 차단하는 질식 효과가 있다.

참고

밀폐된 장소에서 CCl_4를 사용해선 안 되는 이유 → 분해하여 독성이 있는 포스겐가스를 발생시킨다.

① 공기 중 : $2CCl_4 + O_2 \rightarrow 2COCl_2 + 2Cl_2$

② 습기 중 : $CCl_4 + H_2O \rightarrow COCl_2 + 2HCl$

③ 이산화탄소 중 : $CCl_4 + CO_2 \rightarrow 2COCl_2$

④ 금속접촉 중 : $3CCl_4 + Fe_2O_3 \rightarrow 3COCl_2 + 2FeCl_3$

⑤ 발연황산 중 : $2CCl_4 + H_2SO_4 + SO_3 \rightarrow 2COCl_2 + S_2O_5Cl_2 + 2HCl$

※ 몬트리올(Montreal) 의정서

1987년 9월 16일 캐나다 몬트리올에서 채택된 오존층 파괴물질의 생산과 규제에 관한 기후 협약으로 공식명칭은 "오존층 파괴물질에 관한 몬트리올 의정서"이다.
이 의정서는 프레온가스 더 정확히는 염화불화탄소(CFCs)나 할론(Halon) 등 지구대기권 오존층을 파괴하는 물질에 대한 사용금지 및 규제를 통해 오존층 파괴로부터 초래되는 인체 및 동식물에 대한 피해를 최소화하기 위한 목적으로 1987년 채택되어 1989년 1월 발효되었다. 한국은 1992년 2월 의정서에 가입하였다.

예제 5-10

최근들어 소화약제로서 사염화탄소의 사용을 금지하고있다. 그 이유는 분해하여 독성이 있는 포스겐가스를 발생시키기 때문인데, (a)사염화탄소와 산소의 화학반응식과 (b) 사염화탄소와 수분과의 화학반응식을 적으시오.

풀이

(a) 산소와의 화학반응 : $2CCl_4 + O_2 \rightarrow 2COCl_2 + 2Cl_2$

(b) 수분과의 화학반응 : $CCl_4 + H_2O \rightarrow COCl_2 + 2HCl$

2) 할로젠화합물 소화약제의 설계농도와 저장량

(1) 설계농도

할로젠화합물 소화약제의 설계농도는 소화약제의 부피를 방호구역체적으로 나누어줌으로써 구할 수 있다. 할로젠화합물 소화약제의 설계농도는 완전소화에 필요한 최소설계농도와 인체의 독성을 고려한 최고설계농도로 구분된다[(11),(12)]. 따라서, 최소저장량을 설정해서 그 이상을 저장토록한 소화설비와는 달리 할로젠화합물 소화약제는 최소에서 최고까지 그 구간을 설정토록 한다. 예로 국가화재안전기준에 따른 전역방출방식 가연성고체에 대한 할론 1211의 경우, 방호구역 $1m^3$당 0.36kg이상 0.71kg이하로 규정한다. 이는 0.36kg이 최소설계농도이고 0.71kg이 최고설계농도를 의미한다. 0.36kg과 0.71kg을 1기압 기준으로 상온상태에서의 부피로 환산하면 약 $0.05m^3$와 $0.1m^3$가 되는데, 각각 5vol.%와 10 vol.%로 최소설계농도 5%와 최고설계농도 10%를 의미한다.

(2) 방출방식에 따른 할로젠화합물 소화약제의 저장량

약제저장량은 방출방식에 따라 국가화재안전기준(NFSC)과 위험물안전관리법이 정한 바가 동일하다. 즉, i)전역방출방식, ii)국소방출방식 평면화재, iii)국소방출방식 입체화재, 그리고 iv)이동식설비와 같이 4가지로 나뉘어 진다.

저장량 산정방법은 앞선 이산화탄소와 동일하지만, 체적인자와 개방인자가 소화약제의 종류에 따라 그 값을 달리한다.

① 국가화재안전기준(NFSC)에 따른 약제저장량

i) 전역방출방식

약제의 저장량은 이산화탄소 소화약제 저장량 산출방식과 동일하다. 즉, 방호체적의 기본량에 개구부 면적에 따라 추가되는 약제량의 합으로 계산된다.

$$Q = V \cdot K_1 + A \cdot K_2$$

여기서, Q : 할로젠화합물 소화약제의 약제저장량 (kg)

V : 방호구역의 부피 (m^3)

K_1 : 체적인자 (kg/m^3) (표 5-12)

A : 추가된 면적 (m^2)

K_2 : 면적에 대한 개방인자 (kg/m^2) (표 5-13)

약제량을 저장하기 위한 방호구역의 부피는 전체 방호구역 체적에서 방호구역 내에 있는 불연성 물체의 부피를 뺀 실제 방호구역 부피이다. K_1은 방호구역 체적에 따른 값으로 아래 표 5-12에 나타내었다[(5)]. 개방인자 K_2는 방호구역의 개구부에 자동개폐장치를 설치하지 않은 경우에 추가되는 소화약제량을 말하며, 표 5-13에 나타내었다[(5)].

표 5-12 전역방출방식 할로젠화합물 소화약제의 체적인자 K_1

소방대상물 또는 그 부분		소화약제	방호구역 $1m^3$당 소화약제의 양
차고, 주차장, 전기실, 통신기기실, 전산실 기타 이와 유사한 전기설비가 설치되어 있는 부분		할론 1301	0.32kg 이상 0.64kg 이하
화재의 예방 및 안전관리에 관한 법률 시행령에 따른 특수가연물을 저장 및 취급하는 특정소방대상물 또는 그 부분	가연성 고체 가연성 액체	할론 1301	0.32kg 이상 0.64kg 이하
		할론 1211	0.36kg 이상 0.71kg 이하
		할론 2402	0.40kg 이상 1.1kg 이하
	면화류, 나무껍질 및 대팻밥, 넝마 및 종이부스러기, 사류, 볏짚류, 목재가공품 및 나무부스러기	할론 1301	0.52kg 이상 0.64kg 이하
		할론 1211	0.60kg 이상 0.71kg 이하
	합성수지류	할론 1301	0.32kg 이상 0.64kg 이하
		할론 1211	0.36kg 이상 0.71kg 이하

표 5-13 전역방출방식 할로젠화합물 소화약제의 개방인자 K_2

소방대상물 또는 그 부분		소화약제	가산량 (개구부의 면적 $1m^2$당 소화약제의 양)
차고, 주차장, 전기실, 통신기기실, 전산실 기타 이와 유사한 전기설비가 설치되어 있는 부분		할론 1301	2.4kg
화재의 예방 및 안전관리에 관한 법률 시행령에 따른 특수가연물을 저장 및 취급하는 특정소방대상물 또는 그 부분	가연성 고체 가연성 액체	할론 1301	2.4kg
		할론 1211	2.7kg
		할론 2402	3.0kg
	면화류, 나무껍질 및 대팻밥, 넝마 및 종이부스러기, 사류, 볏짚류, 목재가공품 및 나무부스러기	할론 1301	3.9kg
		할론 1211	4.5kg
	합성수지류	할론 1301	2.4kg
		할론 1211	2.7kg

예제 5-11

자동개폐장치가 설치되지 않은 창문의 면적이 $3m^2$인 목재창고의 크기가 $50m^3$이다. 국가화재안전기준에 따른 전역방출방식 할론1301 소화약제의 저장범위는 얼마인가?

풀이

창고의 체적 $V = 50m^3$

체적인자 $K_1 = 0.52kg$ 이상 $0.64kg$ 이하

개구부의 면적 $A = 3m^2$

개방인자 $K_2 = 3.9kg$

할론1301의 저장량 $Q = V \cdot K_1 + A \cdot K_2$에서

$Q = 50 \times (0.52 \sim 0.64) + 3 \times 3.9 = 37.7 \sim 43.7$ kg

ii) 국소방출방식 면적식화재(평면화재)

윗면이 개방된 용기에 저장하는 경우와 화재시 연소면이 1면에 한정되고 가연물이 비산할 우려가 없는 화재의 경우, 이산화탄소 약제의 저장량과 마찬가지로 방호대상물의 표면적에 방출인자 K를 곱하고 할증계수를 곱해줌으로써 결정된다. 즉,

$$Q = A \cdot K \cdot \eta$$

여기서, 할로젠화합물 소화약제의 저장량 (kg)

A : 방호대상물의 표면적 (m^2)

K : 방출인자 (kg/m^2) (표 5-14)

η : 약제할증계수 (표 5-14)

표 5-14에 국소방출방식 평면화재에 대한 소화약제에 따른 방출인자와 할증계수를 나타내었다[5].

표 5-14 국소방출방식 평면화제에서의 방출인자 K와 할증계수 (η)

소화약제	방출인자 K (kg/m^2)	할증계수 η
할론 1301	6.8	1.25
할론 1211	7.6	1.10
할론 2402	8.8	1.10

예제 5-12

용기에 저장된 표면적 $20m^2$인 액상의 물질에 대한 국가화재안전기준에 따른 국소방출방식 평면화재에 대한 할론 1301의 소화약제 저장량은 얼마인가?

풀이

액상 물질의 표면적 $A = 20m^2$
할론1301에 대한 방출인자 $K = 6.8$
할론 1301에 대한 약제할증계수 $\eta = 1.25$
$\therefore$ 할론1301에 대한 약제 저장량 $Q = A \cdot K \cdot \eta = 170kg$

iii) 국소방출방식 용적식화재(입체화재)

입체화재 역시 이산화탄소 소화약제의 저장량과 동일하게 계산된다. 즉, 방호공간의 부피에 체적인자 K의 곱에 약제할증계수 η를 곱해주어 구한다.

$$Q = V \cdot K \cdot \eta$$

여기서, Q : 할로겐화합물 소화약제의 저장량 (kg)
V : 방호공간의 체적 (m^3)
K : 방호공간 단위체적당 필요한 최소약제량을 의미하는 체적인자
η : 약제할증계수 (표 5-14)

체적인자 K는 이산화탄소에서와 비슷하게 방호공간(방호대상물의 각 부분으로부터 0.6m의 거리에 따라 둘러싸인 공간)의 체적 $1m^3$에 대하여 다음의 식에 따라 산출한 양으로,

$$K = X - Y\frac{a\,[m^2]}{A\,[m^2]}$$

체적인자 K에서 X와 Y는 방출인자 결정계수로 할로계화합물 소화약제별로 표 5-15에 나타내었다[(5)]. 다시 정리하면,

$$Q = V\,(X - Y\frac{a}{A})\eta$$

a는 방호대상물 주위에 설치된 벽의 면적의 합이며, A는 방호공간의 벽의 면적의 합으로 모두 천정과 바닥의 면적은 제외한다. 만약, 방호 대상물 주위에 벽이 존재하지 않으면 a는 0이다.

표 5-15 국소방출방식 입체화재에 대한 할로젠화합물 소화약제별 결정계수

소화약제	X	Y
할론 1301	4.0	3.0
할론 1211	4.4	3.3
할론 2402	5.2	3.9

예제 5-13

가로×세로×높이가 각각 2m, 2m, 1m인 방호대상물 주위에 설치된 벽의 면적이 $3m^2$이다. 국가화재안전기준에 따른 국소방출방식 입체화재에 대한 할론1301의 약제저장량은 얼마인가?

풀이

방호공간의 체적 $V = (2+1.2)\times(2+1.2)\times(1+0.6) = 16.384m^3$
방호공간의 표면적 $A = 3.2\times1.6\times4 = 20.48m^2$
방호대상물 주위 벽면적 $a = 3m^2$
할론1301의 방출인자 $X = 4.0$, $Y = 3.0$
체적인자 $K = 4 - 3\times3/20.48 = 3.561$
할론1301의 약제할증계수 $\eta = 1.25$
∴ 할론1301의 약제저장량 $Q = V\cdot K\cdot \eta = 16.384 \times 3.561 \times 1.25 = 72.929$ kg

iv) 호스릴 방식

호스릴방식의 할로젠화합물 소화설비는 하나의 노즐에 대하여 각 소화약제별 방출인자 K의 곱으로 결정한다[(5)]. 즉,

$$Q = N \cdot K$$

여기서, Q는 호스릴 방식에서의 할로젠화합물 소화약제의 저장량(kg), N은 노즐의 개수이다. K는 노즐당 약제량을 의미하며, 표 5-16에 분당 방사량과 함께 나타내었다.

표 5-16 호스릴 방식 할로젠화합물 소화약제의 방출인자와 분당방사량

소화약제	방출인자 K (kg/개)	분당방사량 (kg/min.)
할론 1301	45 이상	35 이상
할론 1211	50 이상	40 이상
할론 2402	50 이상	45 이상

호스릴 방식은 방출대상물의 각 부분으로부터 하나의 호스 접결구까지의 수평거리가 20m 이하가 되도록 해야 한다.

예제 5-14

국가화재안전기준에 따른 호스릴방식으로 할론1301을 10분간 방사하고자 할 때 노즐 1개당 약제저장량은 몇 kg이상인가?

풀이

할론 1301의 방출인자 K = 45kg/개
∴ 호스릴 방식 할론 1301의 노즐 1개당 약제 저장량은 45kg
10분 방사량 = 45 × 10 = 450kg 이상

② 위험물안전관리법에 따른 약제저장량

i) 전역방출방식

위험물안전관리법에 따른 할로젠화합물 약제저장량은 국가화재안전기준과 거의 비슷하지만 위험물 종류에 따른 소화약제계수를 곱해주어야 한다(위험물안전관리에 관한 세부기준 참고). 또한, 체적인자 K_1과 개방인자 K_2의 값에도 다소 차이가 있다. 전역방출방식에 따른 이산화탄소 소화약제의 저장량은 아래와 같다.

$$Q = (V \cdot K_1 + A \cdot K_2) \cdot \beta$$

여기서, Q : 할로젠화합물 소화약제 저장량 (kg)
V : 방호구역의 실질적 부피 (m^3)
K_1 : 체적인자 (kg/m^3) (표 5-17)
A : 추가된 면적 (m^2)
K_2 : 면적에 대한 개방인자 (kg/m^2) (표 5-17)
β : 위험물에 대한 할로젠화합물 소화약제 계수 (표 5-18)

방호구역내의 개구부에 자동폐쇄장치가 설치되어 있는 경우에는 $Q = V \cdot K_1\beta$ 만으로 저장량을 계산할 수 있다. 표 5-17에 소화약제별 체적인자 K_1과 개방인자 K_2의 값을 나타내었으며, 표 5-18에 위험물 종류별 소화약제계수 (β)를 나타내었다.

표 5-17 위험물안전관리법에 따른 전역방출방식에서의 할로젠화합물 소화약제별 체적인자 K_1과 개방인자 K_2

소화약제	체적인자 K_1	개방인자 K_2
할론 1301	0.32	2.4
할론 1211	0.36	2.7
할론 2402	0.40	3.0

표 5-18 위험물에 대한 할로젠화합물 소화약제 계수 (β)

위험물의 종류	소화약제계수(β)		위험물의 종류	소화약제계수(β)	
	할론 1301	할론 1211		할론 1301	할론 1211
아크릴로 나이트릴	1.4	1.2	다이에틸아민	1.0	1.0
아세트알데하이드	1.1	1.1	다이에틸 에터	1.2	1.0
아세토나이트릴	1.0	1.0	다이옥세인	1.8	1.6
아세톤	1.0	1.0	중유(重油)	1.0	1.0
아닐린	1.1	1.1	윤활유	1.0	1.0
아이소옥탄	1.0	1.0	테트라하이드로퓨란	1.4	1.4
아이소프렌	1.2	1.0	등유	1.0	1.0
아이소프로필아민	1.0	1.0	트라이에틸아민	1.0	1.0
아이소프로필에터	1.0	1.0	톨루엔	1.0	1.0
아이소헥산	1.0	1.0	나프타	1.0	1.0
아이소헵탄	1.0	1.0	채종유	1.1	1.1
아이소펜탄	1.0	1.0	이황화탄소	4.2	1.0
에탄올	1.0	1.2	바이닐 에틸 에터	1.6	1.4
에틸아민	1.0	1.0	피리딘	1.1	1.1
염화바이닐	1.1	1.1	뷰탄올	1.1	1.1
옥탄	1.0	1.0	프로판올	1.0	1.2
휘발유	1.0	1.0	2-프로판올	1.0	1.0
폼산 에틸	1.0	1.0	프로필아민	1.0	1.0
폼산 프로필	1.0	1.0	헥산	1.0	1.0
폼산 메틸	1.4	1.4	헵탄	1.0	1.0
경유	1.0	1.0	벤젠	1.0	1.0
원유	1.0	1.0	펜탄	1.0	1.0
아세트산	1.1	1.1	메탄올	2.2	2.4
아세트산 에틸	1.0	1.0	메틸 에틸 케톤	1.0	1.0
아세트산 메틸	1.0	1.0	클로로벤젠	1.1	1.1
산화프로필렌	2.0	1.8	그밖의 것	1.1	1.1
사이클로헥산	1.0	1.0			

예제 5-15

자동개폐장치가 설치되지 않은 창문의 면적이 $3m^2$인 에탄올 저장창고의 크기가 $150m^3$이다. 위험물안전관리법에 따른 전역방출방식 할론1211 소화약제의 저장양는 얼마인가?

풀이

창고의 체적 $V = 150m^3$

체적인자 $K_1 = 0.36$

개구부의 면적 $A = 3m^2$

개방인자 $K_2 = 2.7$

위험물안전관리법에 따른 에탄올에 대한 소화약제 계수 β (표 5-18) = 1.2

할론1211의 저장량 $Q = (V \cdot K_1 + A \cdot K_2)\beta$ 에서

$Q = (150 \times 0.36 + 3 \times 2.7) \times 1.2 = 74.52$ kg

ii) 면적식 국소방출방식

국가화재안전기준과 유사하지만 소화약제계수를 곱하여 주어 약제저장량을 산출한다. 즉,

$$Q = A \cdot K \cdot \eta \cdot \beta$$

여기서, Q : 할로젠화합물 소화약제의 저장량 (kg)

A : 방호대상물의 표면적 (m^2)

K : 방출인자 (표 5-14)

η : 약제할증계수 (표 5-14)

β : 위험물에 대한 할로젠화합물 소화약제 계수 (표 5-18)

iii) 용적식 국소방출방식

소화약제계수를 곱한다는 것 외에는 국가화재안전기준과 동일하다. 즉,

$$Q = V \cdot K \cdot \eta \cdot \beta$$

여기서, Q는 CO_2의 저장량(kg), V는 방호공간의 체적(m^3), η는 표 5-14에 있는 약제할증계수이며, β는 표5-18에 있는 소화약제계수이다. K는 체적인자로 $K = X - Y \times a/A$ 계산된다. 체적인자에서 X와 Y는 표 5-15에 나와 있는 값과 동일하다. 즉,

$$Q = V(X - Y\frac{a}{A})\eta\beta$$

예제 5-16

가로×세로×높이가 각각 2m, 2m, 1m인 에탄올을 저장한 방호대상물 주위에 설치된 벽의 면적이 $3m^2$이다. 위험물안전관리법에 따른 국소방출방식 입체화재에 대한 할론1211의 약제저장량은 얼마인가?

풀이

방호공간의 체적 $V = (2+1.2)\times(2+1.2)\times(1+0.6) = 16.384m^3$
방호공간의 표면적 $A = (3.2\times1.6)\times4 = 20.48m^2$
방호대상물 주위 벽면적 $a = 3m^2$
할론1211의 방출인자 $X = 4.4$, $Y = 3.3$
체적인자 $K = 4.4 - 3.3\times3/20.48 = 3.917$
할론1211의 약제할증계수 $\eta = 1.1$
위험물안전관리법에 따른 에탄올에 대한 소화약제 계수 β (표 5-18) = 1.2
∴ 할론1211의 약제저장량 $Q = V\cdot K\cdot\eta\cdot\beta = 16.384 \times 3.917 \times 1.1\times1.2 = 84.71$ kg

iv) 호스릴 방식

호스릴방식의 할로젠화합물 소화설비는 하나의 노즐에 대하여 각 소화약제별 방출인자 K의 곱으로 결정한다. 즉,

$$Q = N \cdot K$$

여기서, Q는 호스릴 방식에서의 할로젠화합물 소화약제의 저장량(kg), N은 노즐의 개수이다. K는 노즐당 약제량을 의미하며, 표 5-19에 분당 방사량과 함께 나타내었다.

표 5-19 호스릴 방식 할로젠화합물 소화약제의 방출인자와 분당방사량

소화약제	방출인자 K (kg/개)	분당방사량 (kg/min.)
할론 1301	45 이상	35 이상
할론 1211	45 이상	40 이상
할론 2402	50 이상	45 이상

iii) 방출시간에 대한 비교

국가화재안전기준에서는 전역과 국소방출방식 모두 소화약제를 10초 이내에 방사하도록 규정하고 있으나, 위험물안전관리법 상에서는 기준 저장량의 소화약제를 30초 이내에 방사할 수 있도록 규정하고 있다[(14)].

4 청정 소화약제

본 교재에서 언급하는 청정소화약제란 할로젠화합물(할론 1301, 할론 2402, 할론 1211 제외) 및 불활성기체로서 전기적으로 비전도성이며 휘발성이 있거나 증발 후 잔여물을 남기지 않는 소화약제를 말한다[5]. 성분적으로 크게 할로젠화합물 청정소화약제와 불활성가스 청정소화약제로 분류되며, 할로젠화합물 청정소화약제는 불소, 염소, 브롬 또는 요오드 중 하나 이상의 원소를 포함하고 있는 유기화합물을 기본성분으로 하는 소화약제를 말한다. 불활성가스 청정소화약제는 헬륨, 네온, 아르곤 또는 질소가스 중 하나 이상의 원소를 기본성분으로 하는 소화약제로 규정한다(5). 불활성가스 소화약제는 산소희석을 통해 소화를 진행하는 반면, 할로젠화합물 청정소화약제는 열을 우선적으로 제거하는 원리이다[18].

청정소화약제의 개발배경에는 할론 소화약제가 가지는 환경적 유해요인인 대기중에서 난분해성과 지구온난화, 오존층파괴와 더불어 인체에 유해한 독성물질의 생성에 기인한다. 이로 인해 할론 소화약제는 몬트리올 의정서에 의해 선진국은 1994년부터 생산 및 사용이 중지되었으며 개발도상국(우리나라 포함)의 경우는 2010년 1월 1일 이후부터 생산 및 사용을 중지하도록 하고 있다[19]. 이로 인해 여러 가지 대체물질이 개발되고 상용화되었다.

국내 가스계 소화설비 소화약제량의 적용실태를 살펴보면 이산화탄소 소화약제가 약 50%, 할로젠화합물 소화약제 40%를, 청정소화약제 중에서는 HCFC blend A, HCFC-227ea, IG-541, HFC-23, FK-5-1-12 등이 약 10%를 차지하고 있다.

청정소화약제는 질식, 냉각 및 부촉매 소화기능이 우수하며, 화재를 소화하는 동안 미연소물질에 물리적, 화학적 변화나 재산상의 피해를 최소화하고, 소화가 완료된 후에도 환경적 유해물질이나 지방성 부산물을 거의 발생시키지 않는 장점을 가진다. 또한, 저장성이 뛰어나며, 약제방출시 산소의 농도를 급격하게 저하시키지 않는 것도 장점이다. 할로젠화합물 청정소화약제는 오존파괴지수(ODP)와 지구온난화지수가 일반 할로젠화합물 소화약제보다 현저히 작으며, 불활성가스 청정소화약제는 불활성기체인 헬륨(He), 네온(Ne), 아르곤(Ar)과 비활성기체인 질소(N_2)가 주성분으로 구성된다. 불활성가스 및 비활성가스는 독립적으로 혹은 혼합하여 복합소화제로 사용된다[19]. 환경적 문제가 발생하지 않으며, 인체에 대한 유해성도 극히 작은 장점을 가진다. 그러나, 소화성능이 기존의 소화약제에 비해 다소 떨어지고, 이로 인해 약제사용량이 상대적으로 많다는 단점을 가진다.

1) 청정소화약제의 명칭

청정소화약제는 할로젠화합물과 불활성기체로 구분됨에 따라 명명법도 각기 다르다. 할로젠화합물 청정소화약제는 주로 약제명이 사용되며, 불활성기체 청정소화약제는 불활성 혹은 비활성이라는 뜻의 영문첫자 IG (inert gas)를 사용하여 명명한다.

할로젠화합물 청정소화약제의 약제명은 할로젠화합물 소화약제의 프레온식 명명법과 거의 유사하며 다음과 같다.

Freon - A B C D (E F)

Freon : 영어계열명 (CFC, HCFC 등)
A : 탄소원자수 − 1 (0일 경우, 생략가능)
B : 수소원자수 + 1
C : 불소원자수
E : 브롬이면 B로, 요오드면 I로 표시 (없을 경우 생략)
F : 브롬원자수 또는 요오드원자수 (없을 경우 생략)

Freon 영어계열명은 CFC(염화불화탄소, Chloro fluoro carbon), HCFC(염화불화탄화수소, Hydro Chloro fluoro carbon), HFC(불화탄화수소, Hydro fluoro carbon), HBFC (브롬화불화탄화수소, Hydro bromo fluoro carbon), FC (불화탄소, Fluoro carbon), IFC (요오드화불화탄소, Iodo fluoro carbon) 등이 있다. 예를 들어, HCFC−123은 H(수소) C(염소) F(불소) C(탄소)로 이루어진 화학구조를 가지고 있음을 알 수 있다. HCFC−123에서 1은 탄소원자수−1이므로 탄소원자는 2개, 2는 수소원자수+1이므로 수소원자는 1개, 3은 불소원자수이므로 3개임을 알 수 있다. 따라서, 기본 화학식은 C_2HF_3이고 C2에 대해서 총 6개의 결합수를 가지므로 나머지 2자리에는 주기율표의 할로젠족(7족)의 아래순의 원자가 결합된다. 즉, HCFC−123의 화학식은 $C_2HF_3Cl_2$가 된다. 비슷하게 HCFC−124의 화학식은 C_2HF_4Cl이 되고, HFC−125는 C_2HF_5가 된다.

할로젠화합물 청정소화약제의 부가명명으로 HFC−227ea나 HFC−236fa처럼 숫자 뒤에 영문소문자로 ea나 fa로 표기하는 경우가 있다 이는 탄소가 2개 이상인 할로젠화합물 청정소화약제의 구조이성질체를 구분하기 위한 것이다[17].

예제 5-17

CF_3I를 약제명(Frenon식)으로 나타내시오.

풀이

Freon -A B C D에서
영어계열명인 Freon은 불소(F)와 요오드(I), 탄소로 구성되어있으므로 FIC임을 알 수 있다. A는 탄소원자수 -1이므로 1-1=0 이고 생략가능하다. B는 수소원자수이며 수소는 없으므로 0+1=1이다. C는 불소(F)의 원자수로 3이되고 E자리에는 요오드임을 표시하는 I, 그리고 F는 요오드(I)가 하나 있으므로 1로 쓴다.

∴ FIC-13I1이 된다.

불활성기체 청정소화약제의 명명법은 불활성 혹은 비활성을 뜻하는 IG (Inert gas)에 해당 가스별 체적비를 각각 표시하며 아래와 같은 방법이다.

IG - A B C

A : 질소(N_2)의 부피분율
B : 아르곤(Ar)의 부피분율
C : 이산화탄소(CO_2)의 부피분율 (없을 경우 생략)

예를 들어, IG-541에서 5는 질소기체가 50 vol.%, 4는 아르곤 40 vol.%, 이산화탄소가 10 vol.%로 되어있음을 의미한다(실제는 질소 52%, 아르곤 40%, 이산화탄소 8%이다). IG-55는 질소기체가 50 vol.%, 아르곤이 50 vol.%로 구성됨을 말한다.

예제 5-18

IG-01의 화학식을 적으시오.

풀이

IG - A B C에서 A 는 질소(N_2)의 부피분율, B 는 아르곤(Ar)의 부피분율, C 는 이산화탄소(CO_2)의 부피분율로 없을 경우 생략한다. IG-01 의 경우, A자리가 0 이므로 질소(N_2)의 부피분율은 0, B자리가 1이므로 아르곤(Ar)의 부피분율은 100, C자리는 없으므로 이산화탄소는 존재하지 않음을 알 수 있다.

∴ Ar 이 된다. (아르곤은 원자상태로 존재한다.)

2) 청정소화약제의 분류와 일반적 물성

(1) 청정소화약제의 분류

과거에는 국가화재안전기준에 따른 청정소화약제로써 할로젠화합물계열이 9종류와 불활성기체성분 4종류로 총 13종류로 분류하였으나, 현재는 불활성소화약제와 할로젠화합물소화약제로 나뉜다[(1),(10),(29)]. 성분별로 다시 분류하면 HCFC계열과 HFC계열, 혼합소화제계열로 나눌 수 있다. 표 5-20에 국가화재안전기준에 따른 소화설비에 적용되는 청정소화약제와 그 명칭을 나타내었다.

표 5-20 소화설비에 적용되는 청정소화약제

청정소화약제	화학식	상품명
퍼플루오르부탄 (FC-3-1-10)	C_4F_{10}	CEA-410
하이드로클로로플루오르카본혼화제 (HCFC Blend A)	HCFC-123 : 4.75% HCFC-22 : 82% HCFC-124 : 9.5% $C_{10}H_{18}$: 3.75%	NAF-S-III
클로로테트라플루오르에탄 (HCFC-124)	C_2HF_4Cl	FE-241
펜타플루오르에탄 (HFC-125)	C_2HF_5	FE-25™
헵타플루오르프로판 (HFC-227ea)	C_3HF_7	FM-200
트리플루오르메탄 (HFC-23)	CHF_3	FE-13™
헥사플루오르프로판 (HFC-236fa)	$C_3H_2F_6$	FE-36
트리플루오르이오다이드 (FIC-13I1)	CF_3I	Triodide
도데카플루오르-2-메틸펜탄-3-원 (FK-5-1-12)	$C_6F_{12}O$	NovecTM-1230
불연성·불활성 기체혼합가스 (IG-01)	Ar	Argotec
불연성·불활성 기체혼합가스 (IG-100)	N_2	NN100
불연성·불활성 기체혼합가스 (IG-541)	N_2 : 52% Ar : 40% CO_2 : 8%	Inergen
불연성·불활성 기체혼합가스 (IG-55)	N_2 : 50% Ar : 50%	Argonite™, Proinert

국내에서는 할로젠화합물 청정소화약제로는 주로 HFC-23, HFC-125, HFC-227ea 및 FK-5-1-12가 주로 사용되고 있다.

(2) 청정소화약제의 일반적 물성

할로젠화합물 소화약제 대체용으로 개발된 청정소화약제는 기본적으로 환경에 대한 유해성과 인체에 대한 유해성을 적게 가져야 하므로 청정성, 낮은 오존파괴지수, 낮은 지구온난화지수, 낮은 독성, 전기 비전도성, 낮은 화학반응성, 높은 소화효율성을 가져야 한다. 오존파괴지수 및 지구온난화지수, 인체에 유해성을 나타내는 지표를 아래에 설명해놓았으며, 표 5-21에 이를 바탕으로 한 청정소화약제에 대한 기본적 물성치를 나타내었다.

① 오존파괴지수 (Ozone depletion potentia, ODP)

앞선 장들에서 오존파괴지수에 대해서 간략한 수치로 언급을 하였는데, 오존파괴지수는 CFC 11을 기준으로 오존파괴지수를 상대적으로 나타낸 값이다.

$$\mathrm{ODP} = \frac{\text{어떤 물질 1kg이 파괴하는 오존량}}{\text{1kg 의 CFC11이 파괴하는 오존량}}$$

② 지구온난화지수 (Global warming potential, GWP)

할로젠화합물 소화약제는 오존층 파괴와 더불어 온실가스를 발생시키는 물질이다. 지구온난화지수는 이산화탄소 1kg과 비교하였을 때 어떤 기체가 대기 중에 방출된 후 특정 기간동안 그 기체 1kg의 가열 효과가 어느 정도인가를 평가하는 척도이다. 보통 비중이 크고 전기전도도가 낮은 물질일수록 지구온난화에 많은 영향을 주며, 100년을 기준으로 CO_2를 1로 볼 때 CH_4가 21, N_2O가 310정도이다.

③ NOAEL과 LOAEL

청정소화약제의 인체에 대한 유해성을 알기위한 척도로 최대허용독성농도(혹은 최대안전량, No Observable Adverse Effect Level, NOAEL)과 독성인정최저농도(혹은 최저독성량, Lowest Observable Adverse Effect Level, LOAEL)가 사용된다. NOAEL은 인체에 유해작용을 보이지 않는 최대 농도를 말하며, LOAEL은 인체에 유해작용을 보이는 최저 농도라고 할 수 있다. NOAEL과 LOAEL은 그 값이 클수록 인체에 덜 유해함을 보여주는 것이다.

④ PBPK 모델링 (Physiologically Based Pharmacokinetic)

생리학에 근거한 약물 동역학 모델링이란 의미로 , 독성물질의 흡수, 체내확산, 신진대사 및 분비와 관련된 반응을 분석하여 인명에 대한 노출 안전도를 정략적으로 측정하는 방법이다.

⑤ LC_{50} : 4시간동안 쥐에게 노출 시 쥐의 약 50 %가 치사하는 농도를 말한다.

⑥ 부작용준위(No efeect level, NEL or LOEL) : 독성 최대 허용 농도로 인간이 노출되었을 때 위험을 미치는 수준을 말한다. 불활성기체 청정소화약제의 NEL은 모두 43 vol.%이다.

표 5-21 청정소화약제의 물성 및 특성[17],[21]

물성 / 종류	분자량	기화열 (cal/g)	최소소화농도 (vol.%)	ODP	GWP	ALC (vol.%)	NOAEL (vol.%)	LOAEL (vol.%)	대기잔존기간 (yr)
FC-3-1-10	238.03	23.0	5.9	0	5,500	>80	40	>40	>500
HCFC Blend A	92.90	53.9	9.9	0.04	1,600	64	10	>10	7
HCFC-124	136.50	46.4	6.6	0.02	1,600	21	1.0	2.5	-
HFC-125	120.02	39.4	8.7	0	3,400	>70	7.5	10	-
HFC-227ea	170.03	31.7	6.6	0	2,900	>80	9.0	10.5	42
HFC-23	70.01	57.3	12.9	0	11,700	>65	30	>30	400
IG-541	34.0	52.6	31	0	0		43	52	0

※ GWP : 100년 기준으로 산출한 값

(3) FC-3-1-10

20세기 후반 무렵 할론1301을 대체하기 위해 3M에서 개발한 청정소화약제로 상품명은 CEA-410이다. 화학식은 C_4F_{10}으로 4개의 탄소와 10개의 불소(플루오르)가 강하게결합된 형태이다. 불활성이며, 안정한 비전도성 청정소화약제이다. 분자량은 238.0, 25℃에서 증기압 0.29MPa이며, 비열은 0.804J/g-℃이다[23]. 탄소와 불소간의 강한 결합력으로 대기잔존기간이 500년정도로 상당히 길고 지구온난화지수(GWP)도 5,500정도로 큰 단점을 가진다. 그러나, 최소소화농도가 5.9%로 소화성능이 우수하고, 오존파괴지수(ODP)가 0 이며, 최대허용독성농도 (NOAEL)과 최저독성량(LOAEL)이 40 vol.%정도로 높아 생물체에 대한 영향이 적은 장점을 가지므로 전역방출방식에 주로 사용된다. 상품명 CEA는 Clean Extinguishing Agent의 약자이며, 410은 탄소4개와 불소 10개를 뜻한다.

(4) HCFC Blend A

FC-3-1-10과 마찬가지로 할론 1301의 대체 청정소화약제로 미국의 North American Fire Guardian Technology 사에서 상품명 NAF-S-III로 개발하였다. HCFC-22, HCFC-124와

HCFC-123, 그리고 첨가제인 $C_{10}H_{16}$의 혼합물로 구성된다. 조성의 무게백분율은 HCFC-22가 82wt.%, HCFC-124는 9.5 wt.%, HCFC-123은 4.75 wt.% 그리고 $C_{10}H_{16}$이 3.75 wt.%이다. 국내에서는 NAF-S-III 외에도 FineXG, HCFC B/A, Clean A-One 등이 시판된다[12]. 비전도성의 투명한 기체이며, 소화 후 잔여물이 남지않으나, 방출압력이 적절하지 않을 경우, 첨가제가 남을 우려가 있다. 대기잔존수명이 7년정도이지만 지구온난화지수(GWP)가 0.04정도로 다소 높은 편이기 때문에 몬트리올의정서에 따라 2030부터 생산이 금지되고 2040년까지 사용이 제한된다. HCFC Blend A가 열분해될 때 불산(HF, 플루오르화수소) 과 염산(HCl)이 생성되기 때문에 사용상의 제한이 있다[24]. 또한, 최대허용독성농도 (NOAEL)과 최저독성량(LOAEL)이 10 vol.%로 자체 소화농도가 7%정도의 A급화재에는 무관하지만 B급 화재인 경우에는 거주지역내 사용이 제한된다.

(5) HCFC-124

HCFC계열의 대표적 청정소화약제로 Du Pont사에서 FE-241이라는 상품명으로 개발하였다. 화학식 C_2HF_4Cl으로 비점은 -11℃로 낮기 때문에 약체방출에 필요한 방사압력을 확보하기가 용이하지만, 소화성능에 큰 영향을 미치는 브롬 원자가 없기 때문에 화학적 소화효과가 할로젠화합물 소화약제보다 떨어지는 단점이 있다. 이로 인해 할론 1301보다 무게비로 1.6배, 부피비로 2.3배 더 투입해야 효과적인 소화활동을 할 수 있다[22]. 최소소화농도 6.6 vol.%이고 최대허용독성농도 (NOAEL)과 최저독성량(LOAEL)이 각각 1.0 vol.%, 2.5 vol.%이기 때문에 사람이 거주하지 않는 공간에 대해서 전역방출방식으로 사용될 수 있다.

(6) HFC-125

펜타플루오르에탄이라 불리며, 화학식은 C_2HF_5이다. DuPont사에서 FE-25라는 상품명으로 개발하였으며, ECARO-25 혹은 NAF S 125라는 상품명으로도 시판되는 무색, 무취의 기체상 청정소화약제이다. HFC-125의 오존파괴지수(ODP)는 0이며, 비부식성, 비전도성이고, 소화 후 잔류물을 남기지 않는 장점을 가진다. 또한, HFC-125는 화재시 열의 생성속도보다 더 빠르게 열에너지를 흡수하여 화재를 억제하며, 연쇄반응을 방해하는 자유라디칼을 형성하는 장점을 가진다. 최소소화농도 8.7vol.%, 최대허용독성농도 (NOAEL)과 최저독성량(LOAEL)이 각각 7.5 vol.%, 10 vol.%이기 때문에 상시거주지역으로의 전역방출방식이 가능하다. 단, 기화열이 39.4cal/g으로 할론1301의 28cal/g보다 커서 냉각효과는 증가하지만 방사압력을 확보해야 하고, 할론1301의 설계농도인 5 vol.%보다 큰 8 vol.%로 더 큰 저장량을 필요로하는 단점을 가진다.

(7) HFC-227ea

헵타플루오르프로판이라 불리며, 화학식은 C_3HF_7이다. DuPont사에서 FM-200이라는 상품명으로 시판되고 있으며, 화합물의 모든 조성 성분에 대해 미국 UL(Underwriter's Laboratories)이 승인한 최초의 청정소화약제이다. 또한, 미국 NFPA 2001 Code에 등재된 청정소화약제 중 가장 우수하다. HFC-227ea는 액화가스의 열흡수력으로 인한 냉각 소화작용과 연쇄반응을 억제하는 화학적 부촉매 효과를 가진다. 오존파괴지수(ODP)가 0이고, 지구온난화지수(GWP)는 2,900으로 HFC-125나 FC-3-1-10보다는 낮다. 소화농도가 6.6 vol.%로 뛰어나고, 최대허용독성농도 (NOAEL)과 최저독성량(LOAEL)이 각각 9.0vol.%, 10.5 vol.%이기 때문에 전역방출방식이 가능하지만, 비체적이 작아 소요약제 중량이 증가된다.

(8) HFC-23

HCFC-22의 부산물로 탄생된 HFC-23은 트리플루오르메탄으로 DuPont사의 FE-13이라는 상품명으로 시판되고 있는 전역방출방식의 청정소화약제이다. 상온에서 포화증기압이 4.1 기압정도로 높기 때문에 가압용 질소없이 자체압력으로 방사가 가능한 유일한 청정소화약제이며, 경제성이 가장 우수한 소화약제이다. 오존파괴지수(ODP)가 0이고, 최대허용독성농도(NOAEL)과 최저독성량(LOAEL)이 각각 30 vol.%, 30 vol.% 정도로 인체에 유해함이 적지만, 최소소화농도가 12.9 vol.%로 할론 1301에 비해 소화성능이 떨어지며, 지구온난화지수(GWP)가 11,700년으로 할로젠화합물 청정소화약제중에서 가장 길며, 임계온도가 25.9℃로 낮아서 임계온도 이상에서 약제를 방사할 경우, 기체상태로 인한 방사시간의 지연과 방사거리가 단축되는 단점을 가진다.

(9) HFC-236fa

헥사플루오르프로판으로 불리며, 화학식은 $C_3H_2F_6$이다. DuPont사에서 소화약제용 상품명으로 FE-36, 냉매제용으로 Suva-236fa의 이름으로 시판하고 있다. 다른 HFC계열의 소화약제와 마찬가지로 염소(Cl)나 브롬(Br)을 함유하고 있지않으므로 오존파괴지수(ODP)는 0이다. 최소소화농도가 5.3%로 소화성능이 우수하며, 최대허용독성농도 (NOAEL)과 최저독성량(LOAEL)이 각각 12.5 vol.%와 15 vol.%로 전역방출방식 소화설비에 적용이 가능하다[11].

(10) FIC-13I1

2세대 할론대체 청정소화약제 중 하나로 화학식은 CF_3I로 요오드(I)가 들어있는 유일한 소화약제이다. Pacific Scientific사에서 Triodide라는 상품명으로 시판하고 있다. 최소소화농도가 3 vol.%로 우수하지만 최대허용독성농도 (NOAEL)과 최저독성량(LOAEL)이 각각 0.3 vol.%와 0.4 vol.%로 독성이 강하기 때문에 전역방출방식으로 사용할 수 없다.

(11) FK-5-1-12

FK-5-1-12은 상온상태에서 액체로 존재하며, 화학식은 $C_6F_{12}O$이다. 환경적으로 아주 우수한 소화약제로 소화성능 또한 뛰어나다[25]. 오존파괴지수(ODP)가 0이며, 지구온난화지수가 1로써 다른 청정소화약제에 비해 환경적으로 상당히 우수한 장점을 가진다[12]. 3M에서 NovecTM-1230이라는 상품명으로 개발하였으며, 최대허용독성농도(NOAEL)이 10 vol. %로 전역방출방식으로 사용할 수 있다. 증발열은 21.1cal/g으로 할론1301보다 낮지만 최소소화농도가 약 4 vol.%정도로 할론1301과 거의 유사한 소화성능을 가진다.

(12) IG-01

Argotec이라는 상품명으로 시판되는 Ar이 주성분(99.9 vol. % 이상)인 불활성기체 청정소화약제이다[1]. 질식소화작용을 하며, 독성이나 분해생성물이 없으므로 인체에 무해하다. 불활성기체 청정소화약재는 최대허용독성농도(NOAEL)자체가 무의미하므로 호흡가능한 최저 산소농도 12 vol. %만 적용한다. IG-01은 다른 불활성기체 청정소화약제에 비해 비싸고 소화작용이 다소 떨어지는 단점으로 이용도가 낮다[11].

(13) IG-100

IG-100은 질소가 99.9 vol.%이상으로 구성된 비활성기체 청정소화약제이다[1]. 국내에서 Fine-100이라는 상품명으로 시판되고 있으며, 할로젠화합물 청정소화약제의 환경적 유해성과 불활성기체 청정소화약제의 경제적인 단점을 보완하여 개발된 소화약제이다. 또한, 질소 소화약제는 방출 후 무색 무취의 특성으로 피난시 시야확보가 용이하며, 사용 후 특별한 환기가 필요치 않은 장점과 더불어 대기중에 70%이상 존재하는 질소를 이용하기 때문에 충전비용 또한 경제적이다. ABC급 화재에 적용이 가능하며, 실제적으로도 높은 이용율을 보여준다. 다만, 용기내 저장압력이 200기압이상의 고압이고 방사압력 또한 고압이기 때문에 방호대상물과 시설물의 보호를 위해 과압방출구를 설치해야 하는 단점을 가진다.

(14) IG-541

IG-541은 Inergen이라는 상품명으로 시판되는 불활성 및 비활성기체의 혼합물로 구성된 청정소화약제이다. IG-541 소화약제의 구성물은 질소(N_2) 52 vol. % ±4 %, 아르곤(Ar) 40 vol. % ±4 %, 이산화탄소(CO_2) 8 vol. % ±1 %로 구성되어야 한다[1]. ABC급 소화에 사용되며 화학반응을 일으키지 않으므로, 컴퓨터실, 박물관, 발전설비 등 소화약제로 인한 2차 피해가 우려되는 곳에 주로 설치한다. INERGEM은 화재의 삼요소인 열, 연료, 산소중 산소의 농도를 떨어뜨립니다. 소화작용은 다른 불활성기체 청정소화약제와 마찬가지로 공기 중 산소의 농도 14%이하로 떨어뜨려 질식소화작용을 한다. IG-541의 경우, CO_2가 포함되어 있기 때문에 인체에 대한 안정성을 고려해야 하지만, 크게 문제가 되지 않는다.

(15) IG-55

IG-55는 Argonite란 상품명으로 시판되며, 질소(N_2) 50 vol. % ±5 %, 아르곤(Ar) 50 vol. % ±5 %로 구성되어야 한다[1]. 질소와 아르곤은 기본적으로 대기를 구성하는 물질로 지구온난화와 오존층파괴에 영향을 미치지 않는다. 다른 불활성기체 청정소화약제와 마찬가지로 질식소화작용을 하며, IG-541과 비슷한 물성을 가진다.

3) 청정소화약제의 저장량

국가화재안전기준과 위험물안전관리법에 따라 할로젠화물소화약제와 불활성가스소화약제로 나누어 저장량을 계산할 수 있다[(1),(5),(3)]. 저장량은 할로젠화합물 청정소화약제와 불활성기체 청정소화약제에 따라 계산법을 달리한다.

(1) 국가화재안전기준에 따른 할로젠화합물 청정소화약제 저장량

할로젠화합물 청정소화약제는 다음 공식에 따라 산출한 양 이상으로 한다.

$$W = \frac{V}{S} \times \left(\frac{C}{100 - C} \right)$$

여기서, W : 소화약제의 무게 (kg)

V : 방호구역의 체적 (m^3)

S : 소화약제별 선형상수의 곱으로 나타내는 소화약제별 비체적 (m^3/kg)

t : 방호구역의 최소예상온도(℃)

C : 소화약제별 설계농도로써 소화농도[vol.%]에 안전계수(A·C급화재 1.2, B급화재 1.3)를 곱한 값 (예: HFC-227e의 A급화재에 대한 소화농도가 6.6 vol.%라면 C의 값은 7.92 vol.%)

소화약제별 비체적 S는 아래 식으로 계산된다.

$$S = K_1 + K_2 \cdot t$$

윗 식을 다시 정리하면,

$$W = \frac{V}{K_1 + K_2 t} \times \left(\frac{C}{100 - C} \right)$$

소화약제별 선형상수 값 K_1과 K_2는 표 5-22에 나타내었다.

표 5-22 할로젠화합물 청정소화약제별 선형상수

소화약제	K_1	K_2
FC-3-1-10	0.094104	0.00034455
HCFC Blend A	0.2413	0.00088
HCFC-124	0.1575	0.0006
HFC-125	0.1825	0.0007
HFC-227ea	0.1269	0.0005
HFC-23	0.3164	0.0012
HFC-236fa	0.1413	0.0006
FIC-13I1	0.1138	0.0005
FK-5-1-12	0.0664	0.0002741

예제 5-19

예상최저온도가 10℃인 유류를 저장한 방호구역의 부피가 $50m^3$이고, 소화농도가 8%라면 HFC-125의 최소저장량은 얼마인가?

풀이

방호구역의 체적 $V=50m^3$
방호구역의 예상최저온도 t = 10℃
HFC-125의 선형상수 K_1 = 0.1825, K_2 = 0.0007
∴ HFC-125의 비체적 S = 0.1825+0.0007×10 = 0.1895
HFC-125의 설계농도 C = 소화농도 × B급화재에 대한 안전계수 = 8 × 1.3 = 10.4

$$W = \frac{V}{K_1 + K_2 t} \times \left(\frac{C}{100 - C} \right) = \frac{50}{0.1895} \times \left(\frac{10.4}{100 - 10.4} \right) = 30.626$$

∴ 30.626kg

(2) 국가화재안전기준에 따른 불활성기체 청정소화약제 저장량

전역방출에 있어서, 주어진 농도를 달하기 위한 소화약제의 체적은 최종적으로 남아있는 구역(밀폐공간)내의 체적보다 커야한다. 일반적으로 CO_2와 같은 소화약제는 대기와의 혼합을 점진적으로 증가시키는 방법으로 적용되며, CO_2가 투입됨에 따라 치환된 공기는 개구부 등을 통해 밀폐구역으로부터 자연스럽게 배출된다. 이러한 손실은 고농도에서 더 크게 되는데 이러한 적용방법을 자연유출(free efflux)이라고 한다. 즉, 불활성기체 청정소화약제의 약제저장량은 자연유출에 대한 개념으로 접근이 되므로 중량의 단위가 아닌 부피의 단위로 계산된다. 따라서, 불활성가스 청정소화약제는 다음 공식에 따라 산출한 양 이상으로 저장량을 산정한다.

$$X = 2.303\frac{V_S}{S} \times \left(\log\frac{100}{100 - C}\right)$$

여기서, X : 방호구역체적당 소화약제의 부피 (m^3/m^3)

V_S : 20℃에서의 소화약제의 비체적 (m^3/kg)

소화약제의 비체적 V_S는 선형상수 K_1과 K_2를 사용하여 $V_S = K_1 + K_2 \cdot 20$ 으로 구한다. S는 소화약제별 비체적으로 $S = K_1 + K_2 \cdot t$ (m^3/kg)으로 계산되며, t는 방호구역의 최소예상온도(℃)이다. C는 할로젠화합물 청정소화약제에서와 마찬가지로 소화약제별 설계농도로써 소화농도(vol.%)에 안전계수(A·C급화재 1.2, B급화재 1.3)를 곱한 값으로 구한다. 윗 식을 다시 정리하면,

$$X = 2.303\frac{V_S}{K_1 + K_2 t} \times \left(\log\frac{100}{100 - C}\right)$$

표 5-23에 불활성기체 청정소화약제에 대한 선형상수 값 K_1과 K^2를 나타내었다.

표 5-23 불활성기체 청정소화약제별 선형상수

청정소화약제	K_1	K_2
IG-01	0.56585	0.00208
IG-100	0.7997	0.00293
IG-541	0.65799	0.00239
IG-55	0.6598	0.00242

예제 5-20

예상최저온도가 10℃인 유류를 저장한 방호구역의 부피가 50m^{3}이고, 소화농도가 15%라면 IG-541의 최소저장량은 얼마인가?

풀이

방호구역의 체적 V=50m^3
방호구역의 예상최저온도 t = 10℃
IG-541 의 선형상수 K_1 = 0.65799, K_2 = 0.00239

∴ IG-541의 비체적 S = 0.65799+0.00239×10 = 0.68189
　20℃에서의 비체적 Vs = 0.65799+0.00239×20 = 0.70579

IG-541 의 설계농도 C = 소화농도 × B급화재에 대한 안전계수 = 15 × 1.3 = 19.5

$$X = 2.303\frac{V_S}{K_1 + K_2 t} \times \left(\log\frac{100}{100 - C}\right) = 2.303\frac{0.70579}{0.68189} \times \left(\log\frac{100}{100 - 19.5}\right) = 0.225$$

∴ 방호구역 50m^{3}에 필요한 IG-541 의 체적 = 50m^3×0.225m^3/m^3 = 11.25m^3

(3) 위험물안전관리법에 따른 불활성 기체 및 할로젠화합물 청정소화약제 저장량

본 절에서 다루는 할로젠화합물 청정소화약제는 HFC-23, HFC-125, HFC-227ea 또는 FK-5-1-12를 말한다. 또한, 불활성기체 청정소화약제는 질소 및 질소혼합물로 이루어진 소화약제를 말한다. 저장량은 앞선 할로젠화합물 소화약제 및 이산화탄소 소화약제에 대한 계산법을 따른다.

i) 전역방출방식

전역방출방식에 따른 HFC-23, HFC-125, HFC-227ea 및 FK-5-1-12와 질소화합물 불활성기체의 저장량은 아래 식과 같이 할로젠화합물 소화약제의 저장량 계산식에서 개방인자를 제외한 식으로 표현된다.

$$Q = VK_1\beta$$

여기서, Q : 할로젠화합물 소화약제 저장량 (kg)
V : 방호구역의 실질적 부피 (m^3)
K_1 : 체적인자 (kg/m^3)
β : 위험물에 대한 소화약제 계수 (표 5-25)

HFC-23, HFC-125, HFC-227ea 또는 FK-5-1-12에 대한 체적인자는 아래 표 5-24와 같으며, 표 5-25의 질소화합물에 대한 소화약제 계수는 앞 선 표 5-8의 그것과 동일하다.

표 5-24 전역방출방식에 따른 불활성 기체 및 할로젠화합물의 체적인자 (K_1)

할로젠화합물 청정소화약제 종류	방호구역 체적당 소화약제의 체적인자 K_1 (kg/m^3)
HFC-23	0.52
HFC-125	0.52
HFC-227ea	0.55
FK-5-1-12	0.84
IG-100	0.516 (1기압, 20℃기준)
IG-55	0.477 (1기압, 20℃기준)
IG-541	0.472

※ 단, IG-100, IG-55 및 IG-541의 체적인자 K_1은 1기압, 20℃를 기준이다.

표 5-25 위험물에 따른 불활성기체 및 할로젠화합물 소화약제 계수 (β)

소화약제의 종별 / 위험물의 종류	불활성기체			할로젠화합물			
	IG-100	IG-55	IG-541	HFC-23	HFC-125	HFC-227ea	FK-5-1-12
아크릴로 나이트릴	1.2	1.2	1.2	1.4	1.4	1.4	1.4
아세트알데하이드	1.1	1.1	1.1	1.1	1.1	1.1	1.1
아세토나이트릴	1.0	1.0	1.0	1.0	1.0	1.0	1.0
아세톤	1.0	1.0	1.0	1.0	1.0	1.0	1.0
아닐린	1.1	1.1	1.1	1.1	1.1	1.1	1.1
아이소옥탄	1.0	1.0	1.0	1.0	1.0	1.0	1.0
아이소프렌	1.0	1.0	1.0	1.2	1.2	1.2	1.2
아이소프로필아민	1.0	1.0	1.0	1.0	1.0	1.0	1.0
아이소프로필에터	1.0	1.0	1.0	1.0	1.0	1.0	1.0
아이소헥산	1.0	1.0	1.0	1.0	1.0	1.0	1.0
아이소헵탄	1.0	1.0	1.0	1.0	1.0	1.0	1.0
아이소펜탄	1.0	1.0	1.0	1.0	1.0	1.0	1.0
에탄올	1.2	1.2	1.2	1.0	1.0	1.0	1.0
에틸아민	1.0	1.0	1.0	1.0	1.0	1.0	1.0
염화바이닐	1.1	1.1	1.1	1.1	1.1	1.1	1.1
옥탄	1.2	1.2	1.2	1.0	1.0	1.0	1.0
휘발유	1.0	1.0	1.0	1.0	1.0	1.0	1.0

표 5-25 위험물에 따른 불활성기체 및 할로젠화합물 소화약제 계수 (β) (계속)

소화약제의 종별 / 위험물의 종류	불활성기체			할로젠화합물			
	IG-100	IG-55	IG-541	HFC-23	HFC-125	HFC-227ea	FK-5-1-12
폼산 에틸	1.0	1.0	1.0	1.0	1.0	1.0	1.0
폼산 프로필	1.0	1.0	1.0	1.0	1.0	1.0	1.0
폼산 메틸	1.0	1.0	1.0	1.4	1.4	1.4	1.4
경유	1.0	1.0	1.0	1.0	1.0	1.0	1.0
원유	1.0	1.0	1.0	1.0	1.0	1.0	1.0
아세트산	1.1	1.1	1.1	1.1	1.1	1.1	1.1
아세트산 에틸	1.0	1.0	1.0	1.0	1.0	1.0	1.0
아세트산 메틸	1.0	1.0	1.0	1.0	1.0	1.0	1.0
산화프로필렌	1.8	1.8	1.8	2.0	2.0	2.0	2.0
사이클로헥산	1.0	1.0	1.0	1.0	1.0	1.0	1.0
다이에틸아민	1.0	1.0	1.0	1.0	1.0	1.0	1.0
다이에틸 에터	1.2	1.2	1.2	1.2	1.2	1.2	1.2
다이옥세인	1.6	1.6	1.6	1.8	1.8	1.8	1.8
중유(重油)	1.0	1.0	1.0	1.0	1.0	1.0	1.0
윤활유	1.0	1.0	1.0	1.0	1.0	1.0	1.0
테트라하이드로퓨란	1.0	1.0	1.0	1.4	1.4	1.4	1.4
등유	1.0	1.0	1.0	1.0	1.0	1.0	1.0
트라이에틸아민	1.0	1.0	1.0	1.0	1.0	1.0	1.0
톨루엔	1.0	1.0	1.0	1.0	1.0	1.0	1.0
나프타	1.0	1.0	1.0	1.0	1.0	1.0	1.0
채종유	1.1	1.1	1.1	1.1	1.1	1.1	1.1
이황화탄소	3.0	3.0	3.0	4.2	4.2	4.2	4.2
바이닐 에틸 에터	1.2	1.2	1.2	1.6	1.6	1.6	1.6
피리딘	1.1	1.1	1.1	1.1	1.1	1.1	1.1
뷰탄올	1.1	1.1	1.1	1.1	1.1	1.1	1.1
프로판올	1.0	1.0	1.0	1.0	1.0	1.0	1.0
2-프로판올	1.0	1.0	1.0	1.0	1.0	1.0	1.0
프로필아민	1.0	1.0	1.0	1.0	1.0	1.0	1.0
헥산	1.0	1.0	1.0	1.0	1.0	1.0	1.0
헵탄	1.0	1.0	1.0	1.0	1.0	1.0	1.0
벤젠	1.0	1.0	1.0	1.0	1.0	1.0	1.0
펜탄	1.0	1.0	1.0	1.0	1.0	1.0	1.0
메탄올	1.6	1.6	1.6	2.2	2.2	2.2	2.2
메틸 에틸 케톤	1.0	1.0	1.0	1.0	1.0	1.0	1.0
클로로벤젠	1.1	1.1	1.1	1.1	1.1	1.1	1.1
그밖의 것	1.1	1.1	1.1	1.1	1.1	1.1	1.1

ii) 국소방출방식 평면화재 (면적식 국소방출방식)

위험물안전관리법에 따른 질소화합물 청정소화약제에 대한 면적식 국소방출방식 소화약제의 저장량은 면적식 국소방출방식 이산화탄소 소화약제 저장량 계산법과 동일하며, 아래와 같다.

$$Q = 13\beta\eta A$$

여기서, Q : 소화약제의 양 (kg)

β : 표 5-8에서 정한 위험물 종류에 의한 계수

η : 소화약제 용기에 의한 계수 (고압식 : 1.4, 저압식 : 1.1)

A : 방호대상물의 표면적 (m^2)

iii) 국소방출방식 입체화재 (용적식 국소방출방식)

면적식 국소방출방식 외의 경우에 해당되며, 위험물안전관리법에 따른 질소화합물 청정소화약제에 대한 용적식 국소방출방식 소화약제의 저장량은 용적식 국소방출방식 이산화탄소 소화약제 저장량 계산법시과 동일하며, 아래와 같다.

$$Q_1 = 8 - 6 \times a/A$$

$$Q = Q_1 \times \beta \times \eta \times V = (8 - 6 \times a/A)\beta \times \eta \times V$$

여기서, Q_1 : 단위체적당 소화약제의 양 (kg/m^3)

Q : 약제저장량 (kg)

a : 방호대상물의 주위에 설치된 고정벽 면적의 합계 (m^2)

A : 방호공간 전체둘레의 면적 (m^2)

β : 표 5-8에서 정한 위험물 종류에 의한 계수

η : 고압식과 저압식에 따라 각각 1.4와 1.1

V : 방호공간의 부피 (m^3)

만약, 방호 대상물 주위에 벽이 존재하지 않거나, 0.6m밖에 있으면, a는 0으로 계산한다.

본 교재에서 언급한 위험물안전관리법에 따른 국소방출방식 청정소화약제 저장량은 관련법 상 불활성기체 소화약제 저장량을 바탕으로 한 것으로 질소 및 질소혼합물 기체에 대한 계산법만 다루고 있음을 알려둔다. (위험물안전관리법 세부기준에서 HFC 및 FK계열에 대한 국소방출방식에 대한 계산법은 현재까지 마련되어 있지 않았고, 할로젠 화합물 소화약제의 기준을 적용하여 전역방출방식에만 적용 중)

참고

※ 소형 수동식 가스계 소화기에서 방출호스를 부착하지 않아도 되는 경우

1. 소화약제의 중량이 4 kg 이하인 할로젠화합물소화기
2. 소화약제의 중량이 3 kg 이하인 이산화탄소소화기

01 사염화탄소와 발연황산의 화학반응식을 적으시오.

02 충전비가 1.6인 고압식 이산화탄소 소화설비에 필요한 약제량이 250kg일 때, 필요한 이산화탄소 표준 용기는 몇 개인가?

03 가로, 세로, 높이가 3m, 2m, 1m인 직육면체인 공간에 충전밀도가 0.8kg/m^3인 청정소화약제를 120%로 저장할 때, 약제의 양은 몇 kg인가?

04 가연물로 에탄올이 있는 방호구역의 부피가 50m^3일 때, 소화설비에 저장하여야 할 이산화탄소의 부피는 얼마인가?

05 체적이 80m^3인 방호구역 내 아세틸렌이 저장되어 있다. 방호구역 내 모든 물체가 가연성이다. 방호구역내 자동개폐장치가 없는 환기구의 면적이 6m^2일 때, 국가화재안전기준을 적용한 전역방출방식 이산화탄소 소화설비에 필요한 약제량은 최소 몇 kg인가?

06 아세트알데히드가 저장된 위험물저장소의 방호구역의 부피가 50m^3이고 방호구역내 불연성물체와 개구부가 존재하지 않을 때, 전역방출방식 이산화탄소 소화설비에 필요한 약제량은 최소 몇 kg인가?

07 다음 CFC식(Freon식)으로 명명된 할로젠화합물 소화약제들의 화학식을 적으시오.

가. CFC 11
나. CFC113
다. CFC 124
라. CFC114B2

08 합성수지가 저장된 창고에 전역방출방식의 소화설비로 할론1301을 보관한다. 창고는 $60m^3$의 크기이고, 창고 내 불연성 재료는 없으며, 가로, 세로 각각 1m와 1.5m인 자동개폐장치가 없는 창문이 있다고 할 때, 저장되어야하는 할론 1301의 약제량 범위는 어떻게 되는가?

09 내벽이 전혀 없는 $30m^3$의 방호공간에 입체화재의 연소에 대비한 국소방출방식 할론 2402는 최소 몇 kg이 저장되어야 하는가? 단, 저장량 산정은 국가화재안전기준을 따른다.

10 에탄올을 보관하고 있는 방호대상물의 표면적이 $40m^2$이다. 위험물안전관리법에 따른 국소방출방식 평면화재에 대한 할론1211의 약제 최소 저장량은 몇 kg인가?

11 다음 청정소화약제들의 화학식을 적으시오.

가. HCFC-124
나. HFC-23
다. FIC-13I1
라. IG-100

12 HFC-125의 A급 화재에 대한 소화농도가 8.5 vol.%이고, 부피가 $90m^3$인 방호구역의 최소예상온도가 7℃라면 소화약제의 최소 저장량은 몇 kg인가?

13 Argonite의 A급화재에 대한 소화농도가 43 vol.%이다. 체적이 $30m^3$인 방호구역의 최소예상온도가 5℃일 때, 최소 저장량은 몇 kg인가?

14 IG-541을 구성하고 있는 기체는 무엇인가?

가. 질소-헬륨-아르곤
나. 아르곤-이산화탄소-헬륨
다. 질소-아르곤-이산화탄소
라. 아르곤-헬륨-이산화탄소

15 위험물안전관리법에 따른 질소화합물 청정소화약제에 대한 용적식 국소방출방식 소화약제의 저장량은 아래 식으로 계산된다.

$$Q = Q_1 \times \beta \times \eta \times V = (8 - 6 \times a/A)\beta \times \eta \times V$$

여기서, Q_1 : 단위체적당 소화약제의 양, Q : 약제저장량, β : 위험물 종류에 의한 계수, η : 고압식과 저압식에 따라 각각 1.4와 1.1, V : 방호공간의 부피를 의미한다.

a와 A 는 각각 무엇을 나타내는가?

가. a : 방호대상물의 주위에 설치된 개구부의 합계 (m^2)
 A : 방호공간 전체둘레의 면적 (m^2)

나. a : 방호대상물의 주위에 설치된 개구부 면적의 합계 (m^2)
 A : 방호구역 전체둘레의 면적 (m^2)

다. a : 방호대상물의 주위에 설치된 고정벽 면적의 합계 (m^2)
 A : 방호구역 전체둘레의 면적 (m^2)

라. a : 방호대상물의 주위에 설치된 고정벽 면적의 합계 (m^2)
 A : 방호공간 전체둘레의 면적 (m^2)

16 방호구역의 체적이 $100m^3$이고 이 곳에 가연성기체 혼합물 20kg이 있다. 가연성기체는 수소, 메탄, 프로판, 부탄으로 이루어져 있다. 가연성기체의 몰비는 4: 3: 2: 1 (수소:메탄:프로판:부탄)이다. 다음 물음에 답하시오.

(1) 가연성 기체 혼합물의 연소에 필요한 산소의 양(kg)과 공기의 양(kg)을 계산하시오.

(2) 이 혼합기체의의 소화농도가 20%이고, 설계기준온도가 25℃라고 할 때 IG-55의 최소저장량은 얼마인가?

CHAPTER 06

분말소화약제

1. 분말소화약제 개요
2. 분말소화약제의 종류
3. 분말소화약제의 화재적응성 및 소화작용
4. 분말소화약제의 저장량

CHAPTER 06 Extinguishing Agent

분말소화약제

1 분말소화약제 개요

분말소화약제는 중탄산나트륨(중조, $NaHCO_3$), 탄산수소칼륨($KHCO_3$), 인산암모늄($NH_4H_2PO_4$) 및 요소($KHCO_3+(NH_2)_2CO$) 등으로 이루어져 있다. 첨가제, 코팅처리제 등에 따라 크게 1~4종으로 나뉘며, 특정 위험물에 적응성이 있는 것으로 인정되는 것에 대해서는 제5종 분말로 따로 구분한다. 제5종 분말이란 제1종분말 내지 제4종분말 외의 새로운 약제로서 기술적 근거와 공신력 있는 기관의 검증을 거친 경우에만 사용할 수 있다. 제5종분말은 특정된 물질이 아니므로 그 검정기준도 일률적으로 규정되어 있지 않다.

분말소화약제의 성분비는 약제의 종류에 따라 주성분의 비율을 달리한다. 주성분이 중탄산나트륨인 소화약제는 중탄산나트륨($NaHCO_3$)이 90 wt.% 이상이어야 하며, 주성분이 중탄산칼륨인 소화약제는 중탄산칼륨($KHCO_3$)이 92 wt.% 이상이어야 한다. 또한, 주성분이 인산염류등인 소화약제는 제1인산암모늄($NH_4H_2PO_4$)등 함량이 최소 75 wt.% 이상이어야 한다[5]. 이 외에 소화약제 형식승인 및 제품검사기술기준에서는 수분함유율과 흡습율도 규정하고 있는데, 수분함유율은 0.2wt.%이내, 흡습율은 주성분에 따라 중탄산나트륨은 0.2 wt.%, 중탄산칼륨은 2 wt.%, 인산염류는 1.5 wt.% 이내이어야 한다[5]. 또한, 겉보기 비중은 0.820g/mL 이상이어야 하며, 분말상태로 방치시 굳거나 덩어리지지 않아야 한다.

일반적으로 사용되는 분말소화약제의 입도는 10~70㎛ 범위이며, 최적의 소화효과를 나타내는 입도는 20~25㎛이다[22]. 분말소화약제는 수분과 반응하여 고화되기 때문에 실리콘 수지 등으로 방수성을 갖도록 한다.

분말소화약제는 열분해 반응을 통해 이산화탄소(CO_2), 물(H_2O), 메타인산(HPO_3)이 생성되어 소화작업이 진행된다. 주로 질식효과와 부촉매효과, 냉각효과 및 분말에 의한 방사열 차단 효과를 가지며, 가연성 액체의 표면화재 및 비전도성으로 인해 전기화재에도 효과적이다. 소화효율에 비해 가격이 저렴하고 보관도 반영구적이지만, 분말을 방사하기 위해 이산화탄소(CO_2) 및 질소(N_2)와 같은 가압원이 필요하며, 소화 후 약제의 잔존으로 인한 2차적인 피해가 있다. 또한, 미세한 분말로 이루어져 있기 때문에 정밀 기계를 취급하는 장소에는 잘 사용하지 않다.

1) 분말소화약제의 입도와 유동성

(1) 분말소화약제의 입도

분말소화약제는 그 분말이 미세할수록 화염과의 접촉반응이 빠르고, 비표면적이 커지므로 소화효과가 높아진다. 앞서 언급한 바와 같이 유효입도는 10~70㎛ 범위이며, 너무 미세하면 비표면적의 과도한 증가로 인해 방습처리가 곤란해지고, 비산으로 인한 방사거리의 단축을 가져온다. 소화약제의 형식승인 등에 따른 기준에서의 분말소화약제는 ABC급 화재용 분말과 BC급 화재용 분말에 대한 기준을 따로 적용하고 있다[5]. 표 6-1에 소화약제 형식승인 등의 기준에 따른 분말소화약제의 미세도를 나타내었다. 미세도는 표준체를 425 ㎛에서 받침판까지 총 5개의 tray를 겹겹이 쌓고 그 위에 분말소화약제를 뿌린 후 각 tray에 남아있는 분말의 중량비로 규정한다.

표 6-1 표준체 크기에 따른 분말소화약제 잔량의 미세도 조건

표준체의 크기	BC용 분말 (잔량 wt.%)		ABC용 분말 (잔량 wt.%)	
	최소	최대	최소	최대
425 ㎛	0	0.5	0	0
150 ㎛	0		0	10
75 ㎛	5	30	12	25
45 ㎛	–	–	12	25
받침판	70	95	50	70

※ BC용 분말의 경우 45㎛의 체를 사용하지 않음.

방사특성을 고려하면 44㎛ 이하의 입자가 75% 정도 함유되어 있는 것이 효율이 좋으며, 3 ㎛이하의 것은 방습처리의 어려움 때문에 그 양이 적을수록 좋다[20].

(2) 분말소화약제의 유동성

분말소화약제는 가스의 방출에 의해 분말이 가스와 함께 방출되는 것으로 가스 중에 균일하게 혼합되어 있어야 한다. 따라서, 분말소화약제는 유동성이 좋아야 소화설비의 운용과 소

화효율을 높일 수 있다.

분말의 유동성을 나타내는 척도는 안식각의 측정이다. 안식각은 고체입자를 평판에 부었을 때 분말의 외형상 경사도를 말하는 것으로 그 값이 적을수록 유동성이 크다. 그림 6-1에 안식각을 도식적으로 나타내었다.

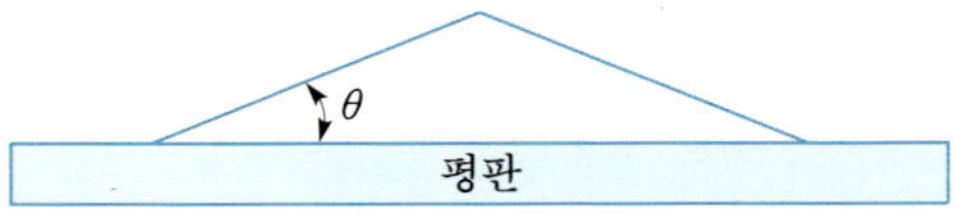

그림 6-1 안식각

유동성이 좋은 분말소화약제는 약제방출이 원활하고, 장기간 보관에도 분말이 뭉쳐지는 고형화가 나타나지 않는다. 현재 분말소화약제의 유동성을 높이기 위해서 탄산마그네슘($MgCO_3$)이나 다공성의 규산분말을 첨가하거나 분말입자표면을 실리콘오일로 처리하는 방법을 사용한다. 또한, 분말소화약제에 방부성을 부여하기 위하여 실리콘 수지, 스테아르산 아연 또는 스테아르산알루미늄을 미량 첨가한다.

2 분말소화약제의 종류

분말소화약제는 약제의 종류에 따라 주로 제1종에서 제4종까지 구분할 수 있으며, 적응화재에 따라서 BC급과 ABC급으로 나뉜다. BC급용 분말소화약제는 제1종, 제2종, 제4종 분말소화약제이며, ABC급에는 제3종 분말소화약제이며, 가장 널리 사용되고 있다.

1) 제1종 분말소화약제

탄산수소나트륨($NaHCO_3$, 90wt.% 이상)을 주성분으로 하며, 고화현상을 막기 위해 실리콘 수지 등으로 표면 처리를 한다. 또한, 탄산마그네슘($MgCO_3$) 등으로 유동성을 높여준다. 표시색상은 백색이다.

주된 소화효과는 탄산수소나트륨($NaHCO_3$)이 열분해될 때 발생하는 이산화탄소(CO_2)와 수증기로 인한 질식효과와 흡열과정을 통한 냉각효과 그리고 부촉매효과소화작용이 있다. 또한, 식용유, 지방질유와 같은 유지류의 화재소화시 가연물과의 비누화 반응으로 질식소화효과가 증대된다. 탄산수소나트륨($NaHCO_3$)의 270℃와 850℃에서의 열분해 반응식은 각각 아래와 같다.

$$2NaHCO_3 \rightarrow Na_2CO_3 + CO_2 + H_2O \qquad -126.7kJ\ (at\ 270℃)$$

$$2NaHCO_3 \rightarrow Na_2O\ + 2CO_2 + H_2O \qquad -436.4kJ\ (at\ 850℃)$$

제1종 분말소화약제는 가격이 저렴하고 분말유동성이 우수하여 취급과 보관이 용이한 장점을 가지고 있으나, 다른 분말소화약제에 비해 소화성능이 떨어지고 A급화재에 대한 적응성이 없기 때문에 최근에는 점차 사용빈도가 감소하고 있다. 표 6-2에 제1종 분말소화약제의 개략적인 조성을 나타내었다.

표 6-2 제1종 분말소화약제의 조성

성 분	혼 합 비 (wt.%)
탄산수소나트륨 ($NaHCO_3$)	95~97
금속스테아린산염 (방수제)	1~2
탄산마그네슘 및 운모 (유동제 및 경화방지제)	약간

2) 제2종 분말소화약제

제2종 분말소화약제는 탄산수소칼륨 ($KHCO_3$, 90wt.% 이상)을 주성분으로 하며, BC급에 적응성을 가진다. 표시색상은 보라색이다. 주된 소화효과는 제1종 분말소화약제와 마찬가지로 탄산수소칼륨($KHCO_3$)이 열분해될 때 발생하는 이산화탄소(CO_2)와 수증기로 인한 질식효과와 흡열과정을 통한 냉각효과 그리고 부촉매효과소화작용이 있다. 그러나, 유지류의 화재 시 제1종 분말소화약제 만큼의 비누화 효과는 가지고 있지 않다. 탄산수소칼륨($KHCO_3$)의 200℃와 590℃에서의 열분해 반응식은 각각 아래와 같다.

$$2KHCO_3 \rightarrow K_2CO_3 + CO_2 + H_2O \qquad -124.6kJ\ (at\ 200℃)$$

$$2KHCO_3 \rightarrow K_2O\ + 2CO_2 + H_2O \qquad -531.3kJ\ (at\ 590℃)$$

원소주기율표 상에서 최외각 전자는 칼륨(K)이 나트륨(Na)보다 더 멀기 때문에 인력이 상대적으로 약하다. 즉, 이로 인해 칼륨(K)이 나트륨(Na)보다 반응성이 좋기 때문에 제2종 분말소화약제는 제1종 소화약제보다 소화성능이 좋다. 그러나, 다른 분말소화약제에 비해 비싸며, 흡습율이 높아서 현재 국내에서는 거의 생산하지 않는다. 제1종 분말소화약제와 마찬가지로 고화현상을 막기 위해 실리콘 수지 등으로 표면 처리를 한다. 또한, 탄산마그네슘

($MgCO_3$) 등으로 유동성을 높여준다. 표 6-3에 제2종 분말소화약제의 개략적인 조성을 나타내었다.

표 6-3 제2종 분말소화약제의 조성

성분	혼합비 (wt.%)
탄산수소칼륨 ($KHCO_3$)	94~97
금속스테아린산염 (방수제)	2~3
탄산마그네슘 및 운모 (유동제 및 경화방지제)	약간

3) 제3종 분말소화약제

분말소화약제 중 가장 널리 쓰이는 소화약제로 제1종 및 제2종 분말소화약제와는 달리 알칼리성인 제1인산암모늄($NH_4H_2PO_4$, 75wt.% 이상)이 주성분이다. BC급 뿐만 아니라 일반화재에도 소화효과가 있으며, 수명이 반영구적이다. 표시색상은 담홍색 또는 황색이다.

분말소화약제는 불꽃연소에는 우수한 소화능력을 보이지만, 불꽃이 없는 무염화재 (예 : 숯, 목탄, 코크스 등의 화재)에는 큰 소화력을 발휘하지 못하는 단점이 있다. 이를 보완하기 위해 개발된 소화약제가 제3종 분말소화약제이다. 제3종 분말소화약제의 소화작용은 다른 분말소화약제와 마찬가지로 질식효과와 흡열과정을 통한 냉각효과 그리고 부촉매효과소화작용를 가지고 있으며, 특히 360℃에서 열분해되어 생성되는 메타인산(HPO_3)은 방진소화효과를 가진다. 방진소화는 가연물 표면에 분사된 소화약제가 분해되어 생성된 비가연성의 반고형질 피막이 화염과 산소를 가연물로부터 격리시키는 소화방법으로, 대표적인 소화약제가 바로 제3종 분말소화약제이다 (제3장 소화이론 참고). 또한, 약 190℃에서의 1차열분해로 생성되는 ortho-인산(H_3PO_4)은 일반가연물에 대해서 탈수소화작용을 나타낸다. 그러나, 제2종 분말소화약제와 마찬가지로 유지류 화재 시 제1종 분말소화약제 만큼의 비누화 효과는 가지고 있지 않다. 제1인산암모늄 ($NH_4H_2PO_4$)의 190℃와 360℃에서의 열분해 반응식은 각각 아래와 같다.

$$NH_4H_2PO_4 \rightarrow H_3PO_4 + NH_3 \qquad \text{(at 190℃)}$$

$$NH_4H_2PO_4 \rightarrow HPO_3 + NH_3 + H_2O \qquad -321.7\text{kJ (at 360℃)}$$

제3종 분말소화약제는 가격대비 소화성능이 우수하며, 국가화재안전기준에 따라 차고 또는 주차장에 설치하는 분말소화약제로 규정하고 있다[5]. 따라서, 현재 주로 생산되는 분말소화약제의 대부분을 차지한다. 표 6-4에 제3종 분말소화약제의 개략적인 조성을 나타내었다.

표 6-4 제2종 분말소화약제의 조성

성분	혼합비 (wt.%)
제1인산암모늄 ($NH_4H_2PO_4$)	75~97
실리콘 오일 (방수제)	0.5~1
운모 등 (유동제)	0.5~1
안료 및 피막형성 촉매제	약간

4) 제4종 분말소화약제

제4종 분말소화약제는 BC급으로 사용되는 분말소화약제 중에서 소화능력이 가장 우수하며, 탄산수소칼륨 ($KHCO_3$)과 요소 ($(NH_2)_2CO$)를 주성분으로 하는 분말소화약제이다. 제2종 분말소화약제를 개량한 것으로 화학적 특징은 제2종 분말소화약제와 비슷하다. 표시색상은 회색 혹은 회백색이다. 다른 분말소화약제와 마찬가지로 질식효과와 흡열과정을 통한 냉각효과 그리고 부촉매효과소화작용를 가지고 있다. BC급에는 아주 우수한 소화성능을 가지지만 A급 화재에는 소화효과가 없고 가격이 비싼 단점으로 인해 국내에서는 거의 생산하지 않는다. 아래에 제4종 분말소화약제의 열분해 반응식을 나타내었으며, 표 6-5에 제1종~제4종 분말소화약제의 특징을 간략히 요약하여 나타내었다.

$$2KHCO_3 + (NH_2)_2CO \rightarrow K_2CO_3 + 2NH_3 + 2CO_2$$

표 6-5 분말소화약제의 종류에 따른 특징정리

종류	주성분	착색	적응화재	열분해 반응식
제1종 분말	$NaHCO_3$ (탄산수소 나트륨)	백색	B, C	$2NaHCO_3 \rightarrow Na_2CO_3 + CO_2 + H_2O$ (at 270℃)
제2종 분말	$KHCO_3$ (탄산수소 칼륨)	보라색	B, C	$2KHCO_3 \rightarrow K_2CO_3 + CO_2 + H_2O$ (at 200℃)
제3종 분말	$NH_4H_2PO_4$ (제1인산 암모늄)	담홍색	A, B, C	$NH_4H_2PO_4 \rightarrow HPO_3 + NH_3 + H_2O$ (at 360℃)
제4종 분말	$KHCO_3 + (NH_2)_2CO$ (탄산수소칼륨+요소)	회백색	B, C	$2KHCO_3 + (NH_2)_2CO \rightarrow$ $K_2CO_3 + 2NH_3 + 2CO_2$

※ 분말 소화약제의 소화 효과 : 제1종 < 제2종 < 제3종

5) 포겸용 분말소화약제 (Compatible dry chemical, CDC)

포겸용 분말소화약제(Compatible dry chemical)는 기존 분말소화약제가 가지는 유류화재에서의 재착화 등의 단점을 보완하기 위하여 방습제, 분산제와 같은 첨가제를 넣어 제조된 것

으로 포소화약제와 함께 운용되기도 한다. 1980년대에 개발되어 현재는 주로 제3종 분말소화약제와 함께 운용되며, 포소화약제와 함께 TAS 혹은 TAU (Twin Agent System or Twin Agent Unit)으로 운용되기도 한다. 주로 비행장 및 석유화학플랜트 등에 사용된다[26].

3 분말소화약제의 화재적응성 및 소화작용

1) 화재적응성

분말소화약제는 소화속도가 빠르고 대상 화재의 폭이 넓은 장점을 가진다. 전기전도성이 없기 때문에 전기화재에도 유효하며, 일반적으로 유류화재에 사용된다. 빠른 소화속도를 가지고 있기 때문에 일반화재의 표면화재 뿐만 아니라 심부화재에도 적응성을 가지고 있다. 또한, 소화성능을 높이기 위해 포소화약제와 병용하는 TAS 혹은 TAU (Twin Agent System or Twin Agent Unit)으로 운용되기도 한다. 다만, 자체에 산소를 함유하고 있는 자기연소성 물질에는 질식소화작용의 효과를 기대할 수 없고, 낮은 산소 농도에서도 자체적으로 연소가 가능한 가연성 금속에는 소화효율이 떨어지는 단점을 가진다. 이 외에도 가연물이나 방호대상물의 구조가 입체적으로 특별한 형태일 때도 분말소화약제의 유동성의 한계로 인해 소화적응성이 떨어진다. 표 6-6에 분말소화설비의 적응 대상물을 나타내었다.

표 6-6 분말소화설비 적응 대상물

적응장소	예
전기화재발생 가능 장소	변압기실, 전기실 등
인화성 액체로 인한 화재발생 가능 장소	유류탱크, 도장실, 주차장, 주유소, 송유관, 반응탑, 석유화학플랜트 등
일반 가연물로 인한 화재발생 가능 장소	종이, 직물 등

분말소화약제별 화재적응성과 그 특징을 보면, 제1, 2종 분말소화기는 B・C급 화재에만 적용되는 데 비해 제3종 분말은 열분해해서 부착성이 좋은 메타인산(HPO_3)을 생성시키므로, A・B・C급 화재에 적용된다. 제1종 분말, 제2종 분말소화약제는 이산화탄소와 수증기에 의한 질식 및 냉각 효과와 나트륨염과 칼륨염에 의한 부촉매효과가 매우 뛰어나다. 제3종 분말소화약제는 열분해 시 암모니아와 수증기에 의한 질식효과, 열분해에 의한 냉각효과, 암모늄에 의한 부촉매효과와 메타인산에 의한 방진작용이 주된 소화 효과이다.

분말소화약제는 일반적으로 비전도성이며, 화재 진압이 빠르다. 또한 소화성능이 우수하여 BC급 혹은 ABC급에 적응성을 가지고 있다. 그러나, 재연소 우려가 있으며, 제3종 분말을 제외하고는 화재침투성이 좋지 않다. 또한, 피난에 방해를 일으키며, 복잡한 구조를 가진 정밀기계 장치에는 분말에 의한 2차 손실이 있다는 단점을 가진다.

2) 소화작용

분말소화약제의 소화작용은 크게 질식소화, 냉각소화, 부촉매효과가 있으며, 제3종 분말소화약제의 경우는 ortho-인산에 의한 방진소화와 탈수소화작용에 의한 부촉매효과를 추가적으로 나타낸다.

질식효과는 분말소화약제가 열분해되면서 발생되는 이산화탄소(CO_2)와 수증기로 인해 공기 중의 산소농도가 낮아지면서 얻는 효과이며, 이로 인해 심부화재에도 좋은 화재적응성을 보여준다.

냉각효과는 열분해과정에서 생기는 흡열반응으로 인해 얻을 수 있다. 분말소화약제가 열분해과정은 모두 흡열반응이며, 생성된 물질인 이산화탄소(CO_2)와 수증기는 화원주위로 전파되는 열을 차단하는 냉각작용을 가진다.

부촉매효과는 가연물이 연소될 때 발생되는 수산기(OH-)와 같은 활성작용기와 분말소화약제의 열분해과정에서 생성되는 나트륨이온(Na^+), 칼륨이온(K^+), 암모늄이온(NH_4^+) 등이 반응하여 이를 제거함으로써 연쇄반응을 차단하는 것이다.

제3종 분말소화약제만 가지는 소화효과인 방진효과는 제1인산암모늄($NH_4H_2PO_4$)이 분해될 때 생성되는 액체상 혹은 유리상의 메타인산(HPO_3)이 가연물 표면에 피막을 형성하여 산소와의 접촉을 막는 것이다. 이러한 방진효과는 코크스나 숯과 같은 무염화재에 효과적이며, 재착화의 위험을 줄여준다. 또한, 제3종 분말소화약제가 약 190℃에서 1차 분해되면서 생성된 ortho-인산(H_3PO_4)은 목재와 종이와 같은 섬유소(셀룰로오스, $C_6H_{12}O_6$)를 탈수시켜 난연성의 탄소와 물로 분해시키는 부촉매효과를 가진다.

이 외에 분말소화약제는 열분해되면서 생성된 이산화탄소(CO_2)와 수증기가 화염으로부터 발생되는 열의 전달을 차단시키는 열전달방지 혹은 방사열차단효과도 가지고 있다.

분말소화설비는 인화성 액체, 압력을 수반하여 분출하는 인화성 액체 또는 가스, 전기기기류의 화재에 대해서 소화효과가 뛰어난 분말 소화제의 특성을 살려 개발된 설비이다. 설비방식은 가스계 소화설비와 극히 유사하므로, 설치하는데 있어서는 기본적으로 그들 설비의 기준에 준해서 설치된다[29].

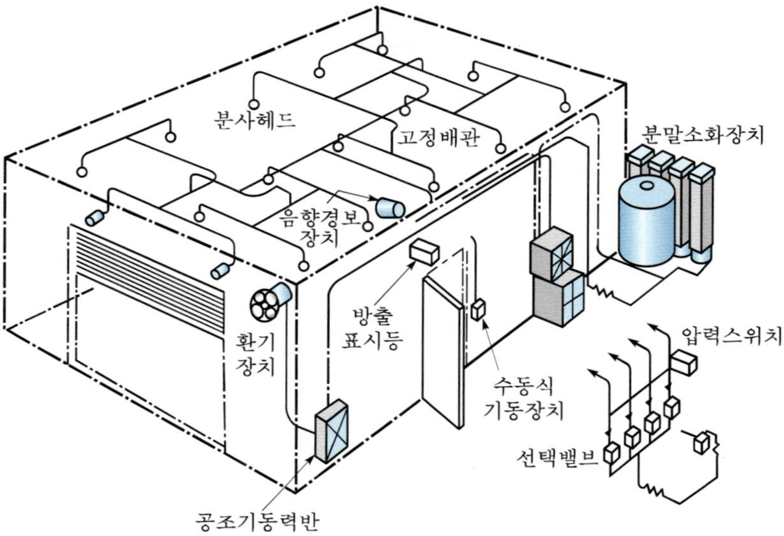

그림 6-2 분말소화설비의 설치 예

4 분말소화약제의 저장량

분말소화약제는 고체상태의 분말을 방사하기 위한 축압원 및 가압원을 필요로 한다. 일반적으로 사용되는 가압용 기체는 질소(N_2)와 이산화탄소(CO_2)가 사용된다. 가압하는 방식에는 축압식과 가압식이 있다. 그림 6-2에 축압식 및 가압식 소형 수동식 분말소화기를 나타내었다.

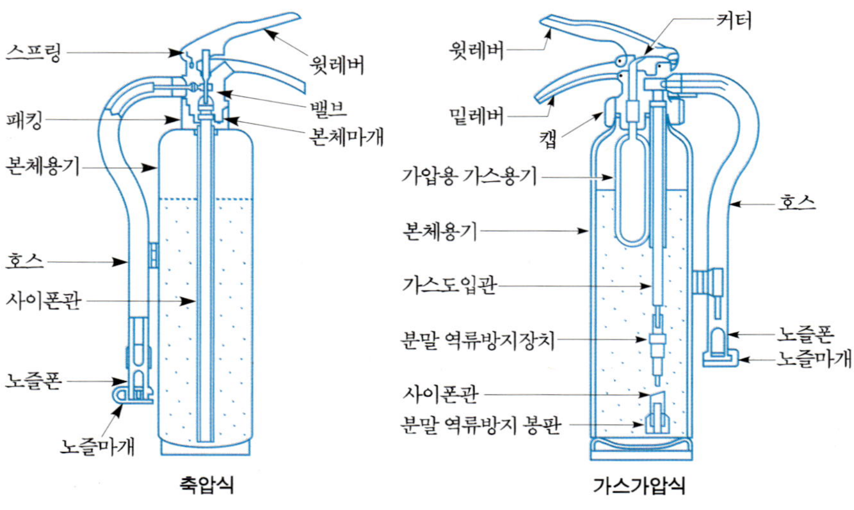

그림 6-3 축압식 및 가압식 소형 수동식 분말 소화기

소화설비에 있어서 축압식은 용기 본체에 분말소화약제를 채우고 용기 상부에 CO_2나 N_2 가스를 축압하는 것으로 반드시 지시 압력계를 설치하고 사용할 수 있는 정상범위는 녹색, 비정상 범위는 황색이나 적색으로 표시되고 분말 소화약제 저장용기에 CO_2나 N_2를 고압으로 충전하여 약제와 고압가스가 함께 분출하는 형식이다. 축압식을 사용하는 ABC분말소화기의 압력지시계의 지시 압력은 7.0~9.8kg/cm^{2}를 유지해야 한다[(11)]. 축압용가스에 질소(N_2)가스를 사용하는 것의 질소가스는 소화약제 1kg 당 10 Liter 이상, 이산화탄소(CO_2)를 사용하는 것의 이산화탄소는 소화약제 1kg 당 20g에 배관의 청소에 필요한 양을 가산한 양 이상 있어야 한다[(5),(11)].

가압식의 경우, 용기는 철제이고 용기본체 내부 또는 외부에 설치된 봄베 속에 충전되어 있는 이산화탄소(CO_2)나 질소(N_2)를 압력원으로 하는 소화기를 말한다. 분말소화약제의 분사를 위한 가압용 가스용기는 약제용기에 접속하여 설치하여야 하며, 가압용 가스용기의 개수가 3기 이상인 경우에는 2기 이상의 용기에 전자식개방밸브를 부착하여야 한다[(5)]. 가압용의 경우, 질소가스는 소화약제 1kg당 40 Liter 이상, 이산화탄소는 소화약제 1kg당 20g에 배관의 청소에 필요한 양을 가산한 양 이상 있어야 한다[(5),(11)]. 아래 그림 6-4에 분말소화약제 방사를 위한 가압용 가스용기 및 저장탱크에 대한 모식도를 나타내었다.

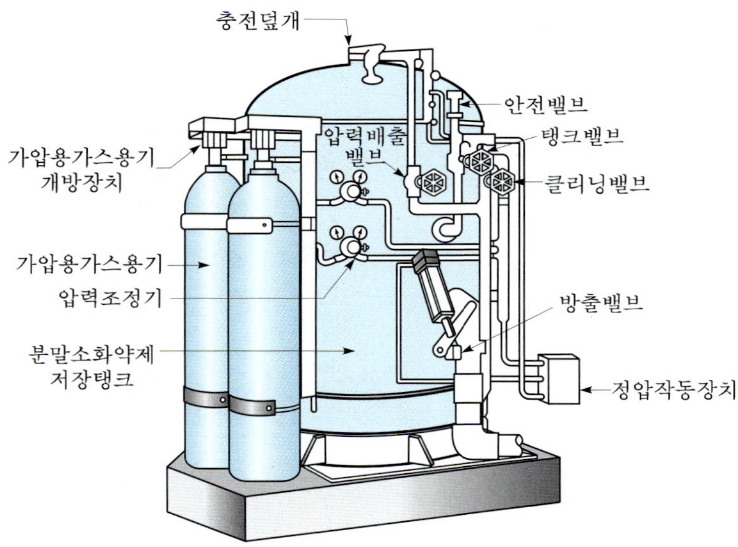

그림 6-4 분말소화약제용 가압용 가스용기 및 저장탱크의 예

분말소화약제 저장용기의 충전비는 0.8 이상이어야 한다. 또한, 분말소화약제 1kg당 저장용기의 내용적은 제1종 분말의 경우는 0.8 Liter, 제2종 분말과 제3종 분말은 각각 1 Liter,

제4종 분말은 1.25 Liter이어야 한다. 저장용기의 안전밸브는 축압식의 경우, 내압시험압력의 0.8배 이하에서 가압식의 경우는 최고사용압력의 1.8배 이하에서 작동되어야 한다[(5),(11)].

분말약제저장량은 방출방식에 따라 국가화재안전기준(NFSC)과 위험물안전관리법이 정한 바가 다르다. 즉, 국가화재안전기준에 따라서는 i)전역방출방식, ii)국소방출방식, iii)호스릴방식으로, 그리고 위험물안전기준법에 따라서는 i)전역방출방식, ii)면적식 국소방출방식(평면화재), iii)용적식 국소방출방식(입체화재), iv)이동식으로 나뉘어 진다.

저장량 산정방법은 앞선 이산화탄소나 할로젠화합물 소화약제 등과 비슷하지만, 체적인자와 개방인자가 소화약제의 종류에 따라 그 값을 달리한다.

1) 국가화재안전기준에 따른 약제저장량

국가화재안전기준에 따른 분말소화약제의 저장량은 앞서 말한 바와 같이 i)전역방출방식, ii)국소방출방식, iii)호스릴방식으로 나뉜다.

(1) 전역방출방식

분말소화약제의 저장량은 가스계 소화약제 등과 거의 유사한 산정식을 가진다. 즉,

$$Q = V \cdot K_1 + A \cdot K_2$$

여기서, Q : 분말소화약제의 저장량 (kg)
V : 방호구역의 부피 (m^3)
K_1 : 방호구역 체적에 따른 체적인자 (kg/m^3) (표 6-7)
A : 자동개폐장치가 없는 개구부의 면적 (m^2)
K_2 : A면적에 대한 개방인자 (kg/m^2) (표 6-7)

방호구역의 부피는 전체 방호구역 체적에서 방호구역 내에 있는 불연성 물체의 부피를 뺀 실제 방호구역 부피이다. 체적인자 K_1과 개방인자 K_2를 아래 표 6-7에 나타내었다.

표 6-7 전역방출방식에서의 분말소화약제별 체적인자 K_1과 개방인자 K_2

분말소화약제의 종류	체적인자 K_1 [kg/m^3]	개방인자 K_2 [kg/m^2]
제1종	0.60	4.5
제2종, 제3종	0.36	2.7
제4종	0.24	1.8
제5종	소화약제에 따라 필요한 양	

예제 6-1

자동개폐장치가 없는 환기구의 총면적이 $10m^2$인 방호구역의 체적이 $50m^3$일 때, 국가화재안전기준에 따른 전역방출방식의 제1종 분말소화약제의 최소저장량은 얼마인가?

풀이

방호구역의 체적 $V = 50m^3$

환기구의 면적 $A = 10m^2$

제1종 분말소화약제의 체적인자 $K_1 = 0.60$, 개방인자 $K_2 = 4.5$

제1종 분말소화약제의 저장량 $Q = V \cdot K_1 + A \cdot K_2 = 50 \times 0.6 + 10 \times 4.5 = 75$

∴ 제1종 분말소화약제의 최소저장량 = 75kg

(2) 국소방출방식

국소방출방식에 대해서는 공간에 대한 개념이 적용된다. 분말소화약제의 저장량은 방호공간의 부피에 체적인자 K의 곱에 약제할증계수 h (h=1.1) 를 곱해주어 구한다. 즉,

$$Q = V \cdot K \cdot h = 1.1 \cdot V \cdot K$$

여기서, Q : 분말소화약제의 저장량 (kg)

V : 방호공간의 체적 (m^3)

K : 체적인자

체적인자 K는 방호공간(방호대상물의 각 부분으로부터 0.6m의 거리에 따라 둘러싸인 공간)의 체적 $1m^3$에 대하여 다음의 식에 따라 산출한 양으로,

$$K = X - Y\frac{a\,[m^2]}{A\,[m^2]}$$

여기서, a : 방호대상물 주위에 설치된 벽의 면적의 합

A : 방호공간의 표면적

X, Y : 체적인자 K의 결정계수

만약, 방호 대상물 주위에 벽이 존재하지 않으면 a는 0이다. 표 6-8에 체적인자 K의 결정계수 X와 Y를 소화약제별로 나타내었다.

표 6-8 국소방출방식 입체화재에서의 분말소화약제별 결정계수 X, Y

분말소화약제의 종류	X	Y
제1종	5.2	3.9
제2종, 제3종	3.2	2.4
제4종	2.0	1.5
제5종	소화약제에 따라 필요한 양	

예제 6-2

방호대상물의 가로, 세로, 높이가 각각 1m이고, 방호대상물 주위 벽면적이 $3m^2$이다. 국가화재안전기준에 따른 국소방출방식(입체화재)의 제2종 분말소화약제의 저장량은 얼마 이상인가?

풀이

방호공간 $V = (1+1.2) \times (1+1.2) \times (1+0.6) = 7.744m^3$

방호대상물 주위의 벽면적 $a = 3m^2$

방호공간의 표면적 $A = 2.2 \times 1.6 \times 4 = 14.08$

체적인자 $K = X - Y\frac{a[m^2]}{A[m^2]} = 3.2 - 2.4\frac{3}{14.08} = 2.689$

제2종 분말소화약제의 저장량 $Q = V \cdot K \cdot \eta = 1.1 \times 7.744 \times 2.689 = 22.906$ kg

∴ 제2종 분말소화약제의 저장량은 22.906 kg 이상

(3) 호스릴 방식

호스릴 방식의 분말소화약제 소화설비에서의 약제저장량은 노즐의 개수에 노즐 당 분말소화약제의 저장량의 곱으로 산정된다. 즉,

$$Q = N \cdot K$$

여기서, Q는 분말소화약제의 저장량(kg), N은 노즐의 개수, K는 분말소화약제별 약제량이다. 표 6-9에 분말소화약제별 약제량을 나타내었다.

표 6-9 호스릴 방식의 분말소화약제별 약제량

분말소화약제의 종류	K [kg]
제1종	50
제2종, 제3종	30
제4종	20
제5종	소화약제에 따라 필요한 양

2) 위험물안전관리법에 따른 약제저장량

위험물안전관리법에 따른 분말소화약제의 저장량은 앞서 말한 바와 같이 i)전역방출방식, ii)국소방출방식 평면화재, iii)국소방출방식 입체화재, iv)이동식으로 나뉜다. 국가화재안전기준과의 차이는 소화약제계수를 곱한다는 점이다.

(1) 전역방출방식

위험물안전관리법에 따른 전역방출방식에서의 분말소화약제의 저장량은 국가화재안전기준에 따른 산정식에 소화약제계수 β를 곱하여 쉽게 계산할 수 있다. 즉,

$$Q = (V \cdot K_1 + A \cdot K_2)\beta$$

여기서, Q : 분말소화약제의 저장량 (kg)

V : 방호구역의 부피 (m^3)

K_1 : 방호구역 체적에 따른 체적인자 (kg/m^3) (표 6-7)

A : 자동개폐장치가 없는 개구부의 면적 (m^2)

K_2 : A면적에 대한 개방인자 (kg/m^2) (표 6-7)

방호구역의 부피는 전체 방호구역 체적에서 방호구역 내에 있는 불연성 물체의 부피를 뺀 실제 방호구역 부피이다. β는 소화약제계수로 위험물질에 따른 값으로 표 6-10에 나타내었다.

표 6-10 위험물질에 따른 분말소화약제계수 (β)

위험물의 종류	소화약제계수(β)	위험물의 종류	소화약제계수(β)
아크릴로 나이트릴	1.2	다이에틸아민	1.1
아세트알데하이드	–	다이에틸 에터	–
아세토나이트릴	1.0	다이옥세인	1.2
아세톤	1.0	중유(重油)	1.0
아닐린	1.0	윤활유	1.0
아이소옥탄	1.1	테트라하이드로퓨란	1.2
아이소프렌	1.1	등유	1.0
아이소프로필아민	1.1	트라이에틸아민	1.1
아이소프로필에터	1.1	톨루엔	1.0
아이소헥산	1.1	나프타	1.0
아이소헵탄	1.1	채종유	1.0
아이소펜탄	1.1	이황화탄소	–
에탄올	1.2	바이닐 에틸 에터	1.1

위험물의 종류	소화약제계수(β)	위험물의 종류	소화약제계수(β)
에틸아민	1.1	피리딘	1.0
(염화바이닐)	1.0	뷰탄올	1.0
옥탄	1.1	프로판올	1.0
휘발유	1.0	2-프로판올	1.1
폼산 에틸	1.1	프로필아민	1.1
폼산 프로필	1.1	헥산	1.2
폼산 메틸	1.1	헵탄	1.0
경유	1.0	벤젠	1.2
원유	1.0	펜탄	1.4
아세트산	1.0	메탄올	1.2
아세트산 에틸	1.0	메틸 에틸 케톤	1.2
아세트산 메틸	1.1	(클로로벤젠)	1.0
산화프로필렌	–	그밖의 것	1.1
사이클로헥산	1.1		

※ – 표시는 분말약제 사용불가, ( )표시는 제3종 분말소화약제만 사용가능.

예제 6-3

자동개폐장치가 없는 환기구의 총면적이 $10m^2$인 메탄올을 저장하고 있는방호구역의 체적이 $50m^3$일 때, 위험물안전관리법에 따른 전역방출방식의 제3종 분말소화약제의 최소저장량은 얼마인가?

풀이

방호구역의 체적 $V = 50m^3$

환기구의 면적 $A = 10m^2$

제3종 분말소화약제의 체적인자 $K_1 = 0.36$, 개방인자 $K_2 = 2.7$

메탄올에 대한 소화약제 계수 $\beta = 1.2$

제3종 분말소화약제의 저장량 $Q = (V \cdot K_1 + A \cdot K_2)\beta = (50 \times 0.36 + 10 \times 2.7) \times 1.2 = 54$

∴ 제3종 분말소화약제의 최소저장량 = 54kg

(2) 국소방출방식 평면화재 (면적식 국소방출방식)

위험물안전관리법에 따른 분말소화약제의 저장량은 다른 가스계 소화약제와 마찬가지로 방호구역의 표면적에 방출인자와 약제할증계수 그리고 분말소화약제계수 β를 곱해줌으로써 쉽게 구할 수 있다. 즉,

$$Q = S \cdot K \cdot h \cdot \beta$$

여기서, Q : 분말소화약제의 저장량 (kg)

S : 방호대상물의 표면적 (m^2)

K : 분말소화약제별 방출인자 (표 6-11)

h : 분말소화약제 할증계수 (= 1.1)

β : 소화약제계수 (표 6-10)

분말소화약제별 방출인자 K는 표 6-11에 나타내었다.

표 6-11 면적식 국소방출방식(평면화재)에서의 분말소화약제별 방출인자 K

분말소화약제의 종류	K [kg/m^2]
제1종	8.8
제2종, 제3종	5.2
제4종	3.6
제5종	소화약제에 따라 필요한 양

(3) 국소방출방식 입체화재 (용적식 국소방출방식)

입체화재는 평면화재와는 달리 공간에 대한 개념이 적용된다. 분말소화약제의 저장량은 방호공간의 부피에 체적인자 K의 곱에 약제할증계수 h (h=1.1) 를 곱해주고 다시 소화약제계수 β의 곱으로 구한다. 즉,

$$Q = V \cdot K \cdot h \cdot \beta = 1.1 \cdot V \cdot K \cdot \beta$$

여기서, Q : 분말소화약제의 저장량 (kg)

V : 방호공간의 체적 (m^3)

K : 체적인자

β : 소화약제계수 (표 6-10)

체적인자 K는 방호공간(방호대상물의 각 부분으로부터 0.6m의 거리에 따라 둘러싸인 공간)의 체적 $1m^3$에 대하여 다음의 식에 따라 산출한 양으로,

$$K = X - Y\frac{a\,[m^2]}{A\,[m^2]}$$

여기서, a : 방호대상물 주위에 설치된 벽의 면적의 합

A : 방호공간의 표면적

X와 Y : 체적인자 K의 결정계수 (표 6-8)

만약, 방호 대상물 주위에 벽이 존재하지 않으면 a는 0이다. 체적인자 K의 결정계수 X와 Y는 표 6-8로 확인할 수 있다.

예제 6-4

가로, 세로, 높이가 각각 1m 인 벤젠을 저장하고 있는 방호대상물이 있다. 방호대상물 주위 벽면적이 $3m^2$일 때, 위험물안전관리법에 따른 국소방출방식(입체화재)의 제2종 분말소화약제의 저장량은 얼마 이상인가?

풀이

방호공간 V = (1+1.2)×(1+1.2)×(1+0.6) = $7.744m^3$
방호대상물 주위의 벽면적 a = $3m^2$
방호공간의 표면적 A = 2.2 × 1.6 × 4 = 14.08
체적인자 $K = X - Y\dfrac{a[m^2]}{A[m^2]} = 3.2 - 2.4\dfrac{3}{14.08} = 2.689$
벤젠에 대한 소화약제 계수 β = 1.2
제2종 분말소화약제의 저장량 Q = V·K·h·β = 1.1 × 7.744 × 2.689 × 1.2= 27.487 kg

∴ 제2종 분말소화약제의 저장량은 27.487 kg 이상

(4) 이동식

위험물안전관리법에 따른 이동식 분말소화약제의 저장량은 국가화재안전기준에 따른 호스릴 방식에서와 동일하다. 즉, 분말소화약제 소화설비에서의 약제저장량은 노즐의 개수에 노즐 당 분말소화약제의 저장량의 곱으로 산정된다.

$$Q = N \cdot K$$

Q는 분말소화약제의 저장량(kg), N은 노즐의 개수, K는 분말소화약제별 약제량이다. 분말소화약제별 약제량은 표 6-9에서 확인할 수 있다. 또한, 위험물안전관리법에 따라 분말소화설비에서 실제 약제방사량은 저장량의 90%를 1분간 방사할 수 있어야 한다. 아래 그림 6-5에 이동식 분말소화설비에 대한 모식도를 나타내었다.

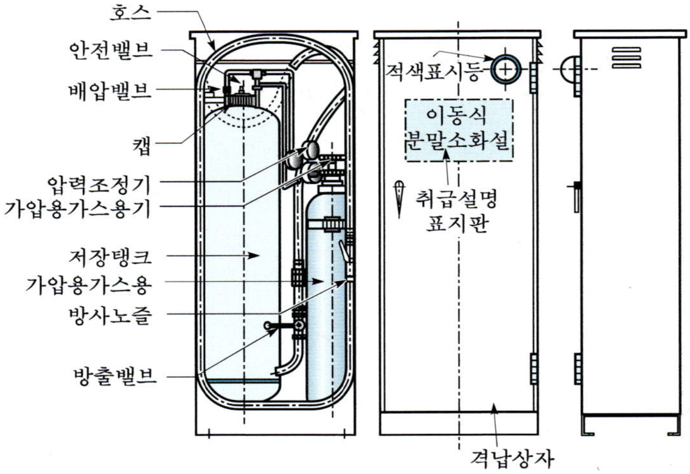

그림 6-5 이동식 분말소화설비의 예

참고

※ 소형 수동식 분말 소화기에서 방출호스를 부착하지 않아도 되는 경우

– 소화약제의 중량이 2 kg 이하의 분말소화기

01 최적의 소화효과를 나타낼 수 있는 분말소화약제의 입도는 얼마의 범위인가?

02 분말의 유동성의 척도인 안식각에 대해서 설명하시오.

03 분말소화약제에 방부성 및 방수성을 부여하기 위해 사용하는 물질 2가지 이상을 적으시오.

04 제1종~제3종 분말 소화약제의 최종 열분해 반응식을 각각 적으시오.

05 제3종 분말소화약제는 다른 분말소화약제에 비해 방진소화효과가 우수하다. 방진소화효과를 부여해주는 제3종 분말소화약제의 열분해 생성물은 무엇인가?

06 제1종~제3종 분말소화약제의 소화효과를 작은 순으로 나열하시오.

07 기존의 분말소화약제가 가지는 유류화재에서의 재착화와 소포성 등의 단점을 보완하기 위해 제조된 것으로 주로 제3종 분말소화약제와 함께 운용되는 소화약제는 무엇인가?

08 분말소화약제를 가압하는 방식에 따라 축압식과 가압식으로 나뉜다. 각각에 대해 설명하시오.

09 축압식 저장용기의 안전밸브는 내압시험압력의 몇 배 이하에서 작동되어야 하는가?

10 체적이 150m^{3}인 방호구역 내에 자동개폐장치가 설치되어 있지 않은 환기구의 면적이 총 15m^{2}이다. 국가화재안전기준에 따른 전역방출방식의 분말소화설비에 필요한 제3종 분말소화약제의 저장량은 얼마이상인가?

11 방호대상물의 가로, 세로, 높이가 각각 1.5m이고, 방호대상물 주위 벽면적이 6m^{2}이다. 국가화재안전기준에 따른 국소방출방식(입체화재)의 제3종 분말소화약제의 저장량은 얼마 이상인가?

12 10번의 조건에서 저장하는 위험물이 벤젠일 경우, 위험물안전관리법에 따른 제3종 분말소화약제의 저장량은 얼마 이상인가?

13 메탄올이 저장된 방호구역의 크기가 가로, 세로 각각 2m, 2.5m일 때, 위험물안전관리법에 따른 국소방출방식(평면화재)의 소화설비에 저장되는 제2종 분말소화약제의 저장량은 얼마 이상인가?

14 노즐의 개수가 3개인 이동식 소화설비에 저장되는 제2종 분말소화약제의 저장량은 얼마 이상인가? 또한 분당 방사량은 얼마 이상인가?

15 분말소화약제의 식별색으로 바르게 짝지어진 것은?

가. $BaCl_2$: 분홍색
나. $KHCO_3$: 회색
다. $NaHCO_3$: 백색
라. $NH_4H_2PO_4$: 보라색

CHAPTER 07

화재의 종류 및 소화기의 종류와 특성

1. 화재의 종류
2. 소화기의 종류와 특성

CHAPTER 07

Extinguishing Agent

화재의 종류 및 소화기의 종류와 특성

1 화재의 종류

화재는 대상물과 소실상태, 화재원인, 가연물 형태 및 피해규모에 따라 분류될 수 있다. 대상물에 따라서는 건축물, 차량, 항공기, 산림, 임야 등으로 구분되며, 화재원인에 따라서는 실화, 방화, 자연발화, 천재발화 등으로 나뉜다. 소실상태에 따라서는 극소화재, 부분소 화재, 반소 화재, 전소 화재로 구분된다. 피해규모에 따라서는 소형, 중형, 대형으로 나뉜다. 가연물 형태에 따른 화재는 크게 A급, B급, C급, D급, 그리고 K급의 5가지로 나뉜다. 표 7-1에 소실상태에 따른 화재를 분류하여 나타내었다.

표 7-1 소실상태에 따른 화재의 분류

분류	소실 및 피해 정도	피해조사	비고
극소 화재	미미	필요없음	다시 사용가능
부분소 화재	10~20% 소실	일부 필요	다시 사용가능
반소 화재	20~70%	필요	개보수를 통해 사용가능
전소 화재	70% 이상	필요	전혀 사용할 수 없음.

A급화재는 일반화재로 물질이 연소된 후 재를 남기는 종류의 화재를 일컫는다. 목재, 종이, 섬유 등의 화재가 이에 속하며, 구분색은 백색이다. 소화방법은 물에 의한 냉각소화로 주수, 산 알칼리, 포 등이 있다.

B급화재는 유류 및 가스화재를 말하며, 연소 후 아무것도 남지 않은 화재로 에터(에테르), 알코올, 석유, 가연성 액체가스 등 유류 및 가스화재가 이에 속하며, 구분색은 황색이다. 소화방법은 공기차단으로 인한 피복소화로 화학포, 증발성 액체(할로젠화합물), 이산화탄소, 소화분말 등이 있다.

C급화재는 전기화재를 말하며, 전기기구·기계 등에서 발생되는 화재가 이에 속하며, 구분색은 청색이다. 소화방법은 이산화탄소, 증발성 액체, 소화분말 등이 있다.

D급화재는 금속화재로 마그네슘과 같은 금속물질의 화재가 이에 속하며, 구분색은 없다. 소화방법은 팽창질석, 팽창진주암, 마른모래 등을 이용한 질식소화가 효과적이다.

K급화재는 주방화재를 말하며, 과거에는 B급화재에 포함시켜 분류하였다. 일반 유류화재와는 연소형태와 소화작업에서 큰 차이가 있기 때문에 NFPA에서는 K급화재, ISO에서는 F급화재로 별도로 분류하기도 한다.

2 소화기의 종류와 특성

1) 소화기의 종류별 특성

소화기란 화재의 초기단계에서 소화제가 갖는 냉각 또는 공기차단 등의 효과를 이용해서 불을 끄고, 운반할 수 있는 기구를 말한다. 앞 선 장들에서 각 소화약제에 대한 설명을 바탕으로 소화기에 따른 적응화재, 특성 및 주요 소화효과를 표 7-1에 간략히 나타내었으며, 표 7-2에는 수계소화약제와 가스계소화약제, 분말소화약제를 개괄적으로 비교하여 나타내었다.

표 7-1 소화기에 따른 적응화재 및 주요 특성 등

<table>
<tr><th>소화기명</th><th>적용화재</th><th>소화효과</th><th>형식</th><th colspan="3">비고</th></tr>
<tr><td>분말 소화기</td><td>B C급 (단, 인산염, ABC급)</td><td>질식(냉각)</td><td>축압식 가스가압식</td><td colspan="3">*$NaHCO_3$(백색) : 제1종소화분말
*$KHCO_3$(보라색) : 제2종소화분말
*$NH_4H_2PO_4$(담홍색) : 제3종소화분말
*$KHCO_3 + (NH_2)_2$(회색) : 제4종소화분말</td></tr>
<tr><td>증발성 액체 소화기</td><td>B, C급</td><td>부촉매(억제)효과, 희석(질식)효과, 냉각효과</td><td>축압식 가스가압식</td><td colspan="3"></td></tr>
<tr><td rowspan="3">CO_2 소화기</td><td rowspan="3">B, C급</td><td rowspan="3">질식(냉각)</td><td rowspan="3">고압가스 용기</td><td rowspan="3">CO_2</td><td>고체</td><td>드라이아이스</td></tr>
<tr><td>액체</td><td>액체탄산가스</td></tr>
<tr><td>기체</td><td>탄산가스</td></tr>
<tr><td>포말 소화기</td><td>A, B급</td><td>질식(냉각)</td><td>전도식 파병식 (반응식)</td><td colspan="3">· 내통 : $Al_2(SO_4)_3 \cdot 18H_2O$
· 외통 : $NaHCO_3$ + 기포안정제</td></tr>
<tr><td>강화액 소화기</td><td>A급 (분무상 : ABC급)</td><td>냉각</td><td>가스가압식 축압식 반응식</td><td colspan="3">물 + K_2CO_3</td></tr>
<tr><td>산·알칼리 소화기</td><td>A급</td><td>냉각</td><td>파병식 전도식</td><td colspan="3">· 산 : H_2SO_4(내통)
· 알칼리 : $NaHCO_3$(외통)</td></tr>
</table>

소화기는 그 외부에 소화기의 명칭, 적응화재, 용기의 압력 및 중량, 적용 방법, 취급 시 주의 사항, 능력 단위 및 제조 연 월 일을 반드시 표시해두어야 한다.

표 7-2 수계소화약제와 가스계 소화약제, 분말 소화약제의 비교

특성 \ 종류	수계		가스계		분말
	물	포	이산화탄소	할로젠화합물	
주된 소화효과	냉각	질식,냉각	질식	부촉매	질식, 부촉매
소화속도	느림	느림	빠르다	빠름	빠름
재발화위험성	△	△	O	O	O
대응화재규모	중대형	중대형	중소형	중소형	중소형
2차오염	큼	매우 큼	X	매우 적음	적음

수동식소화기는 각 층마다 설치하며, 소형 수동식소화기는 소방대상물의 각 부분으로부터 보행거리 20m 이하의 거리에 설치한다. 또한, 대형 수동식소화기는 소방대상물의 각 부분으로부터 보행거리 30m 이하의 거리에 설치하여야 한다. 대형 수동식소화기는 소형 수동식소화기보다 용량이 크기 때문에 이동하기 용이하도록 바퀴가 달려있다. 대형 수동식 소화기의 소화약제 충전량은 표 7-3에 나타내었으며, 그림 7-1은 대형수동식 소화기의 예를 나타낸 것이다.

표 7-3 대형 수동식소화기 소화약제의 충전량

종류	소화약제 충전량
물 소화기	80 Liter 이상
강화액 소화기	60 Liter 이상
포 소화기	20 Liter 이상
이산화탄소(CO_2) 소화기	50 kg 이상
할로젠화합물 소화기	30 kg 이상
분말 소화기	20 kg 이상

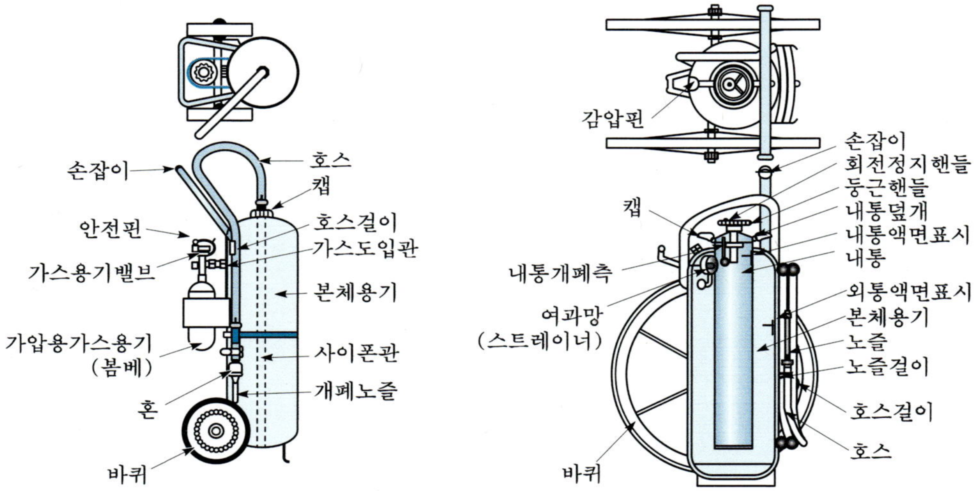

(a) 수레적재식 기계포소화기　　(b) 수레적재식 화학포소화기

그림 7-1 대형수동식 소화기의 예

소화기의 능력을 표시하는 것으로는 소화능력단위가 사용되는데 이는 소화기마다 검정시험을 거쳐 능력단위를 인정하게 된다. 검정시험은 A급화재 소화능력시험, B급화재 소화능력시험을 실시한 결과에 의해서 능력단위를 인정하지만, C급화재에 대해서는 능력단위가 없고 방사된 약제가 전기절연성이면 C급화재에 적응되는 것으로 표시된다. 대형 수동식소화기는 능력단위 수치가 A급화재 10단위 이상, B급화재 20단위 이상인 것이며, 소형 수동식소화기는 대형 수동식 소화기의 능력단위 수치 미만의 것이다. 아래 표 7-4는 간이소화용구의 능력단위를 나타내었다.

표 7-4 간이 소화용구의 능력단위

간이소화용구	용량	능력단위
마른모래	50 Liter	0.5
팽창질석 또는 팽창진주암	160 Liter	1.0
소화전용(專用) 물통	8 Liter	0.3
수조(소화전용물통 3개 포함)	80 Liter	1.5
수조(소화전용물통 6개 포함)	190 Liter	2.5

2) 소화기의 공통 유지관리 및 사용시 주의사항

소화기를 관리하기 위한 위험물안전관리법에 따르면 i)바닥면에서 높이가 1.5m 이하가 되도록 배치할 것, ii)통행에 지장이 없고 사용시 쉽게 반출할 수 있는 곳에 설치 할 것, iii)각 소화제가 동결, 변질 또는 분출할 우려가 없는 곳에 설치 할 것 그리고 iv)소화기를 설치한 곳이 잘 보이도록 「소화기」라고 표시하여야 한다.

소화기의 외부에는 i)소화기의 명칭, ii)적응화재 표시, iii)능력단위, iv)사용방법, v)취급상 주의사항, vi)용기합격 표시 및 중량표시, vii)제조년월일, viii)제조회사명을 반드시 기재하여야 한다. 또한, 소화기구의 비치 및 표시에 있어서는 수동식 소화기의 표지는 「소화기」로, 마른 모래는 「소화용 모래」, 팽창질석 및 팽창진주암은 「소화질석」으로 하여야 한다.

소화기 사용시 주의할 사항은 i)적응화재에만 사용할 것, ii)성능에 따라 화재 면에 근접하여 사용할 것, iii)소화 작업을 진행 할 때는 바람을 등지고 풍상에서 풍하의 방향으로 소화작업을 진행할 것, iv)소화 작업은 양 옆으로 비로 쓸 듯이 골고루 방사할 것, v)소화기는 화재 초기만 효과가 있고 화재가 확대된 후에는 효과가 없기 때문에 주의하고 대형 소화 설비의 대용은 될 수 없다. 또한 만능 소화기는 없다고 보는 것이 타당하다.

소화기 보관상 주의사항은 i)넘어지지 않도록 안전한 장소에 위치시킨다, ii)겨울철에는 동결하지 않도록 조치한다, iii)소화기에 따라서 온기가 적고 서늘한 곳에 둔다, iv)사용 후에는 내・외부를 깨끗이 닦고 규정약품을 채워 두도록 한다, v)소화기의 뚜껑은 반드시 잠그고 봉인하도록 한다, vi)유사시에 대비하여 1년에 1~2회에 걸쳐 약제의 변질상태 및 가압가스 용기 내의 가스유무, 적정압력 여부를 점검하여야 한다.

CHAPTER 08

위험물의 소화방법

1. 제1류 위험물
2. 제2류 위험물
3. 제3류 위험물
4. 제4류 위험물
5. 제5류 위험물
6. 제6류 위험물
7. 복수성상의 위험물

CHAPTER 08 Extinguishing Agent

위험물의 소화방법

1 제1류 위험물

제1류 위험물은 다른 물질을 산화시키는 산소를 많이 함유하고 있는 물질로 제1류 위험물 자체는 불연성 물질이지만 연소구역에 접해 있으면 열분해에 의해 산소를 다량방출하여 연소를 급격하게 진행시키는 특징을 가진다.

제1류 위험물의 종류는 아염소산 염류, 염소산 염류, 과염소산 염류, 무기과산화물류, 브로민산염류(브롬산염류), 아이오딘산염류 (요오드산염류), 질산염류, 과망가니즈산염류 (과망간산염류), 다이크로뮴산염류 (중크롬산염류) 등 모두 산소를 함유한 강산화제로 '산화성고체'이다. 표 8-1에 제1류 위험물의 품명 및 지정수량 등에 대해 나타내었다.

표 8-1 제1류 위험물

<table>
<tr><th>성질</th><th>위험 등급</th><th colspan="2">품명</th><th>지정수량</th></tr>
<tr><td rowspan="13">산화성 고체</td><td rowspan="4">I</td><td colspan="2">1. 아염소산염류</td><td>50 kg</td></tr>
<tr><td colspan="2">2. 염소산염류</td><td>50 kg</td></tr>
<tr><td colspan="2">3. 과염소산염류</td><td>50 kg</td></tr>
<tr><td colspan="2">4. 무기과산화물</td><td>50 kg</td></tr>
<tr><td rowspan="3">II</td><td colspan="2">5. 브로민산염류 (브롬산염류)</td><td>300 kg</td></tr>
<tr><td colspan="2">6. 질산염류</td><td>300 kg</td></tr>
<tr><td colspan="2">7. 아이오딘산염류 (요오드산염류)</td><td>300 kg</td></tr>
<tr><td rowspan="6">III</td><td colspan="2">8. 과망가니즈산염류 (과망간산염류)</td><td>1,000 kg</td></tr>
<tr><td colspan="2">9. 다이크로뮴산염류 (중크롬산염류)</td><td>1,000 kg</td></tr>
<tr><td rowspan="4">10. 그 밖에 행정안전부령이 정하는 것</td><td>차아염소산염류</td><td rowspan="4">50, 300 또는 1,000 kg</td></tr>
<tr><td>과아이오딘산(과요오드산)</td></tr>
<tr><td>과아이오딘산염류(과요오드산염류)</td></tr>
<tr><td>아질산염류</td></tr>
</table>

성질	위험 등급	품명		지정수량
			크롬·납 및 아이오딘(요오드)의 산화물	50, 300 또는 1,000 kg
			퍼옥소붕산염류	
			퍼옥소이황산염류	
			염소화아이소사이아누르산 (염소화이소시아눌산)	
		11. 제1호부터 제10호까지의 어느 하나에 해당하는 위험물을 하나 이상을 함유한 것		

제1류 위험물의 소화방법으로는 주수소화가 가장 적당하지만, 무기 과산화물 중 알칼리 금속의 과산화물은 물과 접촉하면 급격히 발열하며 산소를 방출하므로 이때는 주수를 하지 않는다. 알칼리금속 과산화물의 소화방법은 모래, 암분 등으로 피복하여 소화하거나, 금속화재용 분말소화약제(탄산수소염류 등)으로 질식소화시킨다. 또한, 눈이나 피부에 닿으면 유해하므로 방화복과 공기호흡기를 작용하여야 한다.

참고

※ 산화성고체의 정의 (위험물안전관리법 기준)

고체[액체(1atm 및 20℃에서 액상인 것 또는 20℃ 초 40℃ 이하에서 액상인 것을 말한다) 또는 기체(1atm 및 20℃에서 기상인 것을 말한다) 외의 것]로서 산화력의 잠재적인 위험성 또는 충격에 대한 민감성을 판단하기 위하여 소방청장이 정하여 고시하는 시험에서 정하는 성질과 상태를 나타내는 것을 말한다. 이 경우 "액상"이라 함은 수직으로 된 시험관(안지름 30mm, 높이 120mm의 원통형 유리관을 말한다)에 시료를 55mm까지 채운 다음 당해 시험관을 수평으로 하였을 때 시료액면의 선단이 30mm를 이동하는 데 걸리는 시간이 90초 이내에 있는 것을 말한다.

2 제2류 위험물

제2류 위험물은 모두 가연성 물질이며 환원제이므로 산화제와의 접촉을 피해야 한다. 제2류 위험물에는 황화인(황화린), 적린, 황(유황), 마그네슘, 철분, 금속분류, 인화성 고체 등이 있다. 표 8-2에 제2류 위험물의 품명 및 지정수량 등에 대해 나타내었다.

표 8-2 제2류 위험물

성질	위험 등급	품명	지정수량
가연성 고체	Ⅱ	1. 황화인 (황화린)	100 kg
		2. 적린	100 kg
		3. 황 (유황)	100 kg
	Ⅲ	4. 철분	500 kg
		5. 금속분	500 kg
		6. 마그네슘	500 kg
		7. 그 밖에 행정안전부령이 정하는 것	100 또는 500 kg
		8. 제1호부터 제7호까지의 어느 하나에 해당하는 위험물을 하나 이상을 함유한 것	
		9. 인화성고체	1,000 kg

제2류 위험물의 일반적인 소화방법은 주수에 의한 냉각소화가 적당하지만, 마그네슘, 철분, 금속분류는 주수하면 물과 접촉하면서 수소가스가 발생하고 공기 중에 확산된 분말에 의해 2차 분진폭발이 발생할 수 있으므로, 마른모래, 금속화재용 분말소화제 (탄산수소염류 등)으로 질식소화해야 한다.

삼황화린, 적린과 황은 주수에 의한 냉각소화가 적합하지만, 고압 주수는 위험물을 비산시켜 화점을 분산시키므로 분무주수하여야 한다. 삼황화린은 연소시 오산화인과 이산화황과 같은 유해기체가 발생되며, 적린은 오산화린, 황은 이산화황이 발생되므로 반드시 공기호흡기를 착용하여야 한다. 오황화린과 칠황화린은 주수하면 황화수소(H_2S)가 발생되는 주수금지 위험물로 마른모래 등으로 질식소화하여야 한다. 오황화린과 칠황화린은 연소시 이산화황이 발생하므로 보호안경, 고무장갑, 공기호흡기를 착용하여야 한다.

참고

※ 황의 정의 (위험물안전관리법 기준)

– 순도가 60wt.% 이상인 것

※ 인화성 고체의 정의 (위험물안전관리법 기준)

– 고형알코올 그 밖에 1atm에서 인화점이 40℃ 미만인 고체

3 제3류 위험물

제3류 위험물은 금수성 물질 혹은 자연발화성 물질이라 한다. 즉, 물 또는 공기와 접촉하여 발열하며 가연성 가스를 발생시키는 위험물이다. 제3류 위험물에는 칼륨, 나트륨, 알킬알루미늄, 알킬 리튬, 황린, 칼륨 및 나트륨을 제외한 알칼리금속류 및 알칼리토 금속류, 유기금속화합물류(알킬 알루미늄, 알킬리튬 제외), 금속 수소화합물, 금속 인화합물, 칼슘 및 알루미늄의 탄화물류 등이 있다. 표 8-3에 제3류 위험물의 품명 및 지정수량 등에 대해 나타내었다.

표 8-3 제3류 위험물

성질	위험 등급	품명	지정수량
자연발화성 물질 및 금수성 물질	Ⅰ	1. 칼륨	10 kg
		2. 나트륨	10 kg
		3. 알킬알루미늄	10 kg
		4. 알킬리튬	10 kg
		5. 황린	20 kg
	Ⅱ	6. 알칼리금속(칼륨 및 나트륨 제외) 및 알칼리 토금속	50 kg
		7. 유기금속화합물(알킬알루미늄 및 알킬리튬 제외).	50 kg
	Ⅲ	8. 금속의 수소화물	300 kg
		9. 금속의 인화물	300 kg
		10. 칼슘 또는 알루미늄의 탄화물	300 kg
		11. 그 밖에 행정안전부령이 정하는 것	10, 20, 50 또는 300 kg
		12. 제1호 내지 제11호의 1에 해당하는 어느 하나 이상을 함유한 것	

제3류 위험물의 일반적인 소화방법은 물을 사용할 수 없으므로, 모래, 팽창질석, 팽창진주암, 금속화재용 분말소화약재(탄산수소염류 등)을 사용하는 것이며, 황린의 경우는 주수소화도 좋으나 고압주수를 하면 황린의 비산으로 인해 화점을 분산시키는 위험이 있으므로 분무주수하고 고체가 될 때까지 계속 주수해야 한다. 제3류 위험물의 화재진압시에는 가죽장갑, 고무장화, 보호의, 보호안경과 같은 보호장구와 공기호흡기를 착용하여야 한다.

4 제4류 위험물

제4류 위험물은 인화성 액체로 일반적으로 물보다 가볍고 표면장력이 작으므로 냉각소화(주수소화)를 하면 연소면을 확대시킬 수 있다. 제4류 위험물은 인화점과 발화점 등으로 다시 제1석유류, 제2석유류, 제3석유류, 제4석유류, 알코올류 및 동식물유류로 나뉘어진다. 표 8-4에 제4류 위험물의 품명 및 지정수량 등에 대해 나타내었다.

표 8-4 제4류 위험물

성질	위험 등급	품명		지정수량
인화성 액체	I	1. 특수인화물		50 Liter
	II	2. 제1석유류	비수용성액체	200 Liter
			수용성액체	400 Liter
		3. 알코올류		400 Liter
	III	4. 제2석유류	비수용성액체	1,000 Liter
			수용성액체	2,000 Liter
		5. 제3석유류	비수용성액체	2,000 Liter
			수용성액체	4,000 Liter
		6. 제4석유류		6,000 Liter
		7. 동식물유류		10,000 Liter

제4류 위험물의 일반적인 소화방법은 질식소화에 의한 각종 소화기(포, 분말, 이산화탄소, 할로젠화합물, 마른 모래와 같은 간이소화제)를 모두 사용하며, 수용성인 위험물은 주수소화(안개상 분무)도 가능하지만 봉상 주수 시에는 화재면의 확대로 인해 위험하므로 사용할 수 없다.

5 제5류 위험물

제5류 위험물은 내부연소성 혹은 자기연소성 물질로 물질 내부에 산소를 함유하고 있으므로 공기 중에 산소가 없는 상태에서도 자체 산소만을 가지고 착화에너지에 의해 연소할 수 있다. 질산에스터류 (질산에스테르류), 유기과산화물, 나이트로화합물 (니트로화합물), 나이트로소화합물 (니트로소화합물), 아조화합물, 디아조화합물, 하이드라진 유도체 (히드라진 유도체), 하이드록실아민 (히드록실아민), 하이드록실아민염류 (히드록실아민염류) 등이 제5류 위험물에 속하며, 제1종(10 kg)과 제2종(100 kg)으로 지정수량을 구분한다. 위험등급은 제1종이 I등급이며, 제1종을 제외한 나머지는 II등급으로 나뉜다. 표 8-5에 제5류 위험물의 품명 및 지정수량 등에 대해 나타내었다.

표 8-5 제5류 위험물

성질	품명	지정수량
자기반응성 물질	1. 유기과산화물	제1종 : 10 kg 제2종 : 100 kg 위험등급 I : 제1종 위험등급 II : 제1종을 제외한 나머지
	2. 질산에스터류 (질산에스테르류)	
	3. 나이트로화합물 (니트로화합물)	
	4. 나이트로소화합물 (니트로소화합물)	
	5. 아조화합물	
	6. 디아조화합물	
	7. 하이드라진 유도체 (히드라진 유도체)	
	8. 하이드록실아민 (히드록실아민)	
	9. 하이드록실아민염류 (히드록실아민염류)	
	10. 그 밖에 행정안전부령이 정하는 것 (금속의 아지화합물, 질산구아니딘)	
	11. 제1호 내지 제10호의 1에 해당하는 어느 하나 이상을 함유한 것	

제5류 위험물은 공기 중에서 연소는 매우 급격히 진행되므로 화재 초기에는 주수에 의한 냉각소화가 좋지만 화재가 진행되면 적절한 소화방법이 없다. 따라서, 연소의 위험이 있는 주위의 소화에 주력해야 한다.

6 제6류 위험물

부식성이 강한 산화성액체를 제6류 위험물이라 하며, 과염소산, 과산화수소, 질산 등이 있다. 표 8-6에 제6류 위험물의 품명 및 지정수량 등에 대해 나타내었다.

표 8-6 제6류 위험물

성질	위험 등급	품명	지정수량
산화성 액체	I	1. 과염소산	300 kg
		2. 과산화수소	
		3. 질산	
		4. 그 밖에 행정안전부령이 정하는 것(할로젠간화합물)	
		5. 제1호 내지 제10호의 1에 해당하는 어느 하나 이상을 함유한 것	

제6류 위험물의 일반적인 소화방법은 주수소화 및 인산염류 분말에 의한 질식소화가 효과적이며, 제6류 위험물의 유출시에는 모래 및 생석회(CaO)와 소다회(CaO + NaOH)와 같은 중화제 사용한다.

참고

※ 과산화수소의 정의 (위험물안전관리법 기준)

– 농도가 36wt.% 이상인 것

※ 질산의 정의 (위험물안전관리법 기준)

– 고비중이 1.49 이상인 것

7 복수성상의 위험물

제1류 위험물에서 제6류 위험물까지 규정된 성상을 2가지 이상을 포함하는 물품을 복수성상 물품이라 한다. 복수성상에 속하는 품명은 아래 표 8-7과 같이 분류한다.

표 8-6 제6류 위험물

복수성상 물품	분류되는 유별
산화성고체의 성상 + 가연성고체의 성상	제2류 가연성고체
산화성고체의 성상 + 자기반응성물질의 성상	제5류 자기반응성물질
가연성고체의 성상 + 자연발화성물질의 성상 및 금수성물질의 성상	제3류 자연발화성물질의 성상 및 금수성물질의 성상
인화성액체의 성상 + 자연발화성물질의 성상 및 금수성물질의 성상	제3류 자연발화성물질의 성상 및 금수성물질의 성상
인화성액체의 성상 + 자기반응성물질의 성상	제5류 자기반응성물질

표 8-7의 지정수량란에 정하는 수량이 복수로 있는 품명에 있어서는 당해 품명이 속하는 유의 품명 가운데 위험성의 정도가 가장 유사한 품명의 지정수량란에 정하는 수량과 같은 수량을 당해 품명의 지정수량으로 한다. 이 경우 위험물의 위험성을 실험/비교하기 위한 기준은 고시로 정할 수 있도록 규정하고 있다.

APPENDIX

부록

APPENDIX

Extinguishing Agent

부록 Ⅰ

위험물안전관리에 관한 세부기준

제5장 제조소등의 소화설비의 기준

제127조(소화설비 등의 설치에 관한 세부기준) 규칙 제44조의 규정에 따른 소화설비의 설치에 관한 세부기준은 제128조 내지 제136조의 규정에 따른다.

제128조(소화설비 설치의 구분) 옥내소화전설비, 옥외소화전설비, 스프링클러설비 또는 물분무등소화설비 설치의 구분은 다음 각 호와 같다.

1. 옥내소화전설비 및 이동식물분무등소화설비는 화재발생시 연기가 충만할 우려가 없는 장소 등 쉽게 접근이 가능하고 화재 등에 의한 피해를 받을 우려가 적은 장소에 한하여 설치할 것
2. 옥외소화전설비는 건축물의 1층 및 2층 부분만을 방사능력범위로 하고 건축물의 지하층 및 3층 이상의 층에 대하여 다른 소화설비를 설치할 것. 또한 옥외소화전설비를 옥외 공작물에 대한 소화설비로 하는 경우에도 유효방수거리 등을 고려한 방사능력범위에 따라 설치할 것
3. 제4류위험물을 저장 또는 취급하는 탱크에 포소화설비를 설치하는 경우에는 고정식포소화설비(세로형 탱크에 설치하는 것은 고정식포방출구방식으로 하고 보조포소화전 및 연결송액구를 함께 설치할 것)를 설치할 것
4. 소화난이도등급Ⅰ의 제조소 또는 일반취급소에 옥내・외소화전설비, 스프링클러설비 또는 물분무등소화설비를 설치시 당해 제조소 또는 일반취급소의 취급탱크(인화점 21℃ 미만의 위험물을 취급하는 것에 한한다. 이하 이 조에서 같다)의 펌프설비, 주입구 또는 토출구가 옥내・외소화전설비, 스프링클러설비 또는 물분무등소화설비의 방사능력범위 내

에 포함되도록 할 것. 이 경우 당해 취급탱크의 펌프설비, 주입구 또는 토출구에 접속하는 배관의 내경이 200㎜ 이상인 경우에는 당해 펌프설비, 주입구 또는 토출구에 대하여 적응성 있는 소화설비는 이동식 외의 물분무등소화설비에 한한다.

5. 포소화설비 중 포모니터노즐방식은 옥외의 공작물(펌프설비 등을 포함한다) 또는 옥외에서 저장 또는 취급하는 위험물을 방호대상물로 할 것

제129조(옥내소화전설비의 기준) 옥내소화전설비의 기준은 다음 각 호와 같다.〈2015. 5. 6 개정〉

1. 옥내소화전의 개폐밸브 및 호스접속구는 바닥면으로부터 1.5m 이하의 높이에 설치할 것
2. 옥내소화전의 개폐밸브 및 방수용기구를 격납하는 상자(이하 "소화전함"이라 한다)는 불연재료로 제작하고 점검에 편리하고 화재발생시 연기가 충만할 우려가 없는 장소 등 쉽게 접근이 가능하고 화재 등에 의한 피해를 받을 우려가 적은 장소에 설치할 것
3. 가압송수장치의 시동을 알리는 표시등(이하 "시동표시등"이라 한다)은 적색으로 하고 옥내소화전함의 내부 또는 그 직근의 장소에 설치할 것. 다만, 제4호나목에 의하여 설치한 적색의 표시등을 점멸시키는 것에 의하여 가압송수장치의 시동을 알리는 것이 가능한 경우 및 영 제18조의 규정에 따른 자체소방대를 둔 제조소등으로서 가압송수장치의 기동장치를 기동용 수압개폐장치로 사용하는 경우에는 시동표시등을 설치하지 아니할 수 있다.
4. 옥내소화전설비의 설치의 표시는 다음 각목에 정한 것에 의할 것
   가. 옥내소화전함에는 그 표면에 "소화전"이라고 표시할 것
   나. 옥내소화전함의 상부의 벽면에 적색의 표시등을 설치하되, 당해 표시등의 부착면과 15° 이상의 각도가 되는 방향으로 10m 떨어진 곳에서 용이하게 식별이 가능하도록 할 것
5. 수원의 수위가 펌프(수평회전식의 것에 한한다)보다 낮은 위치에 있는 가압송수장치는 다음 각목에 정한 것에 의하여 물올림장치를 설치할 것
   가. 물올림장치에는 전용의 물올림탱크를 설치할 것
   나. 물올림탱크의 용량은 가압송수장치를 유효하게 작동할 수 있도록 할 것
   다. 물올림탱크에는 감수경보장치 및 물올림탱크에 물을 자동으로 보급하기 위한 장치가 설치되어 있을 것
6. 옥내소화전설비의 비상전원은 자가발전설비 또는 축전지설비에 의하되 다음 각목에 정한 것으로 할 것. 다만, 가목에 적합한 내연기관으로서 상용전원의 정전시 신속히 당해 내연기관을 작동할 수 있는 경우에는 자가발전설비를 대신하여 내연기관을 사용할 수 있다.
   가. 용량은 옥내소화전설비를 유효하게 45분 이상 작동시키는 것이 가능할 것
   나. 자가발전설비는 (1) 내지 (3)에 정한 것에 의할 것

(1) 비상전원 전용수전설비는 (가) 내지 (마)에 정한 것으로 할 것
(가) 점검에 편리하고 화재 등의 피해를 받을 우려가 적은 곳에 설치할 것
(나) 다른 전기회로의 개폐기 또는 차단기에 의하여 차단되지 않을 것
(다) 개폐기에는 "옥내소화전설비용"이라고 표시할 것
(라) 고압 또는 특별고압으로 수전하는 비상전원전용수전설비는 불연재료의 벽, 기둥, 바닥 및 천장(천장이 없는 경우에는 지붕)으로 구획되고 출입구는 60+ 방화문 또는 30분방화문이 설치되고 창에는 망입유리 또는 강화유리(8㎜ 이상)가 설치된 전용실에 설치할 것. 다만, 1) 또는 2)에 해당하는 경우는 그러하지 아니하다.
1) 큐비클식 비상전원전용수전설비로서 불연재료로 구획된 변전설비실, 발전설비실, 기계실, 펌프실, 그 밖의 이와 유사한 실 또는 옥외나 건축물의 옥상에 설치된 경우
2) 옥외 또는 주요구조부가 내화구조인 건축물의 옥상에 설치한 것으로서 인접한 건축물 또는 공작물로부터 3m 이상 이격된 경우 또는 당해 수전설비로부터 3m 미만의 범위에 있는 건축물 또는 공작물의 부분이 불연재료인 경우
(마) 큐비클식 비상전원전용수전설비는 당해 수전설비의 전면에 폭 1m 이상의 공지를 보유하여야 하며, 다른 자가발전・축전설비(큐비클식을 제외한다) 또는 건축물・공작물(수전설비를 옥외에 설치하는 경우에 한한다)로부터 1m 이상 이격할 것
(2) 상용전원이 정전인 때에는 자동으로 비상전원으로 전환될 수 있을 것
(3) 큐비클식 외의 자가발전설비는 (가) 내지 (다)에 정한 것에 의할 것
(가) 자가발전장치(발전기와 원동기를 연결한 것을 말한다. 이하 같다)의 주위에는 0.6m 이상의 공지를 보유할 것
(나) 연료탱크와 원동기와의 간격은 예열하는 방식의 원동기는 2m 이상, 그 밖의 방식의 원동기는 0.6m 이상으로 할 것. 다만, 연료탱크와 원동기의 사이에 불연재료로 만든 방화상 유효한 차폐물을 설치한 경우는 그러하지 아니하다.
(다) 운전제어장치, 보호장치, 여자(勵磁)장치 또는 이와 유사한 장치를 수납하는 조작반(자가발전장치에 내장된 것은 제외한다)은 강판제의 함에 수납하고 당해 함의 전면에 폭 1m 이상의 공지를 보유 할 것
다. 축전지설비는 (1) 내지 (3)에 정한 것에 의할 것

(1) 나목(1)의 규정에 의할 것

(2) 상용전원이 정전인 때에는 자동으로 비상전원으로 전환되고 상용전원이 복구된 때에는 자동으로 상용전원으로 전환될 수 있을 것

(3) 큐비클 외의 축전지설비는 (가) 내지 (마)에 정한 것에 의할 것

(가) 축전지설비는 설치된 실의 벽으로부터 0.1m 이상 이격할 것

(나) 축전지설비를 동일실에 2 이상 설치하는 경우에는 축전지설비의 상호간격은 0.6m(높이가 1.6m 이상인 선반 등을 설치한 경우에는 1m) 이상 이격할 것

(다) 축전지설비는 물이 침투할 우려가 없는 장소에 설치할 것

(라) 축전지설비를 설치한 실에는 옥외로 통하는 유효한 환기설비를 설치할 것

(마) 충전장치와 축전지를 동일실에 설치하는 경우에는 충전장치를 강제의 함에 수납하고 당해 함의 전면에 폭 1m 이상의 공지를 보유할 것

라. 배선은 「전기사업법」에 의한 전기설비기술기준에 적합하게 하여야 하며 다른 회로에 의한 장애를 받지 아니하도록 조치를 하고 (1) 내지 (3)에 정한 것에 의할 것

(1) 600볼트 2종 비닐절연전선 또는 이와 동등 이상의 내열성을 갖는 전선을 사용할 것

(2) 전선은 내화구조인 주요구조부에 매설하거나 또는 이와 동등 이상의 내열효과가 있는 방법으로 보호할 것. 다만, MI케이블 또는 이와 동등 이상의 내열성능이 있는 것은 그러하지 아니하다.

(3) 개폐기, 과전류보호기, 기타 배선기기는 내열효과가 있는 방법으로 보호할 것

7. 조작회로 및 제4호나목의 규정에 따른 표시등의 회로배선은 다음 각목에 정한 것에 의할 것

가. 600볼트 2종비닐절연전선 또는 이와 동등 이상의 내열성능을 갖는 전선을 사용할 것

나. 금속관공사, 가요전선관공사, 금속덕트공사 또는 케이블공사(불연성의 덕트로 덮는 경우에 한한다)에 의하여 설치할 것

8. 배관은 다음 각목에 정한 기준에 의할 것

가. 전용으로 할 것. 다만, 옥내소화전의 기동장치를 조작하는 것에 의하여 즉시 다른 소화설비 배관의 송수를 차단하는 것이 가능한 경우 등 당해 옥내소화전설비의 성능에 지장을 주지 아니하는 경우에는 그러하지 아니하다..

나. 가압송수장치의 토출측 직근부분의 배관에는 체크밸브 및 개폐밸브를 설치할 것

다. 펌프를 이용한 가압송수장치의 흡수관은 (1) 내지 (3)에 정한 것에 의할 것

(1) 흡수관은 펌프마다 전용으로 설치할 것

(2) 흡수관에는 여과장치(후드밸브에 부속된 것을 포함한다)를 설치하여야 하며, 수원

의 수위가 펌프보다 낮은 위치에 있는 경우에는 후드밸브를 설치하고 그 외의 경우에는 개폐밸브를 설치할 것

(3) 후드밸브는 용이하게 점검할 수 있도록 할 것

라. 「배관용탄소강관」(KS D 3507), 「압력배관용탄소강관」(KS D 3562) 또는 이와 동등 이상의 강도, 내식성 및 내열성을 갖는 관을 사용할 것

마. 관이음쇠는 「나사식강관제관이음쇠」(KS B 1533), 「나사식가단주철제관이음쇠」(KS B 1531), 「강제용접식관플랜지」(KS B 1503), 「스테인리스강제용접식플랜지」(KS B 1506), 「배관용 강제맞대기용접식관이음쇠」(KS B 1541) 또는 이와 동등 이상의 강도, 내식성 및 내열성을 갖는 것으로 할 것

바. 주배관 중 입상관은 관의 직경이 50㎜ 이상인 것으로 할 것

사. 밸브류는 (1) 및 (2)에 정한 것에 의할 것

(1) 재질은 「주강 플랜지형 밸브」(KS B 2361), 「회주철품」(KS D 4301), 「구상흑연주철품」(KS D 4302) 또는 이와 동등 이상의 강도, 내식성 및 내열성을 갖는 것으로 할 것

(2) 개폐밸브에는 그 개폐방향을, 체크밸브에는 그 흐름방향을 표시할 것

아. 배관은 당해 배관에 급수하는 가압송수장치의 체절압력의 1.5배 이상의 수압을 견딜 수 있는 것으로 할 것

9. 가압송수장치는 다음 각목에 정한 것에 의하여 설치할 것

가. 고가수조를 이용한 가압송수장치는 (1) 및 (2)에 정한 것에 의할 것

(1) 낙차(수조의 하단으로부터 호스접속구까지의 수직거리를 말한다. 이하 이 호에서 같다)는 다음 식에 의하여 구한 수치 이상으로 할 것

$$H = h1 + h2 + 35m$$

H : 필요낙차 (단위 m)

h1 : 방수용 호수의 마찰손실수두 (단위 m)

h2 : 배관의 마찰손실수두 (단위 m)

(2) 고가수조에는 수위계, 배수관, 오버플로우용 배수관, 보급수관 및 맨홀을 설치할 것

나. 압력수조를 이용한 가압송수장치는 (1) 내지 (3)에 정한 것에 의할 것

(1) 압력수조의 압력은 다음 식에 의하여 구한 수치 이상으로 할 것

$$P = p1 + p2 + p3 + 0.35MPa$$

P : 필요한 압력 (단위 MPa)

p1 : 소방용호스의 마찰손실수두압 (단위 MPa)

p2 : 배관의 마찰손실수두압 (단위 MPa)

p3 : 낙차의 환산수두압 (단위 MPa)

(2) 압력수조의 수량은 당해 압력수조 체적의 2/3 이하일 것

(3) 압력수조에는 압력계, 수위계, 배수관, 보급수관, 통기관 및 맨홀을 설치할 것

다. 펌프를 이용한 가압송수장치는 (1) 내지 (8)에 정한 것에 의할 것

(1) 펌프의 토출량은 옥내소화전의 설치개수가 가장 많은 층에 대해 당해 설치개수(설치개수가 5개 이상인 경우에는 5개로 한다)에 260 L/min를 곱한 양 이상이 되도록 할 것

(2) 펌프의 전양정은 다음 식에 의하여 구한 수치 이상으로 할 것

H = h1 + h2 + h3 + 35m

H : 펌프의 전양정 (단위 m)

h1 : 소방용 호스의 마찰손실수두 (단위 m)

h2 : 배관의 마찰손실수두 (단위 m)

h3 : 낙차 (단위 m)

(3) 펌프의 토출량이 정격토출량의 150%인 경우에는 전양정은 정격전양정의 65% 이상 일 것

(4) 펌프는 전용으로 할 것. 다만, 다른 소화설비와 병용 또는 겸용하여도 각각의 소화설비의 성능에 지장을 주지 아니하는 경우에는 그러하지 아니하다.

(5) 펌프에는 토출측에 압력계, 흡입측에 연성계를 설치할 것

(6) 가압송수장치에는 정격부하운전시 펌프의 성능을 시험하기 위한 배관설비를 설치할 것

(7) 가압송수장치에는 체절운전시에 수온상승방지를 위한 순환배관을 설치할 것

(8) 원동기는 전동기 또는 내연기관에 의한 것으로 할 것

라. 가압송수장치에는 당해 옥내소화전의 노즐선단에서 방수압력이 0.7MPa을 초과하지 아니하도록 할 것

마. 기동장치는 직접조작이 가능하고, 옥내소화전함의 내부 또는 그 직근의 장소에 설치된 조작부(자동화재탐지설비의 P형발신기를 포함한다)에서 원격조작이 가능하도록 할 것

바. 가압송수장치는 직접조작에 의해서만 정지되도록 할 것

사. 소방용호스 및 배관의 마찰손실계산은 Hazen & Williams 공식에 의할 것

10. 가압송수장치는 점검에 편리하고 화재 등의 피해를 받을 우려가 적은 장소에 설치할 것

11. 옥내소화전설비는 습식(배관내에 상시 충수되어 있고 가압송수장치의 기동에 의하여 즉시 방수가능한 방법을 말한다. 이하 같다)으로 하고 동결방지조치를 할 것. 다만, 동결방지조치가 곤란한 경우에는 습식 외의 방식으로 할 수 있다.

제130조(옥외소화전설비의 기준) 옥외소화전설비의 기준은 다음 각 호와 같다.

1. 옥외소화전의 개폐밸브 및 호스접속구는 지반면으로부터 1.5m 이하의 높이에 설치할 것
2. 방수용기구를 격납하는 함(이하 "옥외소화전함"이라 한다)은 불연재료로 제작하고 옥외소화전으로부터 보행거리 5m 이하의 장소로서 화재발생시 쉽게 접근가능하고 화재 등의 피해를 받을 우려가 적은 장소에 설치할 것
3. 옥외소화전설비의 설치의 표시는 다음 각목에 정한 것에 의할 것

가. 옥외소화전함에는 그 표면에 "호스격납함"이라고 표시할 것. 다만, 호스접속구 및 개폐밸브를 옥외소화전함의 내부에 설치하는 경우에는 "소화전"이라고 표시할 수도 있다.

나. 옥외소화전에는 직근의 보기 쉬운 장소에 "소화전"이라고 표시할 것

4. 가압송수장치, 시동표시등, 물올림장치, 비상전원, 조작회로의 배선 및 배관등은 옥내소화전설비의 기준의 예에 준하여 설치할 것. 다만, 영 제18조의 규정에 따른 자체소방대를 둔 제조소등으로서 옥외소화전함 부근에 설치된 옥외전등에 비상전원이 공급되는 경우에는 옥외소화전함의 적색 표시등을 설치하지 아니할 수 있다.
5. 옥외소화전설비는 습식으로 하고 동결방지조치를 할 것. 다만, 동결방지조치가 곤란한 경우에는 습식 외의 방식으로 할 수 있다.

제131조(스프링클러설비의 기준) 스프링클러설비의 기준은 다음 각 호와 같다.〈2006. 8. 3 개정〉

1. 개방형스프링클러헤드는 방호대상물의 모든 표면이 헤드의 유효사정 내에 있도록 설치하고, 다음 각목에 정한 것에 의하여 설치할 것
   가. 스프링클러헤드의 반사판으로부터 하방으로 0.45m, 수평방향으로 0.3m의 공간을 보유할 것
   나. 스프링클러헤드는 헤드의 축심이 당해 헤드의 부착면에 대하여 직각이 되도록 설치할 것
2. 폐쇄형스프링클러헤드는 방호대상물의 모든 표면이 헤드의 유효사정 내에 있도록 설치하고, 다음 각목에 정한 것에 의하여 설치할 것
   가. 스프링클러헤드는 제1호가목 및 나목의 규정에 의할 것
   나. 스프링클러헤드의 반사판과 당해 헤드의 부착면과의 거리는 0.3m 이하일 것

다. 스프링클러헤드는 당해 헤드의 부착면으로부터 0.4m 이상 돌출한 보 등에 의하여 구획된 부분마다 설치할 것. 다만, 당해 보 등의 상호간의 거리(보 등의 중심선을 기산점으로 한다)가 1.8m 이하인 경우에는 그러하지 아니하다.

라. 급배기용 덕트 등의 긴변의 길이가 1.2m를 초과하는 것이 있는 경우에는 당해 덕트 등의 아래면에도 스프링클러헤드를 설치할 것

마. 스프링클러헤드의 부착위치는 (1) 및 (2)에 정한 것에 의할 것

(1) 가연성 물질을 수납하는 부분에 스프링클러헤드를 설치하는 경우에는 제1호가목의 규정에 불구하고 당해 헤드의 반사판으로부터 하방으로 0.9m, 수평방향으로 0.4m의 공간을 보유할 것

(2) 개구부에 설치하는 스프링클러헤드는 당해 개구부의 상단으로부터 높이 0.15m 이내의 벽면에 설치할 것

바. 건식 또는 준비작동식의 유수검지장치의 2차측에 설치하는 스프링클러헤드는 상향식 스프링클러헤드로 할 것. 다만, 동결할 우려가 없는 장소에 설치하는 경우는 그러하지 아니하다.

사. 스프링클러헤드는 그 부착장소의 평상시의 최고주위온도에 따라 다음 표에 정한 표시온도를 갖는 것을 설치할 것

부착장소의 최고주위온도 (단위 ℃)	표시온도 (단위 ℃)
28 미만	58 미만
28 이상 39 미만	58 이상 79 미만
39 이상 64 미만	79 이상 121 미만
64 이상 106 미만	121 이상 162 미만
106 이상	162 이상

3. 개방형스프링클러헤드를 이용하는 스프링클러설비에는 일제개방밸브 또는 수동식개방밸브를 다음 각목에 정한 것에 의하여 설치할 것

가. 일제개방밸브의 기동조작부 및 수동식개방밸브는 화재시 쉽게 접근 가능한 바닥면으로부터 1.5m 이하의 높이에 설치할 것

나. 가목에 정한 것 외에 일제개방밸브 또는 수동식개방밸브는 (1) 내지 (4)에 정한 것에 의할 것

(1) 방수구역마다 설치할 것

(2) 일제개방밸브 또는 수동식개방밸브에 작용하는 압력은 당해 일제개방밸브 또는 수동식 개방밸브의 최고사용압력 이하로 할 것

(3) 일제개방밸브 또는 수동식개방밸브의 2차측 배관부분에는 당해 방수구역에 방수하지 않고 당해 밸브의 작동을 시험할 수 있는 장치를 설치할 것

(4) 수동식개방밸브를 개방조작하는데 필요한 힘이 15kg 이하가 되도록 설치할 것

4. 개방형스프링클러헤드를 이용하는 스프링클러설비에 2 이상의 방사구역을 두는 경우에는 화재를 유효하게 소화할 수 있도록 인접하는 방사구역이 상호 중복되도록 할 것

5. 스프링클러설비에는 다음 각목에 정한 것에 의하여 각층 또는 방사구역마다 제어밸브를 설치할 것

가. 제어밸브는 개방형스프링클러헤드를 이용하는 스프링클러설비에 있어서는 방수구역마다, 폐쇄형스프링클러헤드를 사용하는 스프링클러설비에 있어서는 당해 방화대상물의 층마다, 바닥면으로부터 0.8m 이상 1.5m 이하의 높이에 설치할 것

나. 제어밸브에는 함부로 닫히지 아니하는 조치를 강구할 것

다. 제어밸브에는 직근의 보기 쉬운 장소에 "스프링클러설비의 제어밸브"라고 표시할 것

6. 자동경보장치는 다음 각목에 정한 것에 의하여 설치할 것. 다만, 자동화재탐지설비에 의하여 경보가 발하는 경우는 음향경보장치를 설치하지 아니할 수 있다.

가. 스프링클러헤드의 개방 또는 보조살수전의 개폐밸브의 개방에 의하여 경보를 발하도록 할 것

나. 발신부는 각층 또는 방수구역마다 설치하고 당해 발신부는 유수검지장치 또는 압력검지장치를 이용할 것

다. 나목의 유수검지장치 또는 압력검지장치에 작용하는 압력은 당해 유수검지장치 또는 압력검지장치의 최고사용압력 이하로 할 것

라. 수신부에는 스프링클러헤드 또는 화재감지용헤드가 개방된 층 또는 방수구역을 알 수 있는 표시장치를 설치하고, 수신부는 수위실 기타 상시 사람이 있는 장소(중앙관리실이 설치되어 있는 경우에는 당해 중앙관리실)에 설치 할 것

마. 하나의 방화대상물에 2 이상의 수신부가 설치되어 있는 경우에는 이들 수신부가 있는 장소 상호간에 동시에 통화할 수 있는 설비를 설치할 것

7. 유수검지장치는 다음 각목에 정한 것에 의하여 설치할 것

가. 유수검지장치의 1차측에는 압력계를 설치할 것

나. 유수검지장치의 2차측에 압력의 설정을 필요로 하는 스프링클러설비에는 당해 유수검지장치의 압력설정치보다 2차측의 압력이 낮아진 경우에 자동으로 경보를 발하는 장치를 설치할 것

8. 폐쇄형스프링클러헤드를 이용하는 스프링클러설비의 배관의 말단에는 유수검지장지 또는

압력검지장치의 작동을 시험하기 위한 밸브(이하 "말단시험밸브"라 한다)를 다음 각목에 의하여 설치할 것

가. 말단시험밸브는 유수검지장치 또는 압력검지장치를 설치한 배관의 계통마다 1개씩, 방수압력이 가장 낮다고 예상되는 배관의 부분에 설치할 것

나. 말단시험밸브의 1차측에는 압력계를, 2차측에는 스프링클러헤드와 동등의 방수성능을 갖는 오리피스 등의 시험용방수구를 설치할 것

다. 말단시험밸브에는 직근의 보기 쉬운 장소에 "말단시험밸브"라고 표시할 것

9. 스프링클러설비에는 다음 각목의 정한 것에 의하여 소방펌프자동차가 용이하게 접근할 수 있는 위치에 쌍구형의 송수구를 설치할 것

가. 전용으로 할 것

나. 송수구의 결합금속구는 탈착식 또는 나사식으로 하고 내경을 63.5㎜ 내지 66.5㎜로 할 것

다. 송수구의 결합금속구는 지면으로부터 0.5m 이상 1m 이하의 높이의 송수에 지장이 없는 위치에 설치할 것

라. 송수구는 당해 스프링클러설비의 가압송수장치로부터 유수검지장치·압력검지장치 또는 일제개방형밸브·수동식개방밸브까지의 배관에 전용의 배관으로 접속할 것

마. 송수구에는 그 직근의 보기 쉬운 장소에 "스프링클러용송수구"라고 표시하고 그 송수압력범위를 함께 표시할 것

10. 기동장치는 폐쇄형스프링클러헤드를 이용하는 스프링클러설비에 있어서는 자동식의 기동장치를 설치하고, 개방형스프링클러헤드를 이용하는 스프링클러설비에 있어서는 자동식의 기동장치 또는 수동식의 기동장치를 설치하여야 하며 그 기준은 다음 각목에 정한 것에 의할 것

가. 자동식의 기동장치는 (1) 또는 (2)에 정한 것에 의할 것

(1) 개방형스프링클러헤드를 이용하는 스프링클러설비는 자동화재탐지설비의 감지기의 작동, 화재감지기용 헤드의 작동 또는 개방에 의한 압력검지장치의 작동과 연동하여 가압송수장치 및 일제개방밸브가 기동될 수 있도록 할 것. 다만, 자동화재탐지설비의 수신기 또는 스프링클러설비의 표시장치가 설치되어 있는 장소에 상시 사람이 있고 화재시 즉시 당해 조작부를 작동시킬 수 있는 경우에는 그러하지 아니하다.

(2) 폐쇄형스프링클러헤드를 이용하는 스프링클러설비는 스프링클러헤드의 개방 또는 보조살수전의 개폐밸브의 개방에 의한 유수검지장치 또는 기동용수압개폐장치의

작동과 연동하여 가압송수장치가 기동될 수 있도록 할 것

나. 수동식의 기동장치는 (1) 및 (2)에 정한 것에 의할 것

(1) 직접조작 또는 원격조작에 의하여 각각 가압송수장치 및 수동식개방밸브 또는 압력송수장치 및 일제개방밸브를 기동할 수 있도록 할 것

(2) 2 이상의 방수구역을 갖는 스프링클러설비는 방수구역을 선택할 수 있는 구조로 할 것

11. 건식 또는 준비작동식의 유수검지장치가 설치되어 있는 스프링클러설비는 스프링클러헤드가 개방된 후 1분 이내에 당해 스프링클러헤드로부터 방수될 수 있도록 할 것

12. 가압송수장치, 물올림장치, 비상전원, 조작회로의 배선 및 배관 등은 옥내소화전설비의 예에 준하여 설치할 것

제132조(물분무소화설비의 기준) 물분무소화설비의 기준은 다음 각 호와 같다.

1. 물분무소화설비에 2 이상의 방사구역을 두는 경우에는 화재를 유효하게 소화할 수 있도록 인접하는 방사구역이 상호 중복되도록 할 것
2. 고압의 전기설비가 있는 장소에는 당해 전기설비와 분무헤드 및 배관과 사이에 전기절연을 위하여 필요한 공간을 보유할 것
3. 물분무소화설비에는 각층 또는 방사구역마다 제어밸브, 스트레이너 및 일제개방밸브 또는 수동식개방밸브를 다음 각목에 정한 것에 의하여 설치할 것〈2007. 12. 3 개정〉

가. 제어밸브 및 일제개방밸브 또는 수동식개방밸브는 스프링클러설비의 기준의 예에 의할 것

나. 스트레이너 및 일제개방밸브 또는 수동식개방밸브는 제어밸브의 하류측 부근에 스트레이너, 일제개방밸브 또는 수동식개방밸브의 순으로 설치할 것

4. 기동장치는 스프링클러설비의 기준의 예에 의할 것
5. 가압송수장치, 물올림장치, 비상전원, 조작회로의 배선 및 배관 등은 옥내소화전설비의 예에 준하여 설치할 것

제133조(포소화설비의 기준) 포소화설비의 기준은 다음 각 호와 같다.

1. 고정식의 포소화설비의 포방출구 등은 다음 각목에 정한 것에 의하여 설치할 것

가. 고정식 포방출구방식은 탱크에서 저장 또는 취급하는 위험물의 화재를 유효하게 소화할 수 있도록 포방출구, 당해 소화설비에 부속하는 보조포소화전 및 연결송액구를 다음에 정한 것에 의하여 설치할 것

(1) 포방출구는 다음에 정한 것에 의할 것〈2007. 12. 3 개정〉

(가) 포방출구는 다음의 구분에 의할 것

1) I형 : 고정지붕구조의 탱크에 상부포주입법(고정포방출구를 탱크옆판의 상부에 설치하여 액표면상에 포를 방출하는 방법을 말한다. 이하 같다)을 이용하는 것으로서 방출된 포가 액면 아래로 몰입되거나 액면을 뒤섞지 않고 액면상을 덮을 수 있는 통계단 또는 미끄럼판 등의 설비 및 탱크내의 위험물 증기가 외부로 역류되는 것을 저지할 수 있는 구조·기구를 갖는 포방출구

2) II형 : 고정지붕구조 또는 부상덮개부착고정지붕구조(옥외저장탱크의 액상에 금속제의 플로팅, 팬 등의 덮개를 부착한 고정지붕구조의 것을 말한다. 이하 같다)의 탱크에 상부포주입법을 이용하는 것으로서 방출된 포가 탱크옆판의 내면을 따라 흘러내려 가면서 액면 아래로 몰입되거나 액면을 뒤섞지 않고 액면상을 덮을 수 있는 반사판 및 탱크내의 위험물증기가 외부로 역류되는 것을 저지할 수 있는 구조·기구를 갖는 포방출구

3) 특형 : 부상지붕구조의 탱크에 상부포주입법을 이용하는 것으로서 부상지붕의 부상부분상에 높이 0.9m 이상의 금속제의 칸막이(방출된 포의 유출을 막을 수 있고 충분한 배수능력을 갖는 배수구를 설치한 것에 한한다)를 탱크옆판의 내측로부터 1.2m 이상 이격하여 설치하고 탱크옆판과 칸막이에 의하여 형성된 환상부분(이하 "환상부분"이라 한다)에 포를 주입하는 것이 가능한 구조의 반사판을 갖는 포방출구

4) Ⅲ형 : 고정지붕구조의 탱크에 저부포주입법(탱크의 액면하에 설치된 포방출구로부터 포를 탱크내에 주입하는 방법을 말한다)을 이용하는 것으로서 송포관(발포기 또는 포발생기에 의하여 발생된 포를 보내는 배관을 말한다. 당해 배관으로 탱크내의 위험물이 역류되는 것을 저지할 수 있는 구조·기구를 갖는 것에 한한다. 이하 같다)으로부터 포를 방출하는 포방출구

5) IV형 : 고정지붕구조의 탱크에 저부포주입법을 이용하는 것으로서 평상시에는 탱크의 액면하의 저부에 설치된 격납통(포를 보내는 것에 의하여 용이하게 이탈되는 캡을 갖는 것을 포함한다)에 수납되어 있는 특수호스 등이 송포관의 말단에 접속되어 있다가 포를 보내는 것에 의하여 특수호스 등이 전개되어 그 선단이 액면까지 도달한 후 포를 방출하는 포방출구

(나) 포방출구는 다음 표에 의하여 탱크의 직경, 구조 및 포방출구의 종류에 따른 수 이상의 개수를 탱크옆판의 외주에 균등한 간격으로 설치 할 것

<table>
<tr><th rowspan="3">탱크의 구조 및 포방출구의 종류
탱크직경</th><th colspan="4">포방출구의 개수</th></tr>
<tr><th colspan="2">고정지붕구조</th><th>부상덮개부착 고정지붕구조</th><th>부상지붕구조</th></tr>
<tr><th>Ⅰ형 또는 Ⅱ형</th><th>Ⅲ형 또는 Ⅳ형</th><th>Ⅱ형</th><th>특형</th></tr>
<tr><td>13m 미만</td><td rowspan="4">2</td><td rowspan="3">1</td><td>2</td><td>2</td></tr>
<tr><td>13m 이상 19m 미만</td><td>3</td><td>3</td></tr>
<tr><td>19m 이상 24m 미만</td><td>4</td><td>4</td></tr>
<tr><td>24m 이상 35m 미만</td><td>2</td><td>5</td><td>5</td></tr>
<tr><td>35m 이상 42m 미만</td><td>3</td><td>3</td><td>6</td><td>6</td></tr>
<tr><td>42m 이상 46m 미만</td><td>4</td><td>4</td><td>7</td><td>7</td></tr>
<tr><td>46m 이상 53m 미만</td><td>6</td><td>6</td><td>8</td><td>8</td></tr>
<tr><td>53m 이상 60m 미만</td><td>8</td><td>8</td><td>10</td><td rowspan="2">10</td></tr>
<tr><td>60m 이상 67m 미만</td><td rowspan="8">왼쪽란에 해당하는 직경의 탱크에는 Ⅰ형 Ⅱ형의 포방출구를 8개 설치하는 것 외에, 오른쪽란에 표시한 직경에 따른 포방출구의 수에서 8을 뺀 수의 Ⅲ형 또는 Ⅳ형의 포방출구를 폭 30m의 환상부분을 제외한 중심부의 액표면에 방출할 수 있도록 추가로 설치할 것</td><td>10</td><td rowspan="8"></td></tr>
<tr><td>67m 이상 73m 미만</td><td>12</td><td rowspan="2">12</td></tr>
<tr><td>73m 이상 79m 미만</td><td>14</td></tr>
<tr><td>79m 이상 85m 미만</td><td>16</td><td rowspan="2">14</td></tr>
<tr><td>85m 이상 90m 미만</td><td>18</td></tr>
<tr><td>90m 이상 95m 미만</td><td>20</td><td rowspan="2">16</td></tr>
<tr><td>95m 이상 99m 미만</td><td>22</td></tr>
<tr><td>99m 이상</td><td>24</td><td>18</td></tr>
</table>

(주) Ⅲ형의 포방출구를 이용하는 것은 온도 20℃의 물 100g에 용해되는 양이 1g 미만인 위험물(이하 "비수용성"이라 한다)이면서 저장온도가 50℃ 이하 또는 동점도(動粘度)가 100cSt 이하인 위험물을 저장 또는 취급하는 탱크에 한하여 설치 가능하다.

(다) 포방출구는 다음 표의 위험물의 구분 및 포방출구의 종류에 따라 정한 액표면적 1m^{2}당 필요한 포수용액양에 당해 탱크의 액표면적(특형의 포방출구를 설치하는 경우는 환상부분의 면적으로 한다. 이하 같다)을 곱하여 얻은 양을 동 표의 위험물의 구분 및 포방출구의 종류에 따라 정한 방출율(액표면적 1m^{2}당 매분당의 포수용액의 방출량) 이상으로 (나)의 표에서 정한 개수[고정지붕구조의 탱크 중 탱크직경이 24m 미만인 것은 당해 포방출구(Ⅲ형 및 Ⅳ형은 제외)의 개수에서 1을 뺀 개수]에 유효하게 방출할 수 있도록 설치할 것

포방출구 종류 / 위험물 구분(제4류 위험물중)	I형		II형		특형		III형		IV형	
	포수용액 (L/m^2)	방출량 (L/m^2·min)	포수용액 (L/m^2)	방출량 (L/m^2·min)	포수용액 (L/m^2)	방출량 (L/m^2·min)	포수용액 (L/m^2)	방출량 (L/m^2·min)	포수용액 (L/m^2)	방출량 (L/m^2·min)
인화점 21℃ 미만인 것	120	4	220	4	240	8	220	4	220	4
인화점 21℃ 이상 70℃ 미만인 것	80	4	120	4	160	8	120	4	120	4
인화점 70℃ 이상인 것	60	4	100	4	120	8	100	4	100	4

(라) 제4류 위험물 중 비수용성 외의 것에 대해서는 (다)의 표에 불구하고 표 1에서 정한 포수용액양 및 방출율에 표 2의 세부구분란의 품목에 따라 정한 계수를 각각 곱한 수치 이상으로 할 것

[표 1]

I형		II형		특형		III형		IV형	
포수용액 (L/m^2)	방출량 (L/m^2·min)	포수용액 (L/m^2)	방출량 (L/m^2·min)	포수용액 (L/m^2)	방출량 (L/m^2·min)	포수용액 (L/m^2)	방출량 (L/m^2·min)	포수용액 (L/m^2)	방출량 (L/m^2·min)
160	8	240	8	–	–	–	–	240	8

표 2

위험물의 구분		계수
종류	세부 구분	
알코올류	메틸알콜, 3-메틸2-부틸알콜, 에틸알콜, 아릴알콜, 1-펜틸알콜, 2-펜틸알콜, t-펜틸알콜, 이소펜틸알콜, 1-헥실알콜, 사이크로헥산올, 푸르푸릴알콜, 벤질알콜, 프로필렌글리콜, 에틸렌글리콜, 다이에틸렌 글리콜, 다이프로필렌 글리콜, 글리세린	1.0
	2-프로필알콜, 1-프로필알콜, 이소뷰틸알콜, 1-뷰틸알콜, 2-뷰틸알콜	1.25
	t-뷰틸 알콜	2.0
에터(ether)류	다이아이소소프로필에터, 에틸렌글리콜에틸에터, 에틸렌글리콜메틸에터, 다이에틸렌글리콜에틸에터, 다이에틸렌글리콜메틸에터	1.25
	1-4다이옥세인(다이옥산)	1.5
	다이에틸에터, 아세트알데하이드다이에틸아세탈, 에틸프로필에터, 테트라하이드로퓨란, 아이소뷰틸바이닐에터, 뷰틸에틸에터, 바이닐에틸에터	2.0

위험물의 구분		계수
종류	세부 구분	
에스터(ester)류	아세트산에틸(초산에틸), 폼산에틸(개미산에틸), 폼산메닐(개미산메틸), 아세트산메틸(초산메틸), 아세트산바이닐, 폼산프로필(개미산프로필), 아크릴산메틸, 아크릴산에틸, 메타크릴산메틸, 메타크릴산에틸, 아세트산프로필(초산프로필), 폼산뷰틸(개미산부틸), 에틸렌글리콜모노에틸에터아세테이크, 에틸렌글리콜모노메틸에터아세테이트	1.0
케톤류	아세톤, 메틸에틸케톤, 메틸아이소뷰틸케톤, 아세틸아세톤, 사이클로헥산온	1.0
알데하이드류	아크릴알데하이드(아크로레인), 크로톤알데하이드, 파라알데히드	1.25
	아세트알데하이드	
아민류	에틸렌다이아민, 사이클로헥실아민, 아닐린, 에탄올아민, 다이에탄올아민, 트라이에탄올아민	1.0
	에틸아민, 프로필아민, 알릴아민, 다이에틸아민, n-뷰틸아민, 아이소뷰틸아민, 트라이에틸아민, 펜틸아민, t-뷰틸아민	1.25
	아이소프로필아민	2.0
나이트릴류	아크릴로나이트릴, 아세트나이트릴, 뷰티로나이트릴	1.25
유기산	아세트산, 아세트산 무수물, 아크릴산, 프로피온산, 폼산(개미산)	1.25
그 밖의 비수용성 외의 것	프로필렌옥사이드, 그 밖의 것	2.0

(2) 보조포소화전은 (가) 내지 (다)에 정한 것에 의할 것

(가) 방유제 외측의 소화활동상 유효한 위치에 설치하되 각각의 보조포소화전 상호간의 보행거리가 75m 이하가 되도록 설치할 것

(나) 보조포소화전은 3개(호스접속구가 3개 미만인 경우에는 그 개수)의 노즐을 동시에 사용할 경우에 각각의 노즐선단의 방사압력이 0.35MPa 이상이고 방사량이 400L/min 이상의 성능이 되도록 설치할 것

(다) 보조포소화전은 옥외소화전설비의 옥외소화전의 기준의 예에 준하여 설치할 것

(3) 연결송액구는 다음 식에 의하여 구해진 수 이상을 스프링클러설비의 송수구 기준의 예에 의하여 설치할 것

$$N = \frac{Aq}{C}$$

N : 연결송액구의 설치수

A : 탱크의 최대수평단면적 (단위 m^2)

q : 제1호가목(1)(다)에서 정한 탱크의 액표면적 $1m^2$당 방사하여야 할 포수용액의 방출율(단위 L/min)

C : 연결송액구 1구단의 표준송액량(800 L/min)

나. 포헤드방식의 포헤드는 (1) 내지 (3)에 정한 것에 의하여 설치할 것

(1) 포헤드는 방호대상물의 모든 표면이 포헤드의 유효사정 내에 있도록 설치할 것

(2) 방호대상물의 표면적(건축물의 경우에는 바닥면적. 이하 같다) $9m^2$당 1개 이상의 헤드를, 방호대상물의 표면적 $1m^2$당의 방사량이 6.5 L/min 이상의 비율로 계산한 양의 포수용액을 표준방사량으로 방사할 수 있도록 설치 할 것

(3) 방사구역은 $100m^2$ 이상(방호대상물의 표면적이 $100m^2$ 미만인 경우에는 당해 표면적)으로 할 것

다. 포모니터노즐(위치가 고정된 노즐의 방사각도를 수동 또는 자동으로 조준하여 포를 방사하는 설비를 말한다. 이하 같다)방식의 포모니터노즐은 (1) 내지 (3)에 정한 것에 의하여 설치할 것

(1) 포모니터노즐은 옥외저장탱크 또는 이송취급소의 펌프설비 등이 안벽, 부두, 해상구조물, 그밖의 이와 유사한 장소에 설치되어 있는 경우에 당해 장소의 끝선(해면과 접하는 선)으로부터 수평거리 15m 이내의 해면 및 주입구 등 위험물취급설비의 모든 부분이 수평방사거리 내에 있도록 설치할 것. 이 경우에 그 설치개수가 1개인 경우에는 2개로 할 것

(2) 포모니터노즐은 소화활동상 지장이 없는 위치에서 기동 및 조작이 가능하도록 고정하여 설치할 것

(3) 포모니터노즐은 모든 노즐을 동시에 사용할 경우에 각 노즐선단의 방사량이 1900 L/min 이상이고 수평방사거리가 30m 이상이 되도록 설치할 것

2. 이동식포소화설비의 포소화전은 옥내에 설치하는 것은 옥내소화전설비의 옥내소화전, 옥외에 설치하는 것은 옥외소화전설비의 옥외소화전의 기준의 예에 의할 것

3. 수원의 수량은 다음 각목에 정한 양의 포수용액을 만들기 위하여 필요한 양 이상이 되도록 할 것

가. 포방출구방식의 것은 (1) 및 (2)에 정한 양의 합계량

(1) 고정식포방출구는 제1호가목(1)(다)의 표의 위험물의 구분 및 포방출구의 종류에 따라 정한 포수용액량에 당해 탱크의 액표면적을 곱한 양

(2) 보조포소화전은 제1호가목(2)(나)에 정한 방사량으로 20분간 방사할 수 있는 양

나. 포헤드방식의 것은 헤드가 가장 많이 설치된 방사구역의 모든 헤드를 동시에 사용할 경우에 제1호나목(2)에 정한 방사량으로 10분간 방사할 수 있는 양

다. 포모니터노즐방식의 것은 제1호다목(3)에 정한 방사량으로 30분간 방사할 수 있는 양

라. 이동식포소화설비는 4개(호스접속구가 4개 미만인 경우에는 그 개수)의 노즐을 동시에 사용할 경우에 각 노즐선단의 방사압력은 0.35MPa 이상이고 방사량은 옥내에 설치한 것은 200L/min 이상, 옥외에 설치 한 것은 400L/min 이상으로 30분간 방사할 수 있는 양

마. 가목 내지 라목에 정한 포수용액의 양 외에 배관내를 채우기 위하여 필요한 포수용액의 양

4. 포소화약제의 저장량은 제3호에 정한 포수용액량에 각 포소화약제의 적정희석용량농도를 곱하여 얻은 양 이상이 되도록 할 것

5. 포소화설비에 이용하는 포소화약제는 Ⅲ형의 방출구를 이용하는 것은 불화단백포소화약제 또는 수성막포소화약제로 하고, 그 밖의 것은 단백포소화약제(불화단백포소화약제를 포함한다. 이하 같다) 또는 수성막포소화약제로 할 것. 이 경우에 수용성 위험물에 사용하는 것은 수용성액체용포소화약제로 하여야 한다.

6. 물올림장치, 조작회로의 배선 및 배관 등은 옥내소화전설비의 기준의 예에 준하여 설치할 것

7. 가압송수장치는 다음 각목에 정한 것에 의하여 설치할 것

가. 고가수조를 이용하는 가압송수장치는 다음에 정한 것에 의할 것

(1) 가압송수장치의 낙차(수조의 하단으로부터 포방출구까지의 수직거리를 말한다. 이하 이 호에서 같다)는 다음 식에 의하여 구한 수치 이상으로 할 것

$H = h1 + h2 + h3$

H : 필요한 낙차 (단위 m)

h1 : 고정식포방출구의 설계압력 환산수두 또는 이동식포소화설비 노즐 방사압력 환산수두(단위 m)

h2 : 배관의 마찰손실수두 (단위 m)

h3 : 이동식포소화설비의 소방용 호스의 마찰손실수두 (단위 m)

(2) 고가수조에는 수위계, 배수관, 오버플로우용 배수관, 보급수관 및 맨홀을 설치할 것

나. 압력수조를 이용하는 가압송수장치는 다음에 정한 것에 의할 것

(1) 가압송수장치의 압력수조의 압력은 다음 식에 의하여 구한 수치 이상으로 할 것

$P = p1 + p2 + p3 + p4$

P : 필요한 압력 (단위 MPa)

p1 : 고정식포방출구의 설계압력 또는 이동식포소화설비 노즐방사압력 (단위 MPa)

p2 : 배관의 마찰손실수두압 (단위 MPa)

p3 : 낙차의 환산수두압 (단위 MPa)

p4 : 이동식포소화설비의 소방용 호스의 마찰손실수두압 (단위 MPa)

(2) 압력수조의 수량은 당해 압력수조 체적의 2/3 이하일 것

(3) 압력수조에는 압력계, 수위계, 배수관, 보급수관, 통기관 및 맨홀을 설치할 것

다. 펌프를 이용하는 가압송수장치는 다음에 정한 것에 의할 것

(1) 펌프의 토출량은 고정식포방출구의 설계압력 또는 노즐의 방사압력의 허용범위로 포수용액을 방출 또는 방사하는 것이 가능한 양으로 할 것

(2) 펌프의 전양정은 다음 식에 의하여 구한 수치 이상으로 할 것

H = h1 + h2 + h3 + h4

H : 펌프의 전양정(단위 m)

h1 : 고정식포방출구의 설계압력환산수두 또는 이동식포소화설비 노즐 선단의 방사압력 환산수두 (단위 m)

h2 : 배관의 마찰손실수두 (단위 m)

h3 : 낙차 (단위 m)

h4 : 이동식포소화설비의 소방용호스의 마찰손실수두 (단위 m)

(3) 펌프의 토출량이 정격토출량의 150%인 경우에는 전양정은 정격전양정의 65% 이상일 것

(4) 펌프는 전용으로 할 것. 다만, 다른 소화설비와 병용 또는 겸용하여도 각각의 소화설비의 성능에 지장을 주지 아니하는 경우에는 그러하지 아니하다.

(5) 펌프에는 토출측에 압력계, 흡입측에 연성계를 설치할 것

(6) 가압송수장치에는 정격부하운전시 펌프의 성능을 시험하기 위한 배관설비를 설치할 것

(7) 가압송수장치에는 체절운전시에 수온상승방지를 위한 순환배관을 설치할 것

(8) 원동기는 전동기 또는 내연기관에 의한 것으로 할 것

(9) 펌프를 시동한 후 5분 이내에 포수용액을 포방출구 등까지 송액할 수 있도록 하거나 또는 펌프로부터 포방출구 등까지의 수평거리를 500m 이내로 할 것

라. 가압송수장치는 직접조작에 의해서만 정지되도록 할 것

마. 소방용호스 및 배관의 마찰손실계산은 Hazen & Williams 공식에 의할 것

바. 가압송수장치에는 포방출구의 방출압력 또는 노즐선단의 방사압력이 당해 포방출구 또는 노즐의 성능범위의 상한치를 초과하지 않도록 조치를 할 것

8. 기동장치는 자동식의 기동장치 또는 수동식의 기동장치를 설치하여야 하며 그 기준은 다

음 각목에 정한 것에 의할 것

가. 자동식기동장치는 자동화재탐지설비의 감지기의 작동 또는 폐쇄형스프링클러헤드의 개방과 연동하여 가압송수장치, 일제개방밸브 및 포소화약제혼합장치가 기동될 수 있도록 할 것. 다만, 자동화재탐지설비의 수신기가 설치되어 있는 장소에 상시 사람이 있고 화재시 즉시 당해 조작부를 작동시킬 수 있는 경우에는 그러하지 아니하다.

나. 수동식기동장치는 다음에 정한 것에 의할 것

(1) 직접조작 또는 원격조작에 의하여 가압송수장치, 수동식개방밸브 및 포소화약제 혼합장치를 기동할 수 있을 것

(2) 2 이상의 방사구역을 갖는 포소화설비는 방사구역을 선택할 수 있는 구조로 할 것

(3) 기동장치의 조작부는 화재시 용이하게 접근이 가능하고 바닥면으로부터 0.8m 이상 1.5m 이하의 높이에 설치할 것

(4) 기동장치의 조작부에는 유리 등에 의한 방호조치가 되어 있을 것

(5) 기동장치의 조작부 및 호스접속구에는 직근의 보기 쉬운 장소에 각각 "기동장치의 조작부" 또는 "접속구"라고 표시할 것

9. 자동경보장치는 스프링클러설비의 기준의 예에 의할 것

10. 비상전원은 제3호가목 내지 동호라목에 정한 방사시간의 1.5배 이상 소화설비를 작동시킬 수 있는 용량으로 하고 옥내소화전설비의 기준의 예에 의할 것

제134조(불활성가스소화설비의 기준) 불활성가스소화설비의 기준은 다음 각 호와 같다. 〈2015. 5. 6 개정〉〈2016. 6. 10. 개정〉

1. 전역방출방식의 불활성가스소화설비의 분사헤드는 다음 각목에 정한 것에 의할 것

가. 방사된 소화약제가 방호구역의 전역에 균일하고 신속하게 방사할 수 있도록 설치할 것

나. 분사헤드의 방사압력은 다음에 정한 기준에 의할 것

(1) 이산화탄소를 방사하는 분사헤드 중 고압식의 것(소화약제가 상온으로 용기에 저장되어 있는 것을 말한다. 이하 같다.)에 있어서는 2.1MPa 이상, 저압식의 것(소화약제가 영하 18℃ 이하의 온도로 용기에 저장되어 있는 것을 말한다. 이하 같다)에 있어서는 1.05MPa 이상일 것

(2) 질소(이하 "IG-100"이라 한다.), 질소와 아르곤의 용량비가 50대50인 혼합물(이하 "IG-55"라 한다.) 또는 질소와 아르곤과 이산화탄소의 용량비가 52대40대8인 혼합물(이하 "IG-541"이라 한다.)을 방사하는 분사헤드는 1.9MPa 이상일 것

다. 이산화탄소를 방사하는 것은 제3호가목에 정하는 소화약제의 양을 60초 이내에

균일하게 방사하고, IG-100, IG-55 또는 IG-541을 방사하는 것은 제3호가목에 정하는 소화약제의 양의 95% 이상을 60초 이내에 방사할 것

2. 국소방출방식(이산화탄소 소화약제에 한한다)의 불활성가스소화설비(이산화탄소소화설비에 한한다)의 분사헤드는 제1호나목(1)의 예에 의하는 것 외에 다음 각목에 정한 것에 의할 것
   가. 분사헤드는 방호대상물의 모든 표면이 분사헤드의 유효사정 내에 있도록 설치할 것
   나. 소화약제의 방사에 의해서 위험물이 비산되지 않는 장소에 설치할 것
   다. 제3호나목에 정하는 소화약제의 양을 30초 이내에 균일하게 방사할 것
3. 불활성가스소화약제의 저장용기에 저장하는 소화약제의 양은 다음 각목에 정하는 것에 의할 것
   가. 전역방출방식의 불활성가스소화설비 중 이산화탄소를 방사하는 것은 (1)부터 (3)까지에 정하는 것에 의하여 산출된 양 이상으로 하고, IG-100, IG-55 또는 IG-541을 방사하는 것은 (4)에 정하는 것에 의하여 산출된 양 이상으로 할 것
      (1) 다음 표의 방호구역의 체적에 따라 방호구역의 체적 $1m^3$당 소화약제의 양의 비율로 계산한 양. 다만, 그 양이 동표의 소화약제총량의 최저한도 미만인 경우에는 당해 최저한도의 양으로 한다.

방호구역의 체적 (단위 m^3)	방호구역의 체적 $1m^3$당 소화약제의 양 (단위 kg)	소화약제총량의 최저한도 (단위 kg)
5 미만	1.20	-
5 이상 15 미만	1.10	6
15 이상 45 미만	1.00	17
45 이상 150 미만	0.90	45
150 이상 1,500 미만	0.80	135
1,500 이상	0.75	1,200

      (2) 방호구역의 개구부에 자동폐쇄장치(60분+방화문, 30분방화문 또는 불연재료의 문으로 이산화탄소소화약제가 방사되기 직전에 개구부를 자동으로 폐쇄하는 장치를 말한다. 이하 같다)를 설치하지 않은 경우에는 (1)에 의하여 산출된 양에 당해 개구부의 면적 $1m^2$당 5kg의 비율로 계산한 양을 가산한 양
      (3) 방호구역내에서 저장 또는 취급하는 위험물에 따라 별표 2에 정한 소화약제에 따른 계수를 (1) 및 (2)에 의하여 산출된 양에 곱해서 얻은 양
      (4) IG-100, IG-55 또는 IG-541을 방사하는 것은 다음 표의 소화약제의 종류에 따라 방호구역의 체적 $1m^3$당 소화약제의 양의 비율로 계산한 양에 방호구역내에서

저장 또는 취급하는 위험물에 따라 별표 2에 정한 소화약제에 따른 계수를 곱해서 얻은 양

소화약제 종류	방호구역의 체적 $1m^3$당 소화약제의 양 (단위 m^3 : 1기압, 20℃ 기준)
IG-100	0.516
IG-55	0.477
IG-541	0.472

나. 국소방출방식의 불활성가스소화설비는 (1) 또는 (2)에 의하여 산출된 양에 저장 또는 취급하는 위험물에 따라 별표 2에 정한 소화약제에 따른 계수를 곱하고 다시 고압식인 것은 1.4를, 저압식인 것은 1.1을 각각 곱한 양 이상으로 할 것

(1) 면적식 국소방출방식

액체 위험물을 상부를 개방한 용기에 저장하는 경우 등 화재시 연소면이 한면에 한정되고 위험물이 비산할 우려가 없는 경우에는 방호대상물의 표면적(당해 방호대상물의 한변의 길이가 0.6m 이하인 경우에는 당해 변의 길이를 0.6m로 해서 계산한 면적. 이하 같다) $1m^2$당 13kg의 비율로 계산한 양

(2) 용적식 국소방출방식

(1)의 경우 외의 경우에는 다음 식에 의하여 구해진 양에 방호공간[방호대상물의 모든 부분(지반면에 접한 바닥면은 제외)으로부터 0.6m 외부로 이격된 부분에 의하여 둘러싸여진 부분을 말한다. 이하 같다.]의 체적을 곱한 양

$$Q = 8 - 6\frac{a}{A}$$

Q : 단위체적당 소화약제의 양 (단위 kg/m^3)

a : 방호대상물의 주위에 실제로 설치된 고정벽(방호대상물로부터 0.6m 미만의 거리에 있는 것에 한한다. 이하 같다)의 면적의 합계 (단위 m^2)

A : 방호공간 전체둘레의 면적 (단위 m^2)

다. 전역방출방식 또는 국소방출방식의 불활성가스소화설비를 설치한 동일 제조소등에 방호구역 또는 방호대상물이 2 이상 있을 경우에는 각 방호구역 또는 방호대상물에 대해서 가목 및 나목에 의하여 계산한 양 중에서 최대의 양 이상으로 할 수가 있다. 다만, 방호구역 또는 방호대상물이 서로 인접하여 있을 경우에는 하나의 저장용기를 공용할 수 없다.

라. 이동식 불활성가스소화설비는 하나의 노즐마다 90kg 이상의 양으로 할 것

4. 전역방출방식 또는 국소방출방식의 불활성가스소화설비는 다음 각목에 정한 것에 의할 것

가. 방호구역의 환기설비 또는 배출설비는 소화약제 방사 전에 정지할 수 있는 구조로 할 것

나. 전역방출방식의 불활성가스소화설비를 설치한 방화대상물 또는 그 부분의 개구부는 다음에 정한 것에 의할 것

(1) 이산화탄소를 방사하는 것은 다음에 의할 것

(가) 층고의 2/3 이하의 높이에 있는 개구부로서 방사한 소화약제의 유실의 우려가 있는 것에는 소화약제 방사 전에 폐쇄할 수 있는 자동폐쇄장치를 설치할 것

(나) 자동폐쇄장치를 설치하지 아니한 개구부 면적의 합계수치는 방호대상물의 전체둘레의 면적(방호구역의 벽, 바닥 및 천정 또는 지붕면적의 합계를 말한다. 이하 같다)의 수치의 1% 이하일 것

(2) IG-100, IG-55 또는 IG-541을 방사하는 것은 모든 개구부에 소화약제 방사 전에 폐쇄할 수 있는 자동폐쇄장치를 설치할 것

다. 저장용기에 충전은 다음에 의할 것

(1) 이산화탄소를 소화약제로 하는 경우에 저장용기의 충전비(용기내용적의 수치와 소화약제중량의 수치와의 비율을 말한다. 이하 같다)는 고압식인 경우에는 1.5 이상 1.9 이하이고, 저압식인 경우에는 1.1 이상 1.4 이하일 것

(2) IG-100, IG-55 또는 IG-541을 소화약제로 하는 경우에는 저장용기의 충전압력을 21℃의 온도에서 32MPa 이하로 할 것

라. 저장용기는 다음에 정하는 것에 의하여 설치할 것

(1) 방호구역 외의 장소에 설치할 것

(2) 온도가 40℃ 이하이고 온도 변화가 적은 장소에 설치할 것

(3) 직사일광 및 빗물이 침투할 우려가 적은 장소에 설치할 것

(4) 저장용기에는 안전장치(용기밸브에 설치되어 있는 것을 포함한다. 이하 이 조, 제135조 및 제136조에서 같다)를 설치할 것

(5) 저장용기의 외면에 소화약제의 종류와 양, 제조년도 및 제조자를 표시할 것

마. 배관은 다음에 정하는 것에 의할 것

(1) 전용으로 할 것

(2) 이산화탄소를 방사하는 것은 다음에 의할 것

(가) 강관의 배관은「압력 배관용 탄소강관」(KS D 3562) 중에서 고압식인 것은 스케줄80 이상, 저압식인 것은 스케줄40 이상의 것 또는 이와 동등 이상의 강도를 갖는 것으로서 아연도금 등에 의한 방식처리를 한 것을 사용할 것

(나) 동관의 배관은「이음매 없는 구리 및 구리합금 관」(KS D 5301) 또는 이와 동

등 이상의 강도를 갖는 것으로서 고압식인 것은 16.5MPa 이상, 저압식인 것은 3.75MPa 이상의 압력에 견딜 수 있는 것을 사용할 것

(다) 관이음쇠는 고압식인 것은 16.5MPa 이상, 저압식인 것은 3.75MPa 이상의 압력에 견딜 수 있는 것으로서 적절한 방식처리를 한 것을 사용할 것

(라) 낙차(배관의 가장 낮은 위치로부터 가장 높은 위치까지의 수직거리를 말한다. 제135조에서 같다)는 50m 이하일 것

(3) IG-100, IG-55 또는 IG-541을 방사하는 것은 다음에 의할 것. 다만, 압력조절장치의 2차측 배관은 온도 40℃에서 최고조절압력에 견딜 수 있는 강도를 갖는 강관(아연도금 등에 의한 방식처리를 한 것에 한한다) 또는 동관을 사용할 수 있고, 선택밸브 또는 폐쇄밸브를 설치하는 경우에는 저장용기로부터 선택밸브 또는 폐쇄밸브까지의 부분에 온도 40℃에서 내부압력에 견딜 수 있는 강도를 갖는 강관(아연도금 등에 의한 방식처리를 한 것에 한한다) 또는 동관을 사용할 수 있다.

(가) 강관의 배관은 「압력 배관용 탄소강관」(KS D 3562) 중에서 스케줄40 이상의 것 또는 이와 동등 이상의 강도를 갖는 것으로서 아연도금 등에 의한 방식처리를 한 것을 사용할 것

(나) 동관의 배관은 「이음매 없는 구리 및 구리합금 관」(KS D 5301) 또는 이와 동등 이상의 강도를 갖는 것으로서 16.5MPa 이상의 압력에 견딜 수 있는 것을 사용할 것

(다) 관이음쇠는 배관의 예에 의할 것

(4) 관이음쇠는 고압식인 것은 16.5MPa 이상, 저압식인 것은 3.75MPa 이상의 압력에 견딜 수 있는 것으로서 적절한 방식처리를 한 것을 사용할 것

(5) 낙차(배관의 가장 낮은 위치로부터 가장 높은 위치까지의 수직거리를 말한다. 제135조에서 같다)는 50m 이하일 것

바. 고압식저장용기에는 용기밸브를 설치할 것

사. 이산화탄소를 저장하는 저압식저장용기에는 다음에 정하는 것에 의할 것

(1) 이산화탄소를 저장하는 저압식저장용기에는 액면계 및 압력계를 설치할 것

(2) 이산화탄소를 저장하는 저압식저장용기에는 2.3MPa 이상의 압력 및 1.9MPa 이하의 압력에서 작동하는 압력경보장치를 설치할 것

(3) 이산화탄소를 저장하는 저압식저장용기에는 용기내부의 온도를 영하 20℃ 이상 영하 18℃ 이하로 유지할 수 있는 자동냉동기를 설치할 것

(4) 이산화탄소를 저장하는 저압식저장용기에는 파괴판을 설치할 것

(5) 이산화탄소를 저장하는 저압식저장용기에는 방출밸브를 설치할 것

아. 선택밸브는 다음에 정한 것에 의할 것

(1) 저장용기를 공용하는 경우에는 방호구역 또는 방호대상물마다 선택밸브를 설치할 것

(2) 선택밸브는 방호구역 외의 장소에 설치할 것

(3) 선택밸브에는 "선택밸브"라고 표시하고 선택이 되는 방호구역 또는 방호대상물을 표시할 것

자. 저장용기와 선택밸브 또는 개폐밸브(이하 "선택밸브등"이라 한다)사이에는 안전장치 또는 파괴판을 설치할 것

차. 기동용가스용기는 다음에 정한 것에 의할 것

(1) 기동용가스용기는 25MPa 이상의 압력에 견딜 수 있는 것일 것

(2) 기동용가스용기의 내용적은 1L 이상으로 하고 당해 용기에 저장하는 이산화탄소의 양은 0.6kg 이상으로 하되 그 충전비는 1.5 이상일 것

(3) 기동용가스용기에는 안전장치 및 용기밸브를 설치할 것

카. 기동장치는 다음에 정한 것에 의할 것

(1) 이산화탄소를 방사하는 것의 기동장치는 수동식으로 하고(다만, 상주인이 없는 대상물 등 수동식에 의하는 것이 적당하지 아니한 경우에는 자동식으로 할 수 있다.), IG-100, IG-55 또는 IG-541을 방사하는 것의 기동장치는 자동식으로 할 것

(2) 수동식의 기동장치는 다음에 정한 것에 의할 것

(가) 기동장치는 당해 방호구역 밖에 설치하되 당해 방호구역 안을 볼 수 있고 조작을 한 자가 쉽게 대피할 수 있는 장소에 설치할 것

(나) 기동장치는 하나의 방호구역 또는 방호대상물마다 설치할 것

(다) 기동장치의 조작부는 바닥으로부터 0.8m 이상 1.5m 이하의 높이에 설치할 것

(라) 기동장치에는 직근의 보기 쉬운 장소에 "불활성가스소화설비의 수동식 기동장치임을 알리는 표시를 할 것"라고 표시할 것

(마) 기동장치의 외면은 적색으로 할 것

(바) 전기를 사용하는 기동장치에는 전원표시등을 설치할 것

(사) 기동장치의 방출용스위치 등은 음향경보장치가 기동되기 전에는 조작될 수 없도록 하고 기동장치에 유리 등에 의하여 유효한 방호조치를 할 것

(아) 기동장치 또는 직근의 장소에 방호구역의 명칭, 취급방법, 안전상의 주의사항 등을 표시할 것

(3) 자동식의 기동장치는 다음에 정한 것에 의할 것

(가) 기동장치는 자동화재탐지설비의 감지기의 작동과 연동하여 기동될 수 있도록 할 것

(나) 기동장치에는 다음에 정한 것에 의하여 자동수동전환장치를 설치할 것

1) 쉽게 조작할 수 있는 장소에 설치할 것

2) 자동 및 수동을 표시하는 표시등을 설치할 것

3) 자동수동의 전환은 열쇠 등에 의하는 구조로 할 것

(다) 자동수동전환장치 또는 직근의 장소에 취급방법을 표시할 것

타. 음향경보장치는 다음에 정한 것에 의할 것

(1) 수동 또는 자동에 의하여 기동장치의 조작·작동과 연동하여 자동으로 경보를 발하도록 하고 소화약제 방사 전에 차단되지 않도록 할 것

(2) 음향경보장치는 방호구역 또는 방호대상물에 있는 모든 사람에게 소화약제가 방사된다는 사실을 유효하게 알릴 수 있도록 할 것

(3) 전역방출방식인 것에 설치하는 음향경보장치는 음성에 의한 경보장치로 할 것

파. 불활성가스소화설비를 설치한 장소에는 방출된 소화약제 및 연소가스를 안전한 장소로 배출하기 위한 조치를 할 것

하. 전역방출방식인 것에는 다음에 정하는 안전조치를 할 것

(1) 기동장치의 방출용스위치 등의 작동으로부터 저장용기의 용기밸브 또는 방출밸브의 개방까지의 시간이 20초 이상 되도록 지연장치를 설치할 것

(2) 수동기동장치에는 (1)에 정한 시간내에 소화약제가 방출되지 않도록 조치를 할 것

(3) 방호구역의 출입구 등 보기 쉬운 장소에 소화약제가 방출된다는 사실을 알리는 표시등을 설치할 것

거. 비상전원은 자가발전설비 또는 축전지설비에 의하고 그 용량은 당해 설비를 유효하게 1시간 작동할 수 있는 용량 이상으로 하는 외에 제129조제6호나목·다목·라목의 기준의 예에 의할 것

너. 조작회로, 음향경보장치회로 및 표시등회로(제135조 및 제136조에서 "조작회로등"이라 한다)의 배선은 제129조제7호의 기준의 예에 의할 것

더. 불활성가스소화설비에 사용하는 소화약제는 이산화탄소, IG-100, IG-55 또는 IG-541로 하되, 국소방출방식의 불활성가스소화설비에 사용하는 소화약제는 이산화탄소로 할 것

러. 전역방출방식의 불활성가스소화설비에 사용하는 소화약제는 다음 표에 의할 것. 다만, 방호구획 체적이 1,000m^3 이상인 제4류 위험물을 저장 또는 취급하는 제조소등

과 제4류 외의 위험물을 저장 또는 취급하는 제조소등에 있어서 「소방시설 설치 및 관리에 관한 법률」 및 「소방용품의 품질관리 등에 관한 규칙」에 따른 「가스계소화설비 설계프로그램의 성능인증 및 제품검사의 기술기준」에 적합한 경우에는 IG-100, IG-55 또는 IG-541 소화약제를 사용할 수 있다.

제조소등의 구분		소화약제 종류
제4류 위험물을 저장 또는 취급하는 제조소등	방호구획의 체적이 1000m^3 이상의 것	이산화탄소
	방호구획의 체적이 1000m^3 미만의 것	이산화탄소, IG-100, IG-55, IG-541
제4류 외의 위험물을 저장 또는 취급하는 제조소등		이산화탄소

머. 전역방출방식의 불활성가스소화설비 중 IG-100, IG-55 또는 IG-541을 방사하는 것은 방호구역내의 압력상승을 방지하는 조치를 강구할 것

5. 이동식 불활성가스소화설비는 다음 각목에 정하는 것에 의할 것
   가. 제4호다목(1)・라목(2)(3)(4)・마목(1)(2) 및 바목에 정한 것에 의할 것
   나. 노즐은 온도 20℃에서 하나의 노즐마다 90kg/min 이상의 소화약제를 방사할 수 있을 것
   다. 저장용기의 용기밸브 또는 방출밸브는 호스의 설치장소에서 수동으로 개폐할 수 있을 것
   라. 저장용기는 호스를 설치하는 장소마다 설치할 것
   마. 저장용기의 직근의 보기 쉬운 장소에 적색등을 설치하고 이동식 불활성가스소화설비임을 알리는 표시를 할 것
   바. 화재시 연기가 현저하게 충만할 우려가 있는 장소 외의 장소에 설치할 것
   사. 이동식 불활성가스소화설비에 사용하는 소화약제는 이산화탄소로 할 것

제135조(할로젠화합물소화설비의 기준) 할로젠화합물소화설비의 기준은 다음 각 호와 같다.〈2015. 5. 6. 개정〉〈2016. 6. 10. 개정〉〈2018. 3. 27. 개정〉

1. 전역방출방식 할로젠화합물소화설비의 분사헤드는 다음 각목에 의하여 설치할 것
   가. 방사된 소화약제가 방호구역의 전역에 균일하고 신속하게 확산할 수 있도록 설치할 것
   나. 다이브로모테트라플루오로에탄(이하 "하론2402"라 한다)을 방사하는 분사헤드는 당해 소화약제를 무상(霧狀)으로 방사하는 것일 것
   다. 분사헤드의 방사압력은 하론2402를 방사하는 것은 0.1MPa 이상, 브로모클로로다이플루오로메탄(이하 "하론1211"이라 한다.)을 방사하는 것은 0.2MPa 이상, 브로모트라이플루오로메탄(이하 "하론1301"이라 한다.)을 방사하는 것은 0.9MPa 이상, 트라이플루오로메탄(이하 "HFC-23"이라 한다.)을 방사하는 것은 0.9MPa 이상, 펜타플루오

로에탄(이하 "HFC-125"라 한다.)을 방사하는 것은 0.9MPa 이상, 헵타플루오로프로판(이하 "HFC-227ea"라 한다.), 도데카플루오로-2-메틸펜탄-3-온(이하 "FK-5-1-12"라 한다.)을 방사하는 것은 0.3MPa 이상일 것

라. 하론 2402, 하론1211 또는 하론 1301을 방사하는 것은 제3호가목에 정하는 소화약제의 양을 30초 이내에 균일하게 방사하고, HFC-23, HFC-125, HFC-227ea 또는 FK-5-1-12를 방사하는 것은 제3호가목에 정하는 소화약제의 양을 10초 이내에 균일하게 방사할 것

2. 국소방출방식의 할로젠화합물소화설비의 분사헤드는 제1호가목・나목 및 다목(HFC-23, HFC-125, HFC-227ea 또는 FK-5-1-12 에 관련된 부분을 제외한다.)의 예에 의하는 것 외에 다음 각목에 정하는 것에 의하여 설치할 것

가. 분사헤드는 방호대상물의 모든 표면이 분사헤드의 유효사정 내에 있도록 설치할 것

나. 소화약제의 방사에 의하여 위험물이 비산되지 않는 장소에 설치할 것

다. 제3호나목에 정하는 소화약제의 양을 30초 이내에 균일하게 방사할 것

3. 할로젠화합물 소화약제의 저장용기 또는 저장탱크에 저장하는 소화약제의 양은 다음 각목에 정하는 것에 의할 것

가. 전역방출방식의 할로젠화합물소화설비 중 하론 2402, 하론1211 또는 하론 1301을 방사하는 것은 (1)부터 (3)까지에 정하는 것에 의하여 산출된 양 이상으로 하고, HFC-23, HFC-125, HFC-227ea 또는 FK-5-1-12를 방사하는 것은 (4)에 정하는 것에 의하여 산출된 양 이상으로 할 것

(1) 방호구역의 체적 $1m^3$당 소화약제의 양이 하론2402에 있어서는 0.40kg, 하론1211에 있어서는 0.36kg, 하론1301에 있어서는 0.32kg의 비율로 계산한 양

(2) 방호구역의 개구부에 자동폐쇄장치를 설치하지 않은 경우에는 (1)에 의하여 산출된 양에 당해 개구부의 면적 $1m^2$당 하론2402에 있어서는 3.0kg, 하론1211에 있어서는 2.7kg, 하론1301에 있어서는 2.4kg의 비율로 계산한 양을 가산한 양

(3) 방호구역내에서 저장 또는 취급하는 위험물에 따라 별표 2에 정한 소화약제에 따른 계수를 (1) 및 (2)에 의하여 산출된 양에 곱해서 얻은 양

(4) HFC-23, HFC-125, HFC-227ea 또는 FK-5-1-12를 방사하는 것은 다음 표의 소화약제의 종류에 따라 방호구역의 체적 $1m^3$당 소화약제의 양의 비율로 계산한 양에 방호구역내에서 저장 또는 취급하는 위험물에 따라 별표 2에 정한 소화약제에 따른 계수를 곱해서 얻은 양

소화약제 종류	방호구역의 체적 $1m^3$당 소화약제의 양 (단위 kg)
HFC-23 HFC-125	0.52
HFC-227ea	0.55
FK-5-1-12	0.84

나. 국소방출방식의 할로젠화합물소화설비는 (1) 또는 (2)에 의하여 산출된 양에 저장 또는 취급하는 위험물에 따라 별표 2에 정한 소화약제에 따른 계수를 곱하고 다시 하론2402 또는 하론1211에 있어서는 1.1, 하론1301에 있어서는 1.25를 각각 곱한 양 이상으로 할 것

(1) 면적식의 국소방출방식

액체 위험물을 상부를 개방한 용기에 저장하는 경우 등 화재시 연소면이 한면에 한정되고 위험물이 비산할 우려가 없는 경우에는 방호대상물의 표면적 $1m^2$당 하론2402에 있어서는 8.8kg, 하론1211에 있어서는 7.6kg, 하론1301에 있어서는 6.8kg의 비율로 계산한 양

(2) 용적식의 국소방출방식

(1)의 경우 외의 경우에는 다음 식에 의하여 구해진 양에 방호공간의 체적을 곱한 양

$$Q = X - Y\frac{a}{A}$$

Q : 단위체적당 소화약제의 양(단위 kg/m^3)

a : 방호대상물 주위에 실제로 설치된 고정벽의 면적의 합계(단위 m^2)

A : 방호공간 전체둘레의 면적(단위 m^2)

X 및 Y : 다음 표에 정한 소화약제의 종류에 따른 수치

소화약제의 종별	X의 수치	Y의 수치
하론 2402	5.2	3.9
하론 1211	4.4	3.3
하론 1301	4.0	3.0

다. 전역방출방식 또는 국소방출방식의 할로젠화합물소화설비를 설치한 동일 제조소등에 방호구역 또는 방호대상물이 2 이상 있을 경우에는 각 방호구역 또는 방호대상물에 대해서 가목 및 나목에 의하여 계산한 양 중에서 최대의 양 이상으로 할 수가 있다. 다만, 방호구역 또는 방호대상물이 서로 인접하여 있을 경우에는 하나의 저장용기를 공용할 수 없다.

라. 이동식할로젠화합물소화설비는 하나의 노즐마다 다음 표에 정한 소화약제의 종류에

따른 양 이상으로 할 것

소화약제의 종별	소화약제의 양(단위 kg)
하론 2402	50
하론 1211 또는 하론 1301	45

4. 전역방출방식 또는 국소방출방식의 할로젠화합물소화설비는 다음 각목에 정한 것에 의할 것
   가. 제134조제4호가목 및 파목의 규정의 예에 의할 것
   나. 할로젠화합물소화설비에 사용하는 소화약제는 하론2402, 하론 1211, 하론 1301, HFC-23, HFC-125, HFC-227ea 또는 FK-5-1-12로 할 것
   다. 저장용기등의 충전비는 하론2402 중에서 가압식저장용기등에 저장하는 것은 0.51 이상 0.67 이하, 축압식저장용기등에 저장하는 것은 0.67 이상 2.75 이하, 하론1211은 0.7 이상 1.4 이하, 하론1301 및 HFC-227ea는 0.9 이상 1.6 이하, HFC-23 및 HFC-125는 1.2 이상 1.5 이하, FK-5-1-12는 0.7이상 1.6 이하 일 것
   라. 저장용기는 제134조제4호라목의 규정의 예에 의하는 것 외에 다음에 정한 것에 의할 것
      (1) 가압식저장용기등에는 방출밸브를 설치할 것
      (2) 보기 쉬운 장소에 충전소화약제량, 소화약제의 종류, 최고사용압력(가압식의 것에 한한다), 제조년도 및 제조자명을 표시할 것
   마. 축압식저장용기등은 온도 21℃에서 하론1211을 저장하는 것은 1.1MPa 또는 2.5MPa, 하론1301, HFC-227ea 또는 FK-5-1-12를 저장하는 것은 2.5MPa 또는 4.2MPa이 되도록 질소가스로 축압할 것
   바. 가압용가스용기는 질소가스가 충전되어 있는 것일 것
   사. 가압용가스용기에는 안전장치 및 용기밸브를 설치할 것
   아. 배관은 다음에 정한 것에 의할 것
      (1) 전용으로 할 것
      (2) 강관의 배관은 하론2402에 있어서는 「배관용탄소강관」(KSD3507), 하론1211, 하론1301, HFC-227ea, HFC-23, HFC-125 또는 FK-5-1-12에 있어서는 「압력배관용탄소강관」(KS D 3562) 중에서 스케줄 40 이상의 것 또는 이와 동등 이상의 강도를 갖는 것으로서 아연도금 등에 의한 방식처리를 한 것을 사용할 것
      (3) 동관의 배관은 「이음매없는구리및구리합금관」(KS D 5301) 또는 이와 동등 이상의 강도 및 내식성을 갖는 것을 사용할 것
      (4) 관이음쇠 및 밸브류는 강관이나 동관 또는 이와 동등 이상의 강도 및 내식성을 갖는 것일 것

(5) 낙차는 50m 이하일 것

자. 저장용기(축압식의 것으로서 내부압력이 1.0MPa 이상인 것에 한한다)에는 용기밸브를 설치할 것

차. 가압식의 것에는 2.0MPa 이하의 압력으로 조정할 수 있는 압력조정장치를 설치할 것

카. 선택밸브는 제134조제4호아목의 규정의 예에 의할 것

타. 저장용기등과 선택밸브등 사이에는 안전장치 또는 파괴판을 설치할 것

파. 기동용가스용기 및 기동장치는 제134조제4호차목·카목의 규정의 예에 의할 것. 다만, 기동장치는 하론 2402, 하론1211 또는 하론 1301을 방사하는 것의 기동장치는 수동식으로 하고(다만, 상주인이 없는 대상물 등 수동식에 의하는 것이 적당하지 아니한 경우에는 자동식으로 할 수 있다.), HFC-23, HFC-125, HFC-227ea 또는 FK-5-1-12를 방사하는 것의 기동장치는 자동식으로 하여야 한다.

하. 음향경보장치는 제134조제4호타목의 규정을 준용 할 것

거. 전역방출방식인 것에는 다음에 정하는 안전조치를 할 것

(1) 기동장치의 방출용스위치 등의 작동으로부터 저장용기등의 용기밸브 또는 방출밸브의 개방까지의 시간이 20초 이상으로 되도록 지연장치를 설치할 것. 다만, 하론1301을 방사하는 것은 지연장치를 설치하지 않을 수 있다.

(2) 수동기동장치에는 (1)에 정한 시간내에 소화약제가 방출되지 않도록 조치를 할 것

(3) 방호구역의 출입구 등 보기 쉬운 장소에 소화약제가 방출된다는 사실을 알리는 표시등을 설치할 것

너. 비상전원 및 조작회로등의 배선은 제134조제4호거목 및 너목의 규정의 예에 의할 것

더. 전역방출방식의 할로젠화합물소화설비를 설치한 방화대상물 또는 그 부분의 개구부는 다음에 정한 것에 의할 것

(1) 하론2402, 하론1211 또는 하론1301를 방사하는 것은 다음에 의한 것

(가) 층고의 2/3 이하의 높이에 있는 개구부로서 방사한 소화약제의 유실의 우려가 있는 것에는 소화약제 방사 전에 폐쇄할 수 있는 자동폐쇄장치를 설치할 것

(나) 자동폐쇄장치를 설치하지 아니한 개구부 면적의 합계수치는 방호대상물의 전체둘레의 면적(방호구역의 벽, 바닥 및 천정 또는 지붕면적의 합계를 말한다. 이하 같다)의 수치의 1% 이하일 것

(2) HFC-23, HFC-125, HFC-227ea 또는 FK-5-1-12를 방사하는 것은 모든 개구부에 소화약제 방사 전에 폐쇄할 수 있는 자동폐쇄장치를 설치할 것

러. 국소방출방식의 할로젠화합물소화설비에 사용하는 소화약제는 하론 2402, 하론1211

또는 하론 1301로 할 것

머. 전역방출방식의 할로젠화합물소화설비에 사용하는 소화약제는 다음 표에 의할 것. 다만, 방호구획 체적이 1,000m^3 이상인 제4류 위험물을 저장 또는 취급하는 제조소등과 제4류외의 위험물을 저장 또는 취급하는 제조소등에 있어서 「소방시설 설치 및 관리에 관한 법률」 및 「소방용품의 품질관리 등에 관한 규칙」에 따른 「가스계소화설비 설계프로그램의 성능인증 및 제품검사의 기술기준」에 적합한 경우에는 HFC-23, HFC-125, HFC-227ea 또는 FK-5-1-12 소화약제를 사용할 수 있다.

제조소등의 구분		소화약제 종류
제4류 위험물을 저장 또는 취급하는 제조소등	방호구획의 체적이 1000m^3 이상의 것	하론 2402, 하론 1211 또는 하론 1301
	방호구획의 체적이 1000m^3 미만의 것	하론 2402, 하론 1211, 하론 1301, HFC-23, HFC-125, HFC-227ea 또는 FK-5-1-12
제4류 외의 위험물을 저장 또는 취급하는 제조소등		하론 2402, 하론 1211 또는 하론 1301

버. 전역방출방식의 할로젠화합물소화설비 중 HFC-23, HFC-125, HFC-227ea 또는 FK-5-1-12를 방사하는 것은 방호구역내의 압력상승을 방지하는 조치를 강구할 것

5. 이동식할로젠화합물소화설비는 다음 각목에 정한 것에 의할 것

가. 제134조제4호라목(2)·(3), 같은 조 제5호다목부터 바목까지, 이 조 제4호다목·라목·마목부터 자목까지 및 같은 호 더목(1)의 규정(HFC-23, HFC-125, HFC-227ea 또는 FK-5-1-12와 관련된 부분은 제외한다.)의 예에 의할 것

나. 하나의 노즐마다 온도 20℃에서 1분당 다음 표에 정한 소화약제의 종류에 따른 양 이상을 방사할 수 있도록 할 것

소화약제의 종별	소화약제의 양(단위 kg)
하론 2402	45
하론 1211	40
하론 1301	35

다. 이동식 할로젠화합물소화설비의 소화약제는 하론2402, 하론1211 또는 하론1301로 할 것

제136조(분말소화설비의 기준) 분말소화설비의 기준은 다음 각 호와 같다. 〈2015. 5. 6 개정〉

1. 전역방출방식의 분말소화설비의 분사헤드는 다음 각목에 정한 것에 의할 것

가. 방사된 소화약제가 방호구역의 전역에 균일하고 신속하게 확산할 수 있도록 설치할 것

나. 분사헤드의 방사압력은 0.1MPa 이상일 것

다. 제3호가목에 정하는 소화약제의 양을 30초 이내에 균일하게 방사할 것

2. 국소방출방식의 분말소화설비의 분사헤드는 제1호나목의 예에 의하는 것 외에 다음 각목에 의할 것

가. 분사헤드는 방호대상물의 모든 표면이 분사헤드의 유효사정 내에 있도록 설치할 것

나. 소화약제의 방사에 의하여 위험물이 비산되지 않는 장소에 설치할 것

다. 제3호나목에 정하는 소화약제의 양을 30초 이내에 균일하게 방사할 것

3. 분말 소화약제의 저장용기 또는 저장탱크에 저장하는 소화약제의 양은 다음 각목에 정하는 것에 의할 것

가. 전역방출방식의 분말소화설비는 다음에 정하는 것에 의하여 산출된 양 이상으로 할 것

(1) 다음 표에 정한 소화약제의 종별에 따른 양의 비율로 계산한 양

소화약제의 종별	방호구역의 체적 $1m^3$당 소화약제의 양 (단위 kg)
탄산수소나트륨을 주성분으로 한 것 (이하 "제1종 분말"이라 한다)	0.60
탄산수소칼륨을 주성분으로 한 것 (이하 "제2종 분말"이라 한다) 또는 인산염류등을 주성분으로 한 것 (인산암모늄을 90% 이상 함유한 것에 한한다. 이하 "제3종 분말"이라 한다)	0.36
탄산수소칼륨과 요소의 반응생성물(이하 "제4종 분말"이라 한다)	0.24
특정의 위험물에 적응성이 있는 것으로 인정되는 것 (이하 "제5종 분말"이라 한다)	소화약제에 따라 필요한 양

(2) 방호구역의 개구부에 자동폐쇄장치를 설치하지 않은 경우에는 (1)에 의하여 산출된 양에 다음 표에 정한 소화약제의 종별에 따른 양의 비율로 계산한 양을 가산한 양

소화약제의 종별	개구부의 면적 $1m^2$당 소화약제의 양 (단위 kg)
제1종 분말	4.5
제2종 분말 또는 제3종 분말	2.7
제4종 분말	1.8
제5종 분말	소화약제에 따라 필요한 양

(3) 방호구역내에서 저장 또는 취급하는 위험물에 따라 별표 2에 정한 소화약제에 따른 계수를 (1) 및 (2)에 의하여 산출된 양에 곱해서 얻은 양

나. 국소방출방식의 분말소화설비는 (1) 또는 (2)에 의하여 산출된 양에 저장 또는 취급하는 위험물에 따라 별표 2에 정한 소화약제에 따른 계수를 곱하고 다시 1.1을 곱한 양 이상으로 할 것

(1) 면적식의 국소방출방식

액체 위험물을 상부를 개방한 용기에 저장하는 경우 등 화재시 연소면이 한면에 한

정되고 위험물이 비산할 우려가 없는 경우에는 다음 표에 정한 비율로 계산한 양

소화약제의 종별	방호대상물의 표면적 $1m^2$당 소화약제의 양 (단위 kg)
제1종 분말	8.8
제2종 분말 또는 제3종 분말	5.2
제4종 분말	3.6
제5종 분말	소화약제에 따라 필요한 양

(2) 용적식의 국소방출방식

(1)의 경우 외의 경우에는 다음 식에 의하여 구해진 양에 방호공간의 체적을 곱한 양

$$Q = X - Y\frac{a}{A}$$

Q : 단위체적당 소화약제의 양 (단위 kg/m^3)

a : 방호대상물의 주위에 실제로 설치된 고정벽의 면적의 합계 (단위 m^2)

A : 방호공간 전체둘레의 면적 (단위 m^2)

X 및 Y : 다음 표에 정한 소화약제의 종류에 따른 수치

소화약제의 종별	X의 수치	Y의 수치
제1종 분말	5.2	3.9
제2종 분말 또는 제3종 분말	3.2	2.4
제4종 분말	2.0	1.5
제5종 분말	소화약제에 따라 필요한 양	

다. 전역방출방식 또는 국소방출방식의 분말소화설비를 설치한 동일 제조소등에 방호구역 또는 방호대상물이 2 이상 있을 경우에는 각 방호구역 또는 방호대상물에 대해서 가목 및 나목에 의하여 계산한 양 중에서 최대의 양 이상으로 할 수가 있다. 다만, 방호구역 또는 방호대상물이 서로 인접하여 있을 경우에는 하나의 저장용기를 공용할 수 없다.

라. 이동식분말소화설비는 하나의 노즐마다 다음 표에 정한 소화약제의 종류에 따른 양 이상으로 할 것

소화약제의 종별	소화약제의 양 (단위 kg)
제1종 분말	50
제2종 분말 또는 제3종 분말	30
제4종 분말	20
제5종 분말	소화약제에 따라 필요한 양

4. 전역방출방식 또는 국소방출방식의 분말소화설비의 기준은 다음 각 호에 정한 것에 의할 것
   가. 제134조제4호 가목 및 나목(1)의 규정의 예에 의할 것
   나. 분말소화설비에 사용하는 소화약제는 제1종분말, 제2종분말, 제3종분말, 제4종분말 또는 제5종분말로 할 것
   다. 저장용기등의 충전비는 다음 표에 정한 소화약제의 종별에 따른 것으로 할 것

소화약제의 종별	충전비의 범위
제1종 분말	0.85 이상 1.45 이하
제2종 분말 또는 제3종 분말	1.05 이상 1.75 이하
제4종 분말	1.50 이상 2.50 이하

   라. 저장용기등은 제134조제4호라목의 규정의 예에 의하는 것 외에 다음에 정하는 것에 의할 것
      (1) 저장탱크는 「압력용기－설계 및 제조 일반」(KS B 6750)의 기준에 적합한 것 또는 이와 동등 이상의 강도 및 내식성이 있는 것을 사용할 것
      (2) 저장용기등에는 안전장치를 설치할 것
      (3) 저장용기(축압식인 것은 내압력이 1.0MPa인 것에 한한다)에는 용기밸브를 설치 할것
      (4) 가압식의 저장용기등에는 방출밸브를 설치할 것
      (5) 보기 쉬운 장소에 충전소화약제량, 소화약제의 종류, 최고사용압력(가압식인 것에 한한다) 제조년월 및 제조자명을 표시할 것
   마. 저장용기등에는 잔류가스를 배출하기 위한 배출장치를, 배관에는 잔류소화약제를 처리하기 위한 클리닝장치를 설치할 것
   바. 가압용가스용기는 저장용기등의 직근에 설치되고 확실하게 접속되어 있을 것
   사. 가압용 가스용기에는 안전장치 및 용기밸브를 설치할 것
   아. 가압용 또는 축압용 가스는 다음에 정하는 것에 의할 것
      (1) 가압용 또는 축압용 가스는 질소 또는 이산화탄소로 할 것
      (2) 가압용 가스로 질소를 사용하는 것은 소화약제 1kg당 온도 35℃에서 0MPa의 상태로 환산한 체적 40L이상, 이산화탄소를 사용하는 것은 소화약제 1kg당 20g에 배관의 청소에 필요한 양을 더한 양 이상일 것
      (3) 축압용 가스로 질소가스를 사용하는 것은 소화약제 1kg당 온도 35℃에서 0MPa의 상태로 환산한 체적 10L에 배관의 청소에 필요한 양을 더한 양 이상, 이산화탄소를 사용하는 것은 소화약제 1kg당 20g에 배관의 청소에 필요한 양을 더한 양 이

상일 것

(4) 클리닝에 필요한 양의 가스는 별도의 용기에 저장할 것

자. 배관은 다음에 정하는 것에 의할 것

(1) 전용으로 할 것

(2) 강관의 배관은 「배관용탄소강관」(KSD3507)에 적합하고 아연도금 등에 의하여 방식처리를 한 것 또는 이와 동등 이상의 강도 및 내식성을 갖는 것을 사용할 것. 다만, 축압식인 것 중에서 온도 20℃에서 압력이 2.5MPa을 초과하고 4.2MPa 이하인 것에 있어서는 「압력배관용탄소강관」(KS D 3562) 중에서 스케쥴40 이상이고 아연도금 등에 의하여 방식처리를 한 것 또는 이와 동등 이상의 강도와 내식성이 있는 것을 사용할 것

(3) 동관의 배관은 「이음매없는구리및구리합금관」(KS D 5301) 또는 이와 동등 이상의 강도 및 내식성을 갖는 것으로 조정압력 또는 최고사용압력의 1.5배 이상의 압력에 견딜 수 있는 것을 사용할 것

(4) 관이음쇠는 「나사식강관제관이음쇠」(KS B 1533), 「나사식가단주철제관이음쇠」(KS B 1531), 「강제용접식관플랜지」(KS B 1503), 「스테인리스강제용접식플랜지」(KS B 1506), 「배관용 강제맞대기용접식관이음쇠」(KS B 1541) 또는 이와 동등 이상의 강도, 내식성 및 내열성을 갖는 것으로 할 것

(5) 밸브류는 다음에 정한 것에 의할 것

(가) 소화약제를 방사하는 경우에 현저하게 소화약제와 가압용・축압용가스가 분리되거나 소화약제가 잔류할 우려가 없는 구조일 것

(나) 접속할 관의 구경에 맞는 규격일 것

(다) 재질은 「주강 플랜지형 밸브」(KS B 2361), 「구상흑연주철품」(KS D 4302)로서 방식처리가 된 것 또는 이와 동등 이상의 강도, 내식성 및 내열성을 갖는 것으로 할 것

(라) 밸브류는 개폐위치 또는 개폐방향을 표시할 것

(마) 방출밸브 및 가압용가스용기밸브의 수동조작부는 화재시 쉽게 접근 가능하고 안전한 장소에 설치할 것

(6) 저장용기등으로부터 배관의 굴곡부까지의 거리는 관경의 20배 이상 되도록 할 것 다만, 소화약제와 가압용・축압용가스가 분리되지 않도록 조치를 한 경우에는 그러하지 아니하다.

(7) 낙차는 50m 이상일 것

(8) 동시에 방사하는 분사헤드의 방사압력이 균일하도록 설치할 것

차. 가압식의 분말소화설비에는 2.5MPa 이하의 압력으로 조정할 수 있는 압력조정기를 설치할 것

카. 가압식의 분말소화설비에는 다음에 정하는 것에 의하여 정압작동장치를 설치할 것

(1) 기동장치의 작동후 저장용기등의 압력이 설정압력이 되었을 때 방출밸브를 개방시키는 것일 것

(2) 정압작동장치는 저장용기등마다 설치할 것

타. 축압식의 분말소화설비에는 사용압력의 범위를 녹색으로 표시한 지시압력계를 설치할 것

파. 선택밸브는 제134조제4호아목의 규정의 예에 의할 것

하. 저장용기등과 선택밸브등 사이에는 안전장치 또는 파괴판을 설치할 것

거. 기동용가스용기는 제134조제4호차목의 규정의 예에 의하는 것 외에 다음에 정하는 것에 의할 것

(1) 내용적은 0.27L 이상으로 하고 당해 용기에 저장하는 가스의 양은 145g 이상일 것

(2) 충전비는 1.5 이상일 것

너. 기동장치는 제134조제4호카목(IG-100, IG-55 또는 IG-541과 관련된 부분은 제외한다)의 규정의 예에 의할 것

더. 음향경보장치는 제134조제4호타목의 규정의 예에 의할 것

러. 전역방출방식인 것에는 제134조제4호하목(IG-100, IG-55 또는 IG-541과 관련된 부분은 제외한다)의 규정의 예에 의할 것

머. 비상전원 및 조작회로등의 배선은 제134조제4호 거목・너목의 규정의 예에 의할 것

5. 이동식분말소화설비는 다음 각 호에 정한 것에 의할 것

가. 제134조제5호다목 내지 바목, 이 조 제4호나목 내지 자목・타목의 규정의 예에 의할 것

나. 하나의 노즐마다 매분당 소화약제 방사량은 다음 표에 정한 소화약제의 종류에 따른 양 이상으로 할 것

소화약제의 종류	소화약제의 양 (단위 kg)
제1종 분말	45 〈50〉
제2종 분말 또는 제3종 분말	27 〈30〉
제4종 분말	18 〈20〉

(비고) 오른쪽란에 기재된 〈 〉 속의 수치는 전체 소화약제의 양임

APPENDIX

Extinguishing Agent

부록 II

국가화재안전기준에 따른 소화설비의 화재안전기준 (일부요약정리)

1. 물분무소화설비의 화재안전기준(NFSC 104)

제1조(목적) 이 기준은 물분무등소화설비인 물분무소화설비의 설치유지 및 안전관리에 필요한 사항을 규정함을 목적으로 한다.

제2조(적용범위) 소방시설설치유지및안전관리에관한법률(이하 "법"이라 한다) 제9조제1항 및 동법률시행령(이하 "영"이라 한다) 별표 4소화설비의 소방시설 적용기준란 제5호에 따른 물분무소화설비는 이 기준에서 정하는 규정에 따라 설비를 설치하고 유지·관리하여야 한다.

제3조(정의) 이 기준에서 사용하는 용어의 정의는 다음과 같다.

1. "물분무헤드"란 화재시 직선류 또는 나선류의 물을 충돌·확산시켜 미립상태로 분무함으로서 소화하는 헤드를 말한다.
2. "고가수조"란 구조물 또는 지형지물 등에 설치하여 자연낙차 압력으로 급수하는 수조를 말한다.
3. "압력수조"란 소화용수와 공기를 채우고 일정압력 이상으로 가압하여 그 압력으로 급수하는 수조를 말한다.
4. "급수배관"이란 수원 및 옥외송수구로부터 물분무헤드에 급수하는 배관을 말한다.
5. "진공계"란 대기압 이하의 압력을 측정하는 계측기를 말한다.
6. "연성계"란 대기압 이상의 압력과 대기압 이하의 압력을 측정할 수 있는 계측기를 말한다.
7. "기동용수압개폐장치"란 소화설비의 배관내 압력변동을 검지하여 자동적으로 펌프를 기동 및 정지시키는 것으로서 압력챔버 또는 기동용압력스위치 등을 말한다.
8. "일제개방밸브"란 화재발생시 자동 또는 수동식 기동장치에 따라 밸브가 열려지는 것을

말한다.

9. "가압수조"란 가압원인 압축공기 또는 불연성 고압기체에 따라 소방용수를 가압시키는 수조를 말한다. (2008.12.15 신설)

제4조(수원)

① 물분무소화설비의 수원은 그 저수량이 다음 각호의 기준에 적합하도록 하여야 한다.

1. 소방기본법시행령 별표 2의 특수가연물을 저장 또는 취급하는 소방대상물 또는 그 부분에 있어서 그 바닥면적(최대 방수구역의 바닥면적을 기준으로 하며, $50m^2$ 이하인 경우에는 $50m^2$) $1m^2$에 대하여 10 L/min로 20분간 방수할 수 있는 양 이상으로 할 것 (2008.12.15 개정)
2. 차고 또는 주차장에 있어서는 그 바닥면적(최대 방수구역의 바닥면적을 기준으로 하며, $50m^2$ 이하인 경우에는 $50m^2$) $1m^2$에 대하여 20 L/min로 20분간 방수할 수 있는 양 이상으로 할 것(2008.12.15 개정)
3. 절연유 봉입 변압기에 있어서는 바닥부분을 제외한 표면적을 합한 면적 $1m^2$에 대하여 10 L/min로 20분간 방수할 수 있는 양 이상으로 할 것
4. 케이블트레이, 케이블덕트 등에 있어서는 투영된 바닥면적 $1m^2$에 대하여 12 L/min로 20분간 방수할 수 있는 양 이상으로 할 것
5. 콘베이어 벨트 등에 있어서는 벨트부분의 바닥면적 $1m^2$에 대하여 10 L/min로 20분간 방수할 수 있는 양 이상으로 할 것

② 물분무소화설비의 수원을 수조로 설치하는 경우에는 소방설비의 전용수조로 하여야 한다. 다만, 다음 각 호의 어느 하나에 해당하는 경우에는 그러하지 아니하다.

1. 물분무소화설비 펌프의 후드밸브 또는 흡수배관의 흡수구(수직회전축펌프의 흡수구를 포함한다. 이하 같다)를 다른 설비(소방용 설비 외의 것을 말한다. 이하 같다)의 후드밸브 또는 흡수구보다 낮은 위치에 설치한 때
2. 제5조제2항에 따른 고가수조로부터 물분무소화설비의 수직배관에 물을 공급하는 급수구를 다른 설비의 급수구보다 낮은 위치에 설치한 때

③ 제1항에 따른 저수량을 산정함에 있어서 다른 설비와 겸용하여 물분무소화설비용 수조를 설치하는 경우에는 물분무소화설비의 후드밸브·흡수구 또는 수직배관의 급수구와 다른 설비의 후드밸브·흡수구 또는 수직배관의 급수구와의 사이의 수량을 그 유효수량으로 한다.

제5조(가압송수장치)

① 전동기 또는 내연기관에 따른 펌프를 이용하는 가압송수장치는 다음 각호의 기준에 따라 설치하여야 한다.(2008.12.15 개정)

1. 점검에 편리하고 화재 등의 재해로 인한 피해를 받을 우려가 없는 곳에 설치할 것
2. 펌프의 1분당 토출량은 다음의 기준에 따라 설치할 것
   가. 소방기본법시행령 별표 2의 특수가연물을 저장·취급하는 소방대상물 또는 그 부분에 있어서는 그 바닥면적 (최대 방수구역의 바닥면적을 기준으로 하며, $50m^2$ 이하인 경우에는 $50m^2$) $1m^2$에 대하여 10L를 곱한 양 이상이 되도록 할 것 (2008.12.15 개정)
   나. 차고 또는 주차장에 있어서는 그 바닥면적 (최대 방수구역의 바닥면적을 기준으로 하며, $50m^2$ 이하인 경우에는 $50m^2$) $1m^2$에 대하여 20L를 곱한 양 이상이 되도록 할 것 (2008.12.15 개정)
   다. 절연유 봉입 변압기에 있어서는 바닥면적을 제외한 표면적을 합한 면적 $1m^2$당 10L를 곱한 양 이상이 되도록 할 것
   라. 케이블트레이, 케이블덕트 등에 있어서는 투영된 바닥면적 $1m^2$당 12L를 곱한 양 이상이 되도록 할 것
   마. 콘베이어 벨트 등에 있어서는 벨트부분의 바닥면적 $1m^2$당 10L를 곱한 양 이상이 되도록 할 것
3. 펌프의 양정은 다음의 식에 따라 산출한 수치 이상이 되도록 할 것

   $H = h_1 + h_2$

   H = 펌프의 양정(m)

   h_1= 물분무헤드의 설계압력 환산수두(m)

   h_2= 배관의 마찰손실 수두(m)
4. 동결방지조치를 하거나 동결의 우려가 없는 장소에 설치할 것
5. 펌프는 전용으로 할 것. 다만, 다른 소화설비와 겸용하는 경우 각각의 소화설비의 성능에 지장이 없을 때에는 그러하지 아니하다.
6. 펌프의 토출측에는 압력계를 체크밸브이전에 펌프토출측 플랜지에서 가까운 곳에 설치하고, 흡입측에는 연성계 또는 진공계를 설치할 것. 다만, 수원의 수위가 펌프의 위치보다 높거나 수직회전축 펌프의 경우에는 연성계 또는 진공계를 설치하지 아니할 수 있다.
7. 가압송수장치에는 정격부하운전시 펌프의 성능을 시험하기 위한 배관을 설치할 것. 다

만, 충압펌프의 경우에는 그러하지 아니하다.

8. 가압송수장치에는 체절운전시 수온의 상승을 방지하기 위한 순환배관을 설치할 것. 다만, 충압펌프의 경우에는 그러하지 아니하다.
9. 기동용수압개폐장치(압력챔버)를 사용할 경우 그 용적은 100 L 이상의 것으로 할 것
10. 수원의 수위가 펌프보다 낮은 위치에 있는 가압송수장치에는 다음의 기준에 따른 물올림장치를 설치할 것
    가. 물올림장치에는 전용의 수조를 설치할 것
    나. 수조의 유효수량은 100 L 이상으로 하되, 구경 15㎜ 이상의 급수배관에 따라 해당수조에 물이 계속 보급되도록 할 것
11. 기동용수압개폐장치를 기동장치로 사용할 경우에는 다음의 각목의 기준에 따른 충압펌프를 설치할 것
    가. 펌프의 토출압력은 그 설비의 최고위 물분무헤드의 자연압보다 적어도 0.2 MPa이 더 크도록 하거나 가압송수장치의 정격토출압력과 같게 할 것(2008.12.15 개정)
    나. 펌프의 정격토출량은 정상적인 누설량보다 적어서는 아니되며, 물분무소화설비가 자동적으로 작동할 수 있도록 충분한 토출량을 유지할 것
12. 내연기관을 사용하는 경우에는 제어반에 따라 내연기관의 자동기동 및 수동기동이 가능하고, 상시 충전되어 있는 축전지설비를 갖출 것
13. 가압송수장치에는 "물분무소화설비펌프"라고 표시한 표지를 할 것. 이 경우 그 가압송수장치를 다른 설비와 겸용하는 때에는 그 겸용되는 설비의 이름을 표시한 표지를 함께 하여야 한다.
14. 가압송수장치가 기동이 된 경우에는 자동으로 정지되지 아니하도록 하여야 한다. 다만, 충압펌프의 경우에는 그러하지 아니한다.(2008.12.15 단서 신설)

② 고가수조의 자연낙차를 이용한 가압송수장치는 다음 각호의 기준에 따라 설치하여야 한다.

1. 고가수조의 자연낙차수두(수조의 하단으로부터 최고층에 설치된 물분무헤드까지의 수직거리를 말한다)는 다음의 식에 따라 산출한 수치 이상이 되도록 할 것

   $H = h_1 + h_2$

   H : 필요한 낙차(m)

   h_1: 물분무헤드의 설계압력 환산수두(m)

   h_2: 배관의 마찰손실 수두(m)

2. 고가수조에는 수위계·배수관·급수관·오버플로우관 및 맨홀을 설치할 것

③ 압력수조를 이용한 가압송수장치는 다음 각호의 기준에 따라 설치하여야 한다.

1. 압력수조의 압력은 다음의 식에 따라 산출한 수치 이상이 되도록 할 것

$$P = p_1 + p_2 + p_3$$

P : 필요한 압력(MPa)

p_1: 물분무헤드의 설계압력(MPa)

p_2: 배관의 마찰손실 수두압(MPa)

p_3: 낙차의 환산수두압(MPa)

2. 압력수조에는 수위계·급수관·배수관·급기관·맨홀·압력계·안전장치 및 압력저하방지를 위한 자동식 공기압축기를 설치할 것

④ 가압수조를 이용한 가압송수장치는 다음 각호의 기준에 따라 설치하여야 한다. (2008.12.15 신설)

1. 가압수조의 압력은 제1항제10호에 따른 방수량 및 방수압이 20분 이상 유지되도록 할 것
2. 가압수조의 수조는 최대상용압력 1.5배의 물의 압력을 가하는 경우 물이 새지 않고 변형이 없을 것.
3. 가압수조 및 가압원은 「건축법 시행령」 제46조에 따른 방화구획된 장소에 설치 할 것
4. 가압수조에는 수위계·급수관·배수관·급기관·압력계· 안전장치 및 수조에 소화수와 압력을 보충할 수 있는 장치를 설치할 것
5. 가압수조를 이용한 가압송수장치는 소방용기계기구의 형식승인 등에 관한 규칙 제31조 및 별표14 제30호에 적합한 것으로 설치할 것

2. 미분무소화설비의 화재안전기준(NFSC 104A)

제1조(목적)

이 기준은 소화설비인 미분무소화설비의 설치유지 및 안전관리에 필요한 사항을 규정함을 목적으로 한다.

제2조(적용범위)

「소방시설 설치유지 및 안전관리에 관한 법률」(이하 "법"이라 한다) 제9조제1항 및 같은 법 시행령(이하 "영"이라 한다) 별표 4 소화설비의 소방시설 적용기준란 제5호에 따른 미분무소화설비는 이 기준에서 정하는 규정에 따라 설비를 설치하고 유지·관리하여야 한다.

제3조(정의) 이 기준에서 사용하는 용어의 정의는 다음과 같다.

1. "미분무소화설비"란 가압된 물이 헤드 통과 후 미세한 입자로 분무됨으로써 소화성능을 가지는 설비를 말하며, 소화력을 증가시키기 위해 강화액 등을 첨가할 수 있다.
2. "미분무"란 물만을 사용하여 소화하는 방식으로 최소설계압력에서 헤드로부터 방출되는 물입자 중 99 %의 누적체적분포가 400 ㎛ 이하로 분무되고 A,B,C급화재에 적응성을 갖는 것을 말한다.
3. "미분무헤드"란 하나 이상의 오리피스를 가지고 미분무소화설비에 사용되는 헤드를 말한다.
4. "개방형 미분무헤드"란 감열체 없이 방수구가 항상 열려져 있는 헤드를 말한다.
5. "폐쇄형 미분무헤드"란 정상상태에서 방수구를 막고 있는 감열체가 일정온도에서 자동적으로 파괴·용융 또는 이탈됨으로써 방수구가 개방되는 헤드를 말한다.
6. "저압 미분무 소화설비"란 최고사용압력이 1.2 MPa 이하인 미분무소화설비를 말한다.
7. "중압 미분무 소화설비"란 사용압력이 1.2 MPa을 초과하고 3.5 MPa 이하인 미분무소화설비를 말한다.
8. "고압 미분무 소화설비"란 최저사용압력이 3.5 MPa을 초과하는 미분무소화설비를 말한다.
9. "폐쇄형 미분무소화설비"란 배관 내에 항상 물 또는 공기 등이 가압되어 있다가 화재로 인한 열로 폐쇄형 미분무헤드가 개방되면서 소화수를 방출하는 방식의 미분무소화설비를 말한다.
10. "개방형 미분무소화설비"란 화재감지기의 신호를 받아 가압송수장치를 동작시켜 미분무수를 방출하는 방식의 미분무소화설비를 말한다.
11. "유수검지장치(패들형을 포함한다.)"란 본체내의 유수현상을 자동적으로 검지하여 신호 또는 경보를 발하는 장치를 말한다.
12. "전역방출방식"이란 고정식 미분무소화설비에 배관 및 헤드를 고정 설치하여 구획된 방호구역 전체에 소화수를 방출하는 설비를 말한다.
13. "국소방출방식"이란 고정식 미분무소화설비에 배관 및 헤드를 설치하여 직접 화점에 소화수를 방출하는 설비로서 화재발생 부분에 집중적으로 소화수를 방출하도록 설치하는 방식을 말한다.
14. "호스릴방식"이란 미분무건을 소화수 저장용기 등에 연결하여 사람이 직접 화점에 소화수를 방출하는 소화설비를 말한다.
15. "교차회로방식"이란 하나의 방호구역 내에 2 이상의 화재감지기회로를 설치하고 인접한 2 이상의 화재감지기가 동시에 감지되는 때에는 미분무 소화설비가 작동하여 소화수가 방출되는 방식을 말한다.

16. “가압수조”란 가압원인 압축공기 또는 불연성 고압기체에 의해 소방용수를 가압시키는 수조를 말한다.
17. “개폐표시형밸브”란 밸브의 개폐여부를 외부에서 식별이 가능한 밸브를 말한다.
18. "연소할 우려가 있는 개구부"란 각 방화구획을 관통하는 컨베이어·에스컬레이터 또는 이와 유사한 시설의 주위로서 방화구획을 할 수 없는 부분을 말한다.
19. “설계도서”란 특정소방대상물의 점화원, 연료의 특성과 형태 등에 따라서 발생할 수 있는 화재의 유형이 고려되어 작성된 것을 말한다.

3. 포소화설비의화재안전기준(NFSC 105)

제1조(목적)

이 기준은 물분무등소화설비인 포소화설비의 포워터스프링클러설비·포헤드설비·고정포방출설비·호스릴포소화설비 및 포소화전설비의 설치유지 및 안전관리에 필요한 사항을 규정함을 목적으로 한다.

제2조(적용범위)

소방시설설치유지및안전관리에관한법률(이하 “법”이라 한다) 제9조제1항 및 동법률시행령(이하 “영”이라 한다) 별표 4 소화설비의 소방시설 적용기준란 제5호에 따른 포소화설비는 이 기준에서 정하는 규정에 따라 설비를 설치하고 유지·관리하여야 한다.

제3조(정의)

이 기준에서 사용하는 용어의 정의는 다음과 같다.

1. “고가수조”란 구조물 또는 지형지물 등에 설치하여 자연낙차 압력으로 급수하는 수조를 말한다.
2. “압력수조”란 소화용수와 공기를 채우고 일정압력 이상으로 가압하여 그 압력으로 급수하는 수조를 말한다.
3. “충압펌프”란 배관내 압력손실에 따른 주펌프의 빈번한 기동을 방지하기 위하여 충압역할을 하는 펌프를 말한다.
4. “연성계”란 대기압 이상의 압력과 대기압 이하의 압력을 측정할 수 있는 계측기를 말한다.
5. “진공계”란 대기압 이하의 압력을 측정하는 계측기를 말한다.
6. “정격토출량”이란 정격토출압력에서의 펌프의 토출량을 말한다.
7. “정격토출압력”이란 정격토출량에서의 펌프의 토출측 압력을 말한다.

8. “전역방출방식”이란 고정식 포 발생장치로 구성되어 포 수용액이 방호대상물 주위가 막혀진 공간이나 밀폐공간 속으로 방출되도록 된 설비방식을 말한다.
9. “국소방출방식”이란 고정된 포 발생장치로 구성되어 화점이나 연소 유출물 위에 직접 포를 방출하도록 설치된 설비방식을 말한다.
10. “팽창비”란 최종 발생한 포 체적을 원래 포 수용액 체적으로 나눈값을 말한다.
11. “개폐표시형밸브”란 밸브의 개폐여부를 외부에서 식별이 가능한 밸브를 말한다.
12. “기동용수압개폐장치”란 소화설비의 배관내 압력변동을 검지하여 자동적으로 펌프를 기동 및 정지시키는 것으로서 압력챔버 또는 기동용압력스위치 등을 말한다.
13. “포워터스프링클러설비”란 포워터스프링클러헤드를 사용하는 포소화설비를 말한다.
14. “포헤드설비”란 포헤드를 사용하는 포소화설비를 말한다.
15. “고정포방출설비”란 고정포방출구를 사용하는 설비를 말한다.
16. “호스릴포소화설비”란 호스릴포방수구·호스릴 및 이동식 포노즐을 사용하는 설비를 말한다.
17. “포소화전설비”란 포소화전방수구·호스 및 이동식포노즐을 사용하는 설비를 말한다.
18. “송액관”이란 수원으로부터 포헤드·고정포방출구 또는 이동식포노즐에 급수하는 배관을 말한다.
19. "급수배관"이란 수원 및 옥외송수구로부터 포소화설비의 헤드 또는 방출구에 급수하는 배관을 말한다.
20. “펌프 푸로포셔너방식”이란 펌프의 토출관과 흡입관 사이의 배관도중에 설치한 흡입기에 펌프에서 토출된 물의 일부를 보내고, 농도 조정밸브에서 조정된 포 소화약제의 필요량을 포 소화약제 탱크에서 펌프 흡입측으로 보내어 이를 혼합하는 방식을 말한다.
21. “프레져 푸로포셔너방식”이란 펌프와 발포기의 중간에 설치된 벤추리관의 벤추리작용과 펌프 가압수의 포 소화약제 저장탱크에 대한 압력에 따라 포 소화약제를 흡입·혼합하는 방식을 말한다.
22. “라인 푸로포셔너방식”이란 펌프와 발포기의 중간에 설치된 벤추리관의 벤추리작용에 따라 포 소화약제를 흡입·혼합하는 방식을 말한다.
23. “프레져사이드 푸로포셔너방식”이란 펌프의 토출관에 압입기를 설치하여 포 소화약제 압입용펌프로 포 소화약제를 압입시켜 혼합하는 방식을 말한다.
24. “가압수조”란 가압원인 압축공기 또는 불연성 고압기체에 따라 소방용수를 가압시키는 수조를 말한다.(2008.12.15 신설)

제4조(종류 및 적응성) 소방대상물에 따라 적응하는 포소화설비는 다음과 같다.

1. 소방기본법시행령 별표 2의 특수가연물을 저장·취급하는 공장 또는 창고 : 포워터스프링클러설비·포헤드설비 또는 고정포방출설비
2. 차고 또는 주차장 : 포워터스프링클러설비·포헤드설비 또는 고정포방출설비. 다만, 다음 각 목의 어느 하나에 해당하는 차고·주차장의 부분에는 호스릴포소화설비 또는 포소화전설비를 설치할 수 있다.
   가. 완전 개방된 옥상주차장 또는 고가 밑의 주차장 등으로서 주된 벽이 없고 기둥뿐이거나 주위가 위해방지용 철주 등으로 둘러쌓인 부분
   나. 옥외로 통하는 개구부가 상시 개방된 구조의 부분으로서 그 개방된 부분의 합계면적이 해당 차고 또는 주차장의 바닥면적의 15% 이상인 부분
   다. 지상 1층으로서 방화구획되거나 지붕이 없는 부분
   라. 지상에서 수동 또는 원격조작에 따라 개방이 가능한 개구부의 유효면적의 합계가 바닥면적의 20% 이상(시간당 5회 이상의 배연능력을 가진 배연설비가 설치된 경우에는 15% 이상)인 부분
3. 항공기격납고 : 포워터스프링클러설비·포헤드설비 또는 고정포방출설비. 다만, 바닥면적의 합계가 1,000m^2 이상이고 항공기의 격납위치가 한정되어 있는 경우에는 그 한정된 장소외의 부분에 대하여는 호스릴포소화설비를 설치할 수 있다.

제5조(수원)

① 포소화설비의 수원은 그 저수량이 소방대상물에 따라 다음 각호의 기준에 적합하도록 하여야 한다.

1. 소방기본법시행령 별표 2의 특수가연물을 저장·취급하는 공장 또는 창고 : 포워터스프링클러설비 또는 포헤드설비의 경우에는 포워터스프링클러헤드 또는 포헤드(이하 "포헤드"라 한다)가 가장 많이 설치된 층의 포헤드(바닥면적이 200m^2를 초과한 층에 있어서는 바닥면적 200m^2 이내에 설치된 포헤드를 말한다)에서 동시에 표준방사량으로 10분간 방사할 수 있는 양 이상으로, 고정포방출설비의 경우에는 고정포방출구가 가장 많이 설치된 방호구역안의 고정포방출구에서 표준방사량으로 10분간 방사할 수 있는 양 이상으로 한다. 이 경우 하나의 공장 또는 창고에 포워터스프링클러설비·포헤드설비 또는 고정포방출설비가 함께 설치된 때에는 각 설비별로 산출된 저수량중 최대의 것을 그 특정소방대상물에 설치하여야 할 수원의 양으로 한다.
2. 차고 또는 주차장 : 호스릴포소화설비 또는 포소화전설비의 경우에는 방수구가 가장

많은 층의 설치개수(호스릴포방수구 또는 포소화전방수구가 5개 이상 설치된 경우에는 5개)에 6m³를 곱한 양 이상으로 포워터스프링클러설비·포헤드설비 또는 고정포방출설비의 경우에는 제1호의 기준을 준용한다. 이 경우 하나의 차고 또는 주차장에 호스릴포소화설비·포소화전설비·포워터스프링클러설비·포헤드설비 또는 고정포방출설비가 함께 설치된 때에는 각 설비별로 산출된 저수량중 최대의 것을 그 차고 또는 주차장에 설치하여야 할 수원의 양으로 한다.

3. 항공기격납고 : 포워터스프링클러설비·포헤드설비 또는 고정포방출설비의 경우에는 포헤드 또는 고정포방출구가 가장 많이 설치된 항공기격납고의 포헤드 또는 고정포방출구에서 동시에 표준방사량으로 10분간 방사할 수 있는 양 이상으로 하되, 호스릴포소화설비를 함께 설치한 경우에는 호스릴포방수구가 가장 많이 설치된 격납고의 호스릴방수구수(호스릴포방수구가 5개 이상 설치된 경우에는 5개)에 66m³를 곱한 양을 합한 양 이상으로 하여야 한다.

② 포소화설비의 수원을 수조로 설치하는 경우에는 소방설비의 전용수조로 하여야 한다. 다만, 다음 각 호의 어느 하나에 해당하는 경우에는 그러하지 아니하다.

1. 포소화설비 펌프의 후드밸브 또는 흡수배관의 흡수구(수직회전축펌프의 흡수구를 포함한다. 이하 같다)를 다른 설비(소방용설비외의 것을 말한다. 이하 같다)의 후드밸브 또는 흡수구보다 낮은 위치에 설치한 때
2. 제6조제2항에 따른 고가수조로부터 포소화설비의 수직배관에 물을 공급하는 급수구를 다른 설비의 급수구보다 낮은 위치에 설치한 때

③ 제1항에 따른 저수량을 산정함에 있어서 다른 설비와 겸용하여 포소화설비용 수조를 설치하는 경우에는 포소화설비의 후드밸브·흡수구 또는 수직배관의 급수구와의 다른 설비의 후드밸브·흡수구 또는 수직배관의 급수구와의 사이의 수량을 그 유효수량으로 한다.

4. 청정소화약제 저장용기의 충전밀도·충전압력 및 배관의 최소사용설계압력

1) 할로젠화합물청정소화약제

항목 \ 소화약제	HFC-227ea			FC-3-1-10	HCFC BLEND A		HFC-23				
최대충전밀도 (kg/m³)	1,201.4	1,153.3	1,153.3	1,281.5	900.2	900.2	768.9	720.8	640.7	560.6	480.6
21℃ 충전압력 (KPa)	1,034*	2,482*	4,137*	2,482*	4,137*	2,482*	4,198**	4,198**	4,198**	4,198**	4,198**
최소사용 설계압력 (KPa)	1,379	2,868	5,654	2,482	4,689	2,979	9,453	8,605	7,626	6,943	6,392

항목 \ 소화약제	HCFC-124		HFC-125		HFC-236fa			FK-5-1-12
최대충전밀도 (kg/m^3)	1,185.4	1,185.4	865	897	1,185.4	1,201.4	1,185.4	1,441.7
21℃ 충전압력 (KPa)	1,655*	2,482*	2,482*	4,137*	1,655*	2,482*	4,137*	2,482**
최소사용 설계압력 (KPa)	1,951	3,199	3,392	5,764	1,931	3,310	6,068	2,482

(비고) 1. "*" 표시는 질소로 축압한 경우를 표시한다.
2. "**" 표시는 질소로 축압하지 아니한 경우를 표시한다

2) 불활성가스청정소화약제〈개정 2009.10.22〉

항목 \ 소화약제		IG-01		IG-541			IG-55			IG-100		
21℃ 충전압력 (kPa)		16,341	20,436	14,997	19,996	31,125	15,320	20,423	30,634	16,575	22,312	28,000
최소사용 설계압력 (kPa)	1차측	16,341	20,436	14,997	19,996	31,125	15,320	20,423	30,634	16,575	22,312	227.4
	2차측	비고2 참조										

(비고) 1. 1차측과 2차측은 감압장치를 기준으로 한다.
2. 2차측 최소사용설계압력은 제조사의 설계프로그램에 의한 압력값에 따른다.

5. 국내 사용중인 청정약제 요약

구분		NAF S-III (HCFC Blend A)	FM-200 (HFC-227ea)	FE-13 (HFC-23)	INERGEN (IG-541)
① 소화 효과		억제소화	억제소화	냉각소화	질식소화
② 농도 (20℃)	설계농도(이상)	8.6%	7%	165	37.5%
	허용농도(이하)	10%	9%	50%	43%
③ 헤드방사압력		8.3(kg/㎠)	18.3(kg/㎠)	8.0(kg/㎠)	22.8(kg/㎠)
④ 방사 시간		10초	10초	10초	60초
⑤ 방출계수 (20℃)	Volume factor	0.363(kg/m³)	0.5498(kg/m³)	0.671(kg/m³) =0.559 x 120%	0.479(m³/m³)
	Openning factor	2.8(kg/m²)	-(kg/m²)	5.03(kg/m²) =4.193 x 120%	1.5(m³/m³)
⑥ 용기내충전압력(20℃)		42.3(kg/ ㎠)	25.5(kg/㎠)	42.8(kg/㎠)	153(kg/㎠)
⑦ 충전비		900.2	1153.3	865.0	-
⑧ 용기내 상태(20℃)		액체(질소가압)	액체(질소가압	액체	액체
⑨ 용량(용기체적/약제량)		68ℓ /50kg	68ℓ /50kg	68ℓ /50kg	80ℓ /12.4m³
⑩ 사용 배관(Seamless)		SCH 40	SCH 40	20A이하 : SCH40 25A이상 : SCH80	SCH40 (단.감압장치까지 SCH80)
⑪ 독립배관 방식(내용적)		0.95배 이상	0.8배 이상	0.8배 이상	0.67배 이상
⑫ 제조사	소화약제	캐나다 NAFG	미국 GLCC	미국 DUPONT	국내 생산
	설비(국내)				

참고문헌

(1) "소화약제의 형식승인 및 제품검사의 기술기준".

(2) 1799년 J.L.Proust

(3) 1802년 J. Dalton 원자설과 함께 발표

(4) 1805년 J. L. Gay-Lussac

(5) 국가화재안전기준(National Fire Safety Code, NFSC)

(6) Petrucci, Ralph H. 외., "General Chemistry: Principles and Modern Applications"., Prentice Hall, 2007.

(7) 대한화학교재연구회., "기초일반화학"., 신광문화사., 2012.

(8) March, Jerry.,"Advanced Organic Chemistry: Reactions, Mechanisms, and Structure"., 3rd ed., Wiley., 1985.

(9) 유학주 외 공역., "유기화학"., 7판., 광림사., 1992.

(10) 최상복., "산업안전대사전"., 골드., 2004.

(11) 황동환 외 공저., "소화약제화학"., 2판., 동화기술., 2013.

(12) 김태석 외., "화재조사의 길잡이"., 기문당., 2009.

(13) Clark, William E., "Firefighting Principles and Practices"., Saddle Brook., 1991.

(14) 위험물안전관리법.

(15) 김성수 외., "침윤소화약제의 성분분석 연구"., Journal of the Korean Society of Hazard Mitigation., V13(4)., 2013.

(16) 최영민., "저압식 이산화탄소 소화약제 방출에 있어서 소화농도에 관한 연구"., 석사학위논문., 부경대학교., 2012.

(17) 김영수 외., "소방약제화학"., 신광문화사., 2005.

(18) 남상욱., "소방시설의 설계 및 시공"., 5판., 성안당., 2012.

(19) 소방청예방과., "하론억제대책검토위원회보고서"., 1992.

(20) Saito, N. 외., Fire Safety J., 27(185)., 1996.

(21) Mark L. Robin., 이현경 번역., "전역방출방식용 청정소화약제"., 소방기술정보., 제37호., 2013.

(22) 인세진 외., "소화약제화학"., 화수목., 2015.

(23) NFPA 2001., "Standard on Clean Agent Fire Extinguishing Systems"., National Fire Protection Association., Quincy., MA., 1996.

(24) Andrew K Kim., Joseph Z Su. 외., "Full-Scale Fire Testing of HFC-227ea and HCFC Blend A "., HOWC., 1996.

(25) Senecal, Joseph A 외., “New Technology Delivery System for FM-200 Clean Agent"., Halon Options Technical Working Conference., NM., 2001 (April)

(26) Alireza Bahadori., “Personnel Protection and Safety Equipment for the Oil and Gas Industries"., Elsevier., 2015.

(27) 세화편집., “화학대사전"., 세화., 2001.

(28) 윤창주., “화학용어사전"., 일진사., 2011.

(29) 소방안전원, 위험물실무해설서 18판

연습문제 해답

CHAPTER 1

1. 3.43M
3. PbO_2는 산화제로 작용하고 H_2O_2는 환원제로 작용한다.
4. (a) 2.7 (b) 3 (c) 11.3 (d) 5
5. 207
6. 10, 9, 10
7. 227
8. 879
9. 3
10. n+2
11. 42.86
12. 10
13. C_2H_6, $C_6H_8O_6$
14. (b) CH_3CH_2-OH
18. (b) $CH_3CH_2-O-CH_3CH_2$
19. 101.29g/mol
20. 96%황산 : 55.6kg, 60%황산 : 44.4kg

CHAPTER 2

1. 가연물, 산소 공급원, 점화원
2. 증발연소, 분해연소, 자기연소, 표면연소
3. 열전도율이 작을 것, 연소 열량이 클 것, 화학적 활성이 강할 것, 활성화 에너지가 적을 것
4. 라
5. 다
6. 나
7. 가
8. 나
10. 다
11. (a) 31.4, (b) 3.32
12. 라
13. 정전기불꽃, 전기불꽃, 마찰 및 충격의 불꽃, 단열압축, 산화열, 낙뢰, 고열물 등
15. 연소가 일어나는데 필요한 공기 중 가솔린의 최소농도가 1.4%, 최고농도가 7.6%라는 의미.
18. 제4류 위험물, 제5류 위험물
19. 폭발성 화합물 및 혼합물의 생성, 가연성 가스의 발생가능성, 시간의 경과에 따라 분해 및 발화, 폭발의 위험성.
20. 흡열반응을 하기 때문.

CHAPTER 4

2. 가
3. 80 이상 ~ 1,000 미만
4. 황산알루미늄과 탄산수소나트륨
5. 9배
6. 라
7. 라
8. 라
9. 물과 탄산칼륨
10. 75 Liter/min. 이상
11. 6750 Liter
12. 11배
14. 300배, 제2종 기계포
15. 37.7m^3
16. 다
17. 가

CHAPTER 5

2. 6개
3. 20.644kg
4. 21.6m^3
5. 217.2
6. 49.5
8. 22.8kg 이상 42kg 이하
9. 171.6
10. 401.28
12. 18.18
13. 21.39
14. 다.
15. 라.
16. (1) 연소에 필요한 총산소량 : 2425.73mol (77.623kg)
    연소에 필요한 총공기량 : 334.982kg
    (2) 방호구역의 체적 : 100m^3,
    IG–55의 체적 : 100*0.296=29.6m^3

CHAPTER 6

1. 20~25㎛
3. 실리콘 수지, 스테아르산 아연, 스테아르산 알루미늄
5. 메타인산 (HPO_3)
6. 제1종<제2종<제3종
7. 포겸용 분말소화설비
   (Compatible dry chemical, CDC)
9. 0.8배 이하
10. 94.5kg
11. 43.19kg
12. 113.4kg
13. 34.32kg
14. 90kg, 54kg/min.
15. 다.

찾아보기

▌저자 소개

이재욱　경북도립대학교 소방방재과

정태헌　경북도립대학교 소방방재과

제3판 소화약제화학　정가 20,000원

저자 : 이재욱, 정태헌

발행인 : 임정대
발행처 : 도서출판 화수목

발행 : 2017년 3월 6일 초판
2022년 6월 30일 제2판
2025년 2월 27일 제3판

등록 : 제2014-000166호

주소 : 서울시 마포구 신촌로 2길 5-15
전화 : 02-338-9119
팩스 : 02-335-2201

ISBN 979-11-89933-44-9 (93530)

저자와의 협의 하에 인지를 생략합니다.
파본이나 잘못된 책은 교환하여 드립니다.